新世纪土木工程专业系列教材

土木工程测量

第 5 版

本书 2002 年荣获教育部全国普通高等学校优秀教材二等奖
2006 年获批为"十一五"国家级规划教材
2007 年被评为国家精品教材
2012 年获批为"十二五"国家级规划教材
2014 年获批为"十二五"江苏省高等学校重点教材(编号:2014-1-096)

胡伍生　潘庆林　主编

·南京·

内 容 提 要

本书根据高等学校土木建筑类各专业测量学教学大纲及国家最新测量规范编写,内容包括水准测量、角度测量、距离测量、测量误差分析、小地区控制测量、地形图的测绘与应用、建筑施工测量、路桥和隧道施工测量以及测绘新技术简介等。

本书具有较宽的专业适应面,既有较完整的理论,又注重工程实用性,并力求反映当代测量学科的最新技术。书中嵌入仪器简介微视频二维码。

本书可作为高等学校土木工程专业或其他相关专业的教材,既适用于本科和专科的教学,也适用于电大、职大、函大、自学考试及各类培训班的教学,并可供有关技术人员参考。

图书在版编目(CIP)数据

土木工程测量/胡伍生,潘庆林主编. —5 版. —南京:东南大学出版社,2016.6(2021.2重印)
ISBN 978-7-5641-6646-5

Ⅰ.①土…　Ⅱ.①胡…　②潘…　Ⅲ.①土木工程—工程测量—高等学校—教材　Ⅳ.①TU198

中国版本图书馆 CIP 数据核字(2016)第 168706 号

东南大学出版社出版发行
(南京四牌楼 2 号　邮编 210096)
出版人:江建中
江苏省新华书店经销　兴化印刷有限责任公司印刷
开本:787mm×1092mm　1/16　印张:17.75　字数:426 千
1999 年 6 月第 1 版
2016 年 6 月第 5 版　2021 年 2 月第 5 次印刷
ISBN 978-7-5641-6646-5
印数:40001-46000 册　定价:38.00 元
(总第 23 次印刷　总印数:146001—152000 册)
(凡因印装质量问题,请直接与营销部联系调换。电话:025—83791830)

新世纪土木工程专业系列教材编委会

顾　问　丁大钧　容柏生　沙庆林

主　任　吕志涛

副主任　蒋永生　陈荣生　邱洪兴　黄晓明

委　员　(以姓氏笔画为序)

丁大钧　王　炜　石名磊　叶见曙　冯　健　成　虎　吕志涛

刘松玉　李峻利　李爱群　邱洪兴　沙庆林　沈　杰　陆可人

陈荣生　周明华　单　建　胡伍生　钱培舒　郭正兴　唐人卫

容柏生　黄晓明　曹双寅　龚维民　蒋永生　程建川　舒赣平

序

东南大学是教育部直属重点高等学校,在20世纪90年代后期,作为主持单位开展了国家级"20世纪土建类专业人才培养方案及教学内容体系改革的研究与实践"课题的研究,提出了由土木工程专业指导委员会采纳的"土木工程专业人才培养的知识结构和能力结构"的建议。在此基础上,根据土木工程专业指导委员会提出的"土木工程专业本科(四年制)培养方案",修订了土木工程专业教学计划,确立了新的课程体系,明确了教学内容,开展了教学实践,组织了教材编写。这一改革成果,获得了2000年教学成果国家级二等奖。

这套新世纪土木工程专业系列教材的编写和出版是教学改革的继续和深化,编写的宗旨是:根据土木工程专业知识结构中关于学科和专业基础知识、专业知识以及相邻学科知识的要求,实现课程体系的整体优化;拓宽专业口径,实现学科和专业基础课程的通用化;将专业课程作为一种载体,使学生获得工程训练和能力的培养。

新世纪土木工程专业系列教材具有下列特色:

1. 符合新世纪对土木工程专业的要求

土木工程专业毕业生应能在房屋建筑、隧道与地下建筑、公路与城市道路、铁道工程、交通工程、桥梁、矿山建筑等的设计、施工、管理、研究、教育、投资和开发部门从事技术或管理工作,这是新世纪对土木工程专业的要求。面对如此宽广的领域,只能从终身教育观念出发,把对学生未来发展起重要作用的基础知识作为优先选择的内容。因此,本系列的专业基础课教材,既打通了工程类各学科基础,又打通了力学、土木工程、交通运输工程、水利工程等大类学科基础,以基本原理为主,实现了通用化、综合化。例如工程结构设计原理教材,既整合了建筑结构和桥梁结构等内容,又将混凝土、钢、砌体等不同材料结构有机地综合在一起。

2. 专业课程教材分为建筑工程类、交通土建类、地下工程类三个系列

由于各校原有基础和条件的不同,按土木工程要求开设专业课程的困难较大。本系列专业课教材从实际出发,与设课群组相结合,将专业课程教材分为建筑工程类、交通土建类、地下工程类三个系列。每一系列包括有工程项目的规划、选型或选线设计、结构设计、施工、检测或试验等专业课系列,使自然科学、工程技术、管理、人文学科乃至艺术交叉综合,并强调了工程综合训练。不同课群组可以交叉选课。专业系列课程十分强调贯彻理论联系实际的教学原则,融知识和能力为一体,避免成为职业的界定,而主要成为能力培养的载体。

3. 教材内容具有现代性,用整合方法大力精减

对本系列教材的内容,本编委会特别要求不仅具有原理性、基础性,还要求具有现代性,纳入最新知识及发展趋向。例如,现代施工技术教材包括了当代最先进的施工技术。

在土木工程专业教学计划中,专业基础课(平台课)及专业课的学时较少。对此,除了少而精的方法外,本系列教材通过整合的方法有效地进行了精减。整合的面较宽,包括了土木工程各领域共性内容的整合,不同材料在结构、施工等教材的整合,还包括课堂教学内容与实践环节的整合,可以认为其整合力度在国内是最大的。这样做,不只是为了精减学时,更主要的是可淡化细节了解,强化学习概念和综合思维,有助于知识与能力的协调发展。

4. 发挥东南大学的办学优势

东南大学原有的建筑工程、交通土建专业具有80年的历史,有一批国内外著名的专家、教授。他们一贯严谨治学,代代相传。按土木工程专业办学,有土木工程和交通运输工程两个一级学科博士点、土木工程学科博士后流动站及教育部重点实验室的支撑。近十年已编写出版教材及参考书40余本,其中9本教材获国家和部、省级奖,4门课程列为江苏省一类优秀课程,5本教材被列为全国推荐教材。在本系列教材编写过程中,实行了老中青相结合,老教师主要担任主审,有丰富教学经验的中青年教授、教学骨干担任主编,从而保证了原有优势的发挥,继承和发扬了东南大学原有的办学传统。

新世纪土木工程专业系列教材肩负着"教育要面向现代化,面向世界,面向未来"的重任。因此,为了出精品,一方面对整合力度大的教材坚持经过试用修改后出版,另一方面希望大家在积极选用本系列教材中,提出宝贵的意见和建议。

愿广大读者与我们一起把握时代的脉搏,使本系列教材不断充实、更新并适应形势的发展,为培养新世纪土木工程高级专门人才作出贡献。

最后,在这里特别指出,这套系列教材,在编写出版过程中,得到了其他高校教师的大力支持,还受到作为本系列教材顾问的专家、院士的指点。在此,我们向他们一并致以深深的谢意。同时,对东南大学出版社所作出的努力表示感谢。

中国工程院院士 吕志涛

第 5 版前言

本书是《新世纪土木工程专业系列教材》之一，是在 2012 年第 4 版的基础上补充、修订而成的。全书共 12 章，分为四大部分：第一部分（第 1～5 章）主要介绍了测量学的基本知识、基本理论以及测量仪器的构造和使用方法；第二部分（第 6～8 章）介绍了小地区控制测量及大比例尺地形图的测图、识图和用图；第三部分（第 9～11 章）为施工测量部分，详细介绍了建筑施工测量及路桥和隧道施工测量内容，各专业可根据需要选用；第四部分（第 12 章）简要介绍了当前的测绘新仪器和新技术，如电子数字水准仪、全站仪、激光铅垂仪、大比例尺数字测图系统、全球卫星定位系统（GPS）及 CORS 技术等。本书力求做到简明、扼要、实用，并较多地融入当前的测绘新技术。本书第 5 版按照国家最新测量规范编写，所有限差要求均标注规范出处，每章之后附有习题与研讨题，其中，研讨题可供学生课堂或课外研讨之用。

为了适应高等学校土木工程专业测量学课程教学改革的新要求，本书对第 4 版中常规测量方面的内容作了必要的精减与修改。本书第 2 版增补了大型斜拉桥施工测量、隧道施工测量、大比例尺数字测图系统及 GPS 精密高程测量等内容；第 3 版增补了有关测量坐标系统、全站仪实测坐标导线、GPS RTK 技术等内容；第 4 版增补了北斗卫星定位系统和手持激光测距仪等内容；第 5 版增补了 CORS 技术等内容。

本书由胡伍生、潘庆林主编，参加本书前两版编写工作的有东南大学胡伍生（第 5、6、7、10 章）、沈耀良（第 9、11 章）、南京工业大学潘庆林（第 1、3、12 章）、蒋辉（第 2 章）、中国人民解放军理工大学王源（第 4 章），南京林业大学栾志刚（第 8 章），全书插图均由沈耀良描绘。本书第 3 版至第 5 版的修订工作由胡伍生（第 2、4、5、6、7、9、11、12 章）和潘庆林（第 1、3、8、10 章）负责完成。

本书由中国人民解放军理工大学刘建永教授主审。

在本书编写工作中，东南大学赵殿甲教授对本书的结构体系和具体内容提出了许多宝贵意见，在此表示衷心感谢。

2002 年，本书荣获教育部全国普通高等学校优秀教材二等奖；2005 年被评为江苏省精品教材；2006 年获批为"十一五"国家级规划教材；2007 年被评为国家精品教材；2012 年获批为"十二五"国家级规划教材；2014 年，本书获批为"十二五"江苏省高等学校重点教材。尽管我们尽了很大的努力，但书中还可能存在不少缺点和错误，恳请读者批评指正。

编　者

2016 年 2 月于南京

电子信箱：wusheng.hu@163.com

目 录

1 绪论 ··· (1)
   1.1 测量学的任务及其作用 ·· (1)
   1.2 地球的形状和大小 ·· (2)
   1.3 地面点位的确定 ·· (3)
   1.4 水平面代替水准面的限度 ·· (7)
   1.5 测量工作概述 ··· (9)
   习题与研讨题 1 ·· (11)

2 水准测量 ·· (13)
   2.1 水准测量原理 ··· (13)
   2.2 DS3 型水准仪及其操作 ··· (15)
   2.3 普通水准测量及其成果整理 ·· (20)
   2.4 DS3 型水准仪的检验与校正 ·· (26)
   2.5 水准测量误差分析及注意事项 ····································· (30)
   2.6 自动安平水准仪 ··· (33)
   2.7 精密水准仪简介 ··· (34)
   习题与研讨题 2 ·· (35)

3 角度测量 ·· (38)
   3.1 角度测量原理 ··· (38)
   3.2 DJ6 型光学经纬仪及其操作 ··· (39)
   3.3 水平角观测 ·· (44)
   3.4 竖直角观测 ·· (48)
   3.5 DJ6 型光学经纬仪的检验与校正 ································· (51)
   3.6 角度测量的误差及注意事项 ·· (56)
   3.7 DJ2 型光学经纬仪简介 ··· (61)
   习题与研讨题 3 ·· (63)

4 距离测量 ·· (65)
   4.1 钢尺量距 ·· (65)
   4.2 视距测量 ·· (70)
   4.3 光电测距 ·· (73)
   习题与研讨题 4 ·· (78)

5 测量误差基本知识 ……………………………………………………………… (80)
5.1 测量误差概念 ……………………………………………………………… (80)
5.2 评定精度的标准 …………………………………………………………… (83)
5.3 观测值的精度评定 ………………………………………………………… (85)
5.4 误差传播定律及其应用 …………………………………………………… (88)
5.5 权的概念 …………………………………………………………………… (90)
习题与研讨题 5 …………………………………………………………………… (94)

6 小地区控制测量 ……………………………………………………………… (95)
6.1 控制测量概述 ……………………………………………………………… (95)
6.2 直线定向 …………………………………………………………………… (98)
6.3 坐标正算与坐标反算 ……………………………………………………… (102)
6.4 导线测量 …………………………………………………………………… (103)
6.5 交会测量 …………………………………………………………………… (116)
6.6 三、四等水准测量 ………………………………………………………… (118)
6.7 光电测距三角高程测量 …………………………………………………… (120)
习题与研讨题 6 …………………………………………………………………… (123)

7 地形图的测绘 ………………………………………………………………… (125)
7.1 地形图的基本知识 ………………………………………………………… (125)
7.2 测图前的准备工作 ………………………………………………………… (138)
7.3 测图方法简介 ……………………………………………………………… (141)
7.4 地形图的绘制 ……………………………………………………………… (145)
7.5 地形图的拼接 ……………………………………………………………… (145)
习题与研讨题 7 …………………………………………………………………… (147)

8 地形图的应用 ………………………………………………………………… (149)
8.1 地形图的识读 ……………………………………………………………… (149)
8.2 地形图应用的基本内容 …………………………………………………… (151)
8.3 地形图上面积的量算 ……………………………………………………… (153)
8.4 地形图上土方量的计算 …………………………………………………… (158)
习题与研讨题 8 …………………………………………………………………… (164)

9 测设的基本工作 ……………………………………………………………… (166)
9.1 已知水平距离、水平角和高程的测设 …………………………………… (166)
9.2 点的平面位置的测设方法 ………………………………………………… (169)
9.3 全站仪三维坐标放样法 …………………………………………………… (171)
9.4 已知坡度线的测设 ………………………………………………………… (172)

习题与研讨题 9 ·· (174)

10 建筑施工测量 ·· (175)

　　10.1　施工测量概述 ·· (175)
　　10.2　施工控制测量 ·· (177)
　　10.3　多层民用建筑施工测量 ·· (178)
　　10.4　高层建筑施工测量 ·· (182)
　　10.5　工业厂房施工测量 ·· (187)
　　10.6　管道施工测量 ·· (190)
　　10.7　建筑物的变形观测 ·· (193)
　　10.8　竣工总平面图的编绘 ··· (198)
　　习题与研讨题 10 ··· (200)

11 道路、桥梁和隧道施工测量 ·· (201)

　　11.1　道路工程测量概述 ·· (201)
　　11.2　道路中线测量 ·· (201)
　　11.3　圆曲线的测设 ·· (206)
　　11.4　缓和曲线的测设 ··· (213)
　　11.5　路线纵、横断面测量 ··· (218)
　　11.6　道路施工测量 ·· (228)
　　11.7　桥梁施工测量 ·· (233)
　　11.8　隧道施工测量 ·· (238)
　　习题与研讨题 11 ··· (242)

12 测绘新技术简介 ·· (243)

　　12.1　电子数字水准仪 ··· (243)
　　12.2　电子经纬仪 ··· (247)
　　12.3　全站仪 ··· (249)
　　12.4　激光铅垂仪 ··· (258)
　　12.5　大比例尺数字测图系统 ·· (259)
　　12.6　全球定位系统(GPS)简介 ·· (261)
　　12.7　北斗卫星导航系统简介 ·· (268)
　　12.8　CORS 技术简介 ·· (269)
　　习题与研讨题 12 ··· (270)

参考文献 ·· (272)

1 绪论

1.1 测量学的任务及其作用

测量学是研究地球的形状和大小以及确定地面点位的科学。其内容包括两部分,即测定和测设。测定是指使用测量仪器和工具,通过测量和计算,得到一系列测量数据或成果,将地球表面的地形缩绘成地形图,供经济建设、国防建设、规划设计及科学研究使用。测设(放样)是指用一定的测量方法,按要求的精度,把设计图纸上规划设计好的建(构)筑物的平面位置和高程标定在实地上,作为施工的依据。

测量学按其研究的范围和对象的不同,可分为大地测量学、普通测量学、摄影测量学、海洋测量学、工程测量学及地图制图学等。本教材主要介绍土木工程在各个阶段所进行的测绘工作(简称土木工程测量)。

土木工程测量与普通测量学、工程测量学等学科都有着密切的联系,其主要内容有测图、用图、放样和变形观测等。

测量学是一门历史悠久的科学,早在几千年前,由于当时社会生产发展的需要,中国、埃及、希腊等国家的劳动人民就开始创造与运用测量工具进行测量。我国在古代就发明了指南针、浑天仪等测量仪器,为天文、航海及测绘地图作出了重要的贡献。随着人类社会需求和近代科学技术的发展,测绘技术已由常规的大地测量发展到空间卫星大地测量,由航空摄影测量发展到航天遥感技术的应用;测量对象由地球表面扩展到空间星球,由静态发展到动态;测量仪器已广泛趋向精密化、电子化和自动化。从 20 世纪 50 年代起,我国的测绘事业进一步得到了蓬勃发展,在天文大地测量、人造卫星大地测量、航空摄影与遥感、精密工程测量、近代平差计算、测量仪器研制以及测绘人才培养等方面,都取得了令人鼓舞的成就。我国的测绘科学技术已居世界先进行列。

测绘技术是了解自然、改造自然的重要手段,也是国民经济建设中一项基础性、前期和超前期的工作,应用广泛。它能为城镇规划、市政工程、土地与房地产开发、农业、防灾、科研等方面提供各种比例尺的现状地形图或专用图和测绘资料;同时按照规划设计部门的要求,进行道路规划定线和拨地测量,以及市政工程、工业与民用建筑工程等土木建筑工程的勘察测量,直接为建设工程项目的设计与施工服务;在工程施工过程和运营管理阶段,对高层、大型建(构)筑物进行沉降、位移、倾斜等变形观测,以确保建(构)筑物的安全,并为建(构)筑物结构和地基基础的研究提供各种可靠的测量数据。所以测绘工作将直接关系到工程的质量和预期效益的实现,是我国现代化建设不可缺少的一项重要工作。随着测绘科技的发展以及新技术的研究开发与应用,必将为各个行业及时提供更多更好的信息服务与准确、适用的测绘成果。

1.2 地球的形状和大小

测绘工作是在地球的自然表面上进行的,而地球自然表面是极不平坦和不规则的,其中有高达 8 844.43 m 的珠穆朗玛峰,也有深至 11 022 m 的马里亚纳海沟,尽管它们高低起伏悬殊,但与半径为 6 371 km 的地球比较,都是可以忽略不计的。此外,地球表面海洋面积约占 71%,陆地面积仅占 29%。因此,人们设想以一个静止不动的海水面延伸穿越陆地,形成一个闭合的曲面包围整个地球,这个闭合的曲面称之为水准面。由于海水面在涨落变化,水准面可有无数个,其中通过平均海水面的一个水准面称为大地水准面,它是测量工作的基准面。由大地水准面所包围的地球形体,称为大地体,如图 1-1a 所示。

水准面是受地球重力影响而形成的,它的特点是水准面上任意一点的铅垂线(重力作用线)都垂直于该点的曲面。由于地球内部质量分布不均匀,重力也受其影响,故引起了铅垂线方向的变动,致使大地水准面成为一个有微小起伏的复杂曲面。如果将地球表面的图形投影到这个复杂曲面上,对于地形制图或测量计算工作都是非常困难的。为此,人们经过几个世纪的观测和推算,选用一个既非常接近大地体,又能用数学式表示的规则几何形体来代表地球的实际形体,这个几何形体是由一个椭圆 $NWSE$ 绕其短轴 NS 旋转而成的形体,称为地球椭球体或旋转椭球体,如图 1-1b 所示。

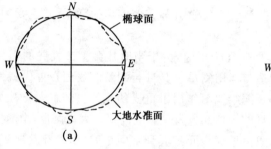
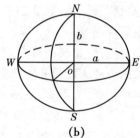

图 1-1 大地水准面与地球椭球体

地球椭球的形状和大小取决于椭圆的长半径 a、短半径 b 及其扁率 f,其关系式为:$f=\frac{a-b}{a}$。在 20 世纪 80 年代以前,我国采用的地球椭球为"克拉索夫斯基椭球",椭球参数为:$a=6\ 378\ 245$ m,$b=6\ 356\ 863$ m,$f=1:298.3$。基于 1954 年测定的北京天文原点,并与前苏联"1942 年普尔科沃坐标系"进行联测和计算,建立了"1954 年北京坐标系"。后来,为了适应我国经济建设和国防建设发展的需要,我国采用了国际上通用的 IAG-75 地球椭球,其椭球参数为:$a=6\ 378\ 140$ m,$b=6\ 356\ 755.3$ m,$f=1:298.257$,并以陕西省泾阳县永乐镇某点为大地原点(东经 108°55′,北纬 34°32′),进行了大地定位和全国天文大地网联合平差,由此建立了新的全国统一坐标系,即目前使用的"1980 年国家大地坐标系"。为了将这两个坐标系联系起来,在 1980 年国家大地坐标系基础上又建立了"新 1954 年北京坐标系",其点位坐标与 1980 年国家大地坐标系的同一点坐标之差异,仅仅是两个系统定义不同导致的系统性影响。因此,目前实际存在着"1954 年北京坐标系"、"新 1954 年北京坐标系"和"1980 年国家大地坐标系"

并存的局面。在实际测量中,特别要注意坐标系统的转换与统一。

由于地球椭球的扁率 f 很小,当测量面积不大时,可以把地球当作圆球来对待,其圆球半径 $R=\frac{1}{3}(2a+b)$,R 的近似值可取 6 371 km。

1.3 地面点位的确定

测量工作的实质是确定地面点的位置,而地面点的位置通常需要用三个量表示,即该点的平面(或球面)坐标以及该点的高程。因此,必须首先了解测量的坐标系统和高程系统。

1.3.1 坐标系统

坐标系统是用来确定地面点在地球椭球面或投影在水平面上的位置。表示地面点位在球面或平面上的位置,通常有下列几种坐标系统:

1) 地理坐标

地面点在球面(水准面)上的位置用经度和纬度表示,称为地理坐标。地理坐标又可分为天文地理坐标和大地地理坐标两种。图 1-2 所示为天文地理坐标,它表示地面点 A 在大地水准面上的位置,用天文经度 λ 和天文纬度 φ 来表示。天文经度和天文纬度是用天文测量的方法直接测定的。

大地地理坐标是表示地面点在地球椭球面上的位置,用大地经度 L 和大地纬度 B 表示。大地经度和大地纬度是根据大地测量所得数据推算得到。经度是从首子午线(首子午面)向东或向西自 0°起算至 180°,向东者为东经,向西者为西经;纬度是从赤道(赤道面)向北或向南自 0°起算至 90°,分别称为北纬和南纬。我国国土均在北纬,例如南京市某地的大地地理坐标为东经 118°47′,北纬 32°03′。

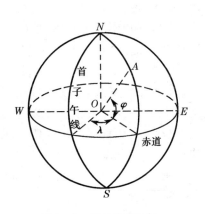

图 1-2 天文地理坐标

2) 高斯平面直角坐标

上述地理坐标只能确定地面点在大地水准面或地球椭球面上的位置,不能直接用来测图。测量上的计算最好是在平面上进行,而地球椭球面是一个曲面,不能简单地展开成平面,那么如何建立一个平面直角坐标系呢?我国是采用高斯投影来实现。

高斯投影首先是将地球按经线分为若干带,称为投影带。它从首子午线(零子午线)开始,自西向东每隔 6°划为一带,每带均有统一编排的带号,用 N 表示,位于各投影带中央的子午线称为中央子午线(L_0),也可由东经 1°30′开始,自西向东每隔 3°划为一带,其带号用 n 表示,如图 1-3 所示。我国国土所属范围大约为 6°带第 13 号带至第 23 号带,即带号 $N=13\sim23$。相应 3°带大约为第 24 号带至第 46 号带,即带号 $n=24\sim46$。6°带中央子午线经度 $L_0=6N-3$,3°带中央子午线经度 $L_0'=3n$。

设想一个横圆柱体套在椭球外面,使横圆柱的轴心通过椭球的中心,并与椭球面上某投影带的中央子午线相切,然后将中央子午线附近(即本带东西边缘子午线构成的范围)的椭球面

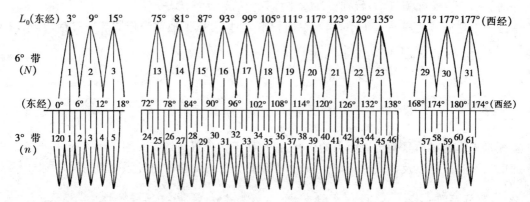

图 1-3 投影分带：6°带与3°带

上的点、线投影到横圆柱面上，如图1-4表示。再顺着过南北极的母线将圆柱面剪开，并展开为平面，这个平面称为高斯投影平面。

在高斯投影平面上，中央子午线和赤道的投影是两条相互垂直的直线。我们规定中央子午线的投影为高斯平面直角坐标系的 x 轴，赤道的投影为高斯平面直角坐标系的 y 轴，两轴交点 O 为坐标原点，并令 x 轴上原点以北为正，y 轴上原点以东为正，由此建立了高斯平面直角坐标系，如图1-5a所示。

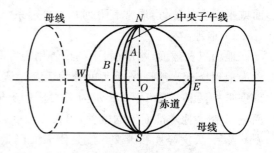

图 1-4 高斯平面直角坐标的投影

在图1-5a中，地面点 A、B 在高斯平面上的位置，可用高斯平面直角坐标 x、y 来表示，x、y 称为自然坐标。

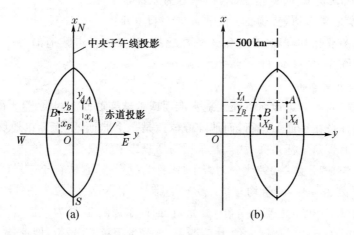

图 1-5 高斯平面直角坐标

由于我国国土全部位于北半球（赤道以北），故我国国土上全部点位的 x 坐标值均为正值，而 y 坐标值则有正有负。为了避免 y 坐标值出现负值，我国规定将每带的坐标原点向西移500 km，如图1-5b所示，图中 X、Y 称为通用坐标。我国纵坐标的通用坐标值 X 与自然坐标值

x 相同。由于各投影带上的坐标系是采用相对独立的高斯平面直角坐标系,为了能正确区分某点所处投影带的位置,我国规定在自然坐标 y 值加上 500 km 之后,再在该值前面冠以投影带带号。例如,图 1-5a 中 B 点位于高斯投影 6°带第 20 号带内($N=20$),其自然坐标 $y_B = -113\,424.690$ m,按照上述规定,y 值应改写为 $Y_B = 20(-113\,424.690 + 500\,000) = 20\,386\,575.310$。反之,人们从这个 Y_B 值中可以知道,该点是位于 6°第 20 号带,将 Y_B 去掉带号 20,其自然坐标 $y_B = 386\,575.310 - 500\,000 = -113\,424.690$ m。

高斯投影是正形投影,一般只需将椭球面上的方向、角度及距离等观测值经高斯投影的方向改化和距离改化后,归化为高斯投影平面上的相应观测值,然后在高斯平面坐标系内进行平差计算,从而求得地面点位在高斯平面直角坐标系内的坐标。

3) 独立平面直角坐标

当测量范围较小时(如半径不大于 10 km 的范围),可以将该测区的球面看作为平面,直接将地面点沿铅垂线方向投影到水平面上,用平面直角坐标来表示该点的投影位置。在实际测量中,一般将坐标原点选在测区的西南角,使测区内的点位坐标均为正值(Ⅰ 象限),并以该测区的子午线(或磁子午线)的投影为 x 轴,向北为正,与此 x 轴相垂直的为 y 轴,向东为正,由此建立了该测区的独立平面直角坐标系,如图 1-6 所示。

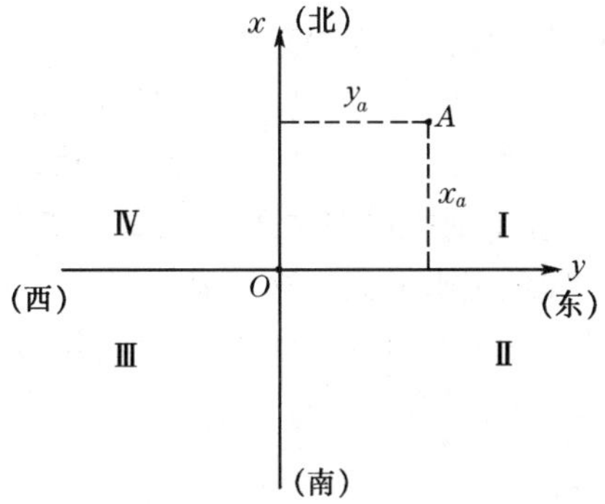

4) 城市坐标系

在一些大城市,由于城市建设与管理的需要,建立了本城市使用的城市坐标系统,该坐标系所采用的椭球不一定是参考椭球,中央子午线也不一定是在国家 3°带的中央子午线。一般来讲,以通过该城市市区中心某经线作为中央子午线,选择该城市某国家高级已知控制点作为坐标原点。例如,1992 年南京地方坐标系(城市坐标系),它是以高级控制点"劳山"作为坐标原点,起算方向为"二顶山",中央子午线经度为 118°50′,采用 1980 年国家大地坐标系椭球。

图 1-6 独立平面直角坐标

城市坐标系应与国家坐标系联测,相互间可以进行坐标换算。

5) WGS-84 坐标系

WGS-84 坐标系是全球定位系统(GPS)采用的坐标系,属地心空间直角坐标系。WGS-84 坐标系的原点位于地球质心;z 轴指向 BIH1984.0 定义的协议地球极(CTP)方向;x 轴指向 BIH1984.0 的零子午圈和 CTP 赤道的交点;y 轴垂直于 x 轴和 z 轴。x、y、z 轴构成右手直角坐标系。它与我国 1980 年国家大地坐标系之间可以相互转换,读者可参阅有关 GPS 专业书籍(如参考文献[5])。

6) 施工(建筑)坐标系

在建筑工程中,为了计算和施工放样方便,使所采用的平面直角坐标系的坐标轴与建(构)筑物主轴线重合、平行或垂直,其坐标原点一般为建筑场地中某轴线的交点,这种为设计与施工需要而建立的坐标系称为施工(建筑)坐标系。它与测量坐标系统是不一致的,两者存在着坐标原点的平移和坐标轴的旋转。因此在计算施工放样数据时需要进行坐标换算(详见第 10 章第 10.1 节)。

上述六种坐标系统之间是相互联系的，它们都是以不同的方式来表示地面上各点的平面位置。

1.3.2 高程系统

20世纪50年代，我国曾以青岛验潮站多年观测资料求得黄海平均海水面作为我国的大地水准面(高程基准面)，由此建立了"1956年黄海高程系"，并在青岛市观象山上建立了国家水准基点，其基点高程 $H = 72.289\text{ m}$。后来，随着验潮站几十年观测资料的积累与计算，更加精确地确定了黄海平均海水面，于是在1987年启用"1985国家高程基准"，此时测定的国家水准基点高程 $H = 72.260\text{ m}$。根据国家测绘总局国测发〔1987〕198号文件通告，此后全国都应以"1985国家高程基准"作为统一的国家高程系统。现在仍在使用的"1956年黄海高程系统"及其他高程系统(如吴淞高程系统)均应统一到"1985国家高程基准"的高程系统上。在实际测量中，特别要注意高程系统的统一。

所谓地面点的高程(绝对高程或海拔)就是地面点到大地水准面的铅垂距离，一般用 H 表示，如图1-7所示。图中地面点 A、B 的高程分别为 H_A、H_B。

在个别的局部测区，若远离已知国家高程控制点或为便于施工，也可以假设一个高程起算面(即假定水准面)，这时地面点到假定水准面的铅垂距离，称为该点的假定高程或相对高程。如图1-7中 A、B 两点的相对高程为 H_A'、H_B'。

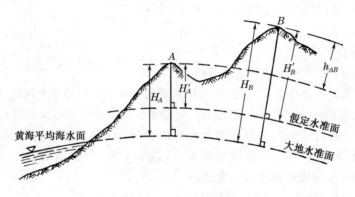

图1-7 高程和高差

地面上两点间的高程之差，称为高差，一般用 h 表示。图1-7中 A、B 两点间高差 h_{AB} 为
$$h_{AB} = H_B - H_A = H_B' - H_A'$$
式中，h_{AB} 有正有负，下标 AB 表示 A 点至 B 点的高差。

上式也表明两点间高差与高程起算面无关。

综上所述，当通过测量与计算，求得表示地面点位置的三个量，即 x、y、H，那么地面点的空间位置也就可以确定了。

必须指出，由于历史的原因，我国某些地方存在着新、旧高程系统并存的情况。在实际测量工作中，应注意它们之间的换算关系，逐步归算至全国统一的"1985国家高程基准"。现仅将江苏省境内新、旧高程系统换算关系列于表1-1，供读者参考。

表 1-1　新、旧高程系统换算关系(江苏省境内)

高程系统名称	水准原点高程/m	换算差值/m
坎门平均海水面		+0.219 1
1954 年黄海平均海水面		+0.084 4
1985 年国家高程基准	72.260 4	0.000 0(基准)
1956 年黄海平均海水面	72.289 3	-0.028 9
废黄河零点(新)		-0.091 6
吴淞平均海水面		-0.615 6
吴淞零点		-1.833 6

注：表中各高程系统与"1985 国家高程基准"之间的差值为平均概略数值，其数值因受误差影响随地区而异。

1.4　水平面代替水准面的限度

在普通测量范围内是将大地水准面近似地看作圆球面，将地面点投影到圆球面上，然后再投影到平面图纸上描绘，显然这是很复杂的工作。

在实际测量工作中，在一定的精度要求和测区面积不大的情况下，往往以水平面代替水准面，即把较小一部分地球表面上的点投影到水平面上来决定其位置，这样可以简化计算和绘图工作。

从理论上讲，将极小部分的水准面(曲面)当作水平面也是要产生变形的，必然对测量观测值(如距离、高差等)带来影响。但是由于测量和制图本身会有不可避免的误差，如当上述这种影响不超过测量和制图本身的误差范围时，认为用水平面代替水准面是可以的，而且是合理的。本节主要讨论用水平面代替水准面对距离和高差的影响(或称地球曲率的影响)，以便给出水平面代替水准面的限度。

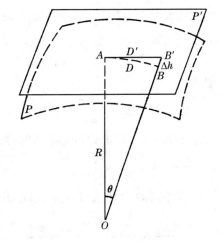

图 1-8　水平面代替水准面的影响

1) 对距离的影响

如图 1-8 所示，设球面(水准面)P 与水平面 P' 在 A 点相切，A、B 两点在球面上弧长为 D，在水平面上的距离(水平距离)为 D'，即

$$D = R \cdot \theta \quad D' = R \cdot \tan\theta$$

式中，R 为球面 P 的半径；θ 为弧长 D 所对角度。

以水平面上距离 D' 代替球面上弧长 D 所产生的误差为 ΔD，则

$$\Delta D = D' - D = R(\tan\theta - \theta) \tag{1-1}$$

将 (1-1) 式中 $\tan\theta$ 按级数展开，并略去高次项，得

$$\tan\theta = \theta + \frac{1}{3}\theta^3 + \frac{2}{15}\theta^5 + \cdots$$

将上式代入(1-1)式,并顾及 $\theta = \frac{D}{R}$,整理可得

$$\Delta D = \frac{D^3}{3R^2} \tag{1-2}$$

$$\frac{\Delta D}{D} = \frac{1}{3}\left(\frac{D}{R}\right)^2 \tag{1-3}$$

若取地球平均曲率半径 $R = 6\,371\,\text{km}$,并以不同的 D 值代入(1-2)式或(1-3)式,则可得出距离误差 ΔD 和相应相对误差 $\Delta D/D$,如表1-2所列。

表1-2　水平面代替水准面的距离误差和相对误差

距离 D/km	距离误差 ΔD/mm	相对误差 $\Delta D/D$
10	8	1/1 220 000
25	128	1/200 000
50	1 026	1/49 000
100	8 212	1/12 000

由表1-2可知,当距离为10 km时,用水平面代替水准面(球面)所产生的距离相对误差为1/1 220 000,这样小的距离误差就是在地面上进行最精密的距离测量也是允许的。因此,可以认为在半径为10 km的范围内(相当于面积320 km²),用水平面代替水准面所产生的距离误差可忽略不计,也就是可不考虑地球曲率对距离的影响。当精度要求较低时,还可以将测量范围的半径扩大到25 km(相当于面积2 000 km²)。

2) 对高差的影响

在图1-8中,A、B 两点在同一球面(水准面)上,其高程应相等(即高差为零)。B 点投影到水平面上得 B' 点。则 BB' 即为水平面代替水准面产生的高差误差。设 $BB' = \Delta h$,则

$$(R + \Delta h)^2 = R^2 + D'^2$$

整理得

$$\Delta h = \frac{D'^2}{2R + \Delta h}$$

上式中,可以用 D 代替 D',同时 Δh 与 $2R$ 相比可略去不计,则

$$\Delta h = \frac{D^2}{2R} \tag{1-4}$$

以不同的 D 代入(1-4)式,取 $R = 6\,371\,\text{km}$,则得相应的高差误差值,如表1-3所列。

表1-3　水平面代替水准面的高差误差

距离 D/km	0.1	0.2	0.3	0.4	0.5	1	2	5	10
Δh/mm	0.8	3	7	13	20	78	314	1 962	7 848

由表1-3可知,用水平面代替水准面,在1 km的距离上高差误差就有78 mm,即使距离为0.1 km(100 m)时,高差误差也有0.8 mm。所以在进行水准测量时,即使很短的距离都应考虑地球曲率对高差的影响,也就是说,应当用水准面作为测量的基准面。

1.5 测量工作概述

地球表面是复杂多样的,在测量工作中将其分为地物和地貌两大类。地面上固定性物体,如河流、房屋、道路、湖泊等称为地物;地面的高低起伏的形态,如山岭、谷地和陡崖等称为地貌。地物和地貌统称为地形。

测量工作的主要任务是测绘地形图和施工放样,本节扼要介绍测图和放样的大概过程,为学习后面各章建立起初步的概念。

1.5.1 测量工作的基本原则

测绘地形图或放样建筑物位置时,要在某一个点上测绘出该测区全部地形或者放样出建筑物的全部位置是不可能的。如图 1-9a 中所示 A 点,在该点只能测绘附近的地形或放样附近的建筑物的位置(如图中拟建建筑物 P),对于位于山后面的部分以及较远的地形就观测不到,因此,需要在若干点上分区施测,最后将各分区地形拼接成一幅完整的地形图,如图 1-9b 所示。施工放样也是如此。但是,任何测量工作都会产生不可避免的误差,故每点(站)上的测量都应采取一定的程序和方法,遵循测量的基本原则,以防误差积累,保证测绘成果的质量。

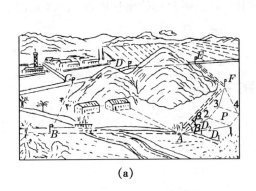
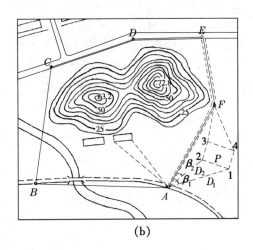

图 1-9 地形和地形图示意图

在实际测量工作中应当遵守以下基本原则:

(1) 在测量布局上,应遵循"由整体到局部"的原则;在测量精度上,应遵循"由高级到低级"的原则;在测量程序上,应遵循"先控制后碎部"的原则。

(2) 在测量过程中,应遵循"随时检查,杜绝错误"的原则。

1.5.2 控制测量的概念

遵循"先控制后碎部"的测量原则,就是先进行控制测量,测定测区内若干个具有控制意义的控制点的平面位置(坐标)和高程,作为测绘地形图或施工放样的依据。控制测量分为平面控制测量和高程控制测量。平面控制测量的形式有导线测量、GPS 测量及交会定点等,其目的是确定测区中一系列控制点的坐标 x、y;高程控制测量的形式有水准测量、光电测距三角高程测量等,其目的是测定各控制点间的高差,从而求出各控制点高程 H。如图 1-9a 所示的测区,图中 A、B、C、D、E、F 为平面控制点,由这一系列控制点连接而成的几何网形,称为平面控制网,图 1.9a 为闭合导线网。

通过导线测量(包括测角度、量距离等)和计算,求得 A、B、C、D、E、F 等控制点的坐标 x、y 值。同时,由测区内某一已知高程的水准点开始,经过 A、B、C、D、E、F 等控制点构成闭合水准路线,进行水准测量和计算,从而求得这些控制点的高程 H。

1.5.3 碎部测量的概念

在控制测量的基础上就可以进行碎部测量。碎部测量就是以控制点为依据,测定控制点至碎部点(地形的特征点)之间的水平距离、高差及其相对于某一已知方向的角度来确定碎部点的位置,应用碎部测量的方法,在测区内测定一定数量的碎部点位置后,按一定的比例尺将这些碎部点位标绘在图纸上,绘制成图,如图 1-9b 所示。图上表示的道路、桥梁及房屋等为地物,是用规定的图式和地物符号绘出的。图中央部分的一组闭合曲线表示实地测区内两座相连接的山头及其高低起伏的形态,这些闭合曲线称为等高线。它是将高程相同的相邻碎部点连成为闭合曲线。用等高线表示地貌是最常用的方法,其原理参见第 7 章第 7.1.5 节。

在普通测量工作中,碎部测量常用平板仪测绘或经纬仪测绘法。图 1-10 所示为用经纬仪测绘法进行碎部测量,在控制点 A 上安置经纬仪,以另一控制点 B 定向,使水平度盘读数为 $0°00'$,然后依次瞄准在房屋角点 1、2、3 处竖立的标尺,读得相应角度 β_1、β_2、β_3 及距离 D_1、D_2、D_3。根据角度和距离在图板的图纸上用量角器和直尺按比例尺标绘出房屋角 1、2、3 点的平面位置,同时还可求得这些碎部点的高程。

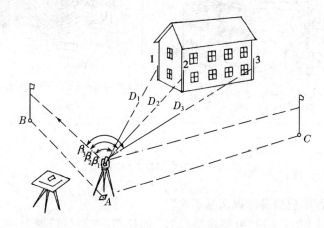

图 1-10　经纬仪测绘法

1.5.4 施工放样的概念

施工放样(测设)是把设计图上建(构)筑物位置在实地上标定出来,作为施工的依据。为了使地面定出的建筑物位置成为一个有机联系的整体,施工放样同样需要遵循"先控制后碎部"的基本原则。

如图 1-9b 所示,在控制点 A、F 附近设计了建筑物 P(图中用虚线表示),现要求把它在实地标定下来。根据控制点 A、F 及建筑物的设计坐标,计算水平角 β_1、β_2 和水平距离 D_1、D_2 等放样数据,然后在控制点 A 上,用仪器测设出水平角 β_1、β_2 所指的方向,并沿这些方向测设水平距离 D_1、D_2,即在实地定出 1、2 等点,这就是该建筑物的实地位置。上述所介绍的方法是施工放样中常用的极坐标法,此外还有直角坐标法、方向(角度)交会法和距离交会法等。

由于施工放样中施工控制网是一个整体,并具有相应的精度和密度,因此不论建(构)筑物的范围多大,由各个控制点放样出的建(构)筑物各个点位位置,也必将联系为一个整体。

同样,根据施工控制网点的已知高程和建(构)筑物的图上设计高程,可用水准测量方法测设出建(构)筑物的实地设计高程。

1.5.5 测量的基本工作

综上所述,控制测量和碎部测量以及施工放样等,其实质都是为了确定点的位置。碎部测量是将地面上的点位测定后标绘到图纸上或为用户提供测量数据与成果,而施工放样则是把设计图上的建(构)筑物点位测设到实地上,作为施工的依据。可见,所有要测定的点位都离不开距离、角度及高差这三个基本观测量。因此,距离测量、角度测量和高差测量(水准测量)是测量的三项基本工作。土木工程类各专业的工程技术人员应当掌握这三项基本功。

1.5.6 测量的角度单位

测量工作中经常用到的角度单位有"度分秒制"和"弧度制"。

1) 度分秒制

1 圆周 $= 360°, 1° = 60', 1' = 60''$。

2) 弧度制

弧长等于圆半径的圆弧所对的圆心角称为一个弧度,用 ρ 表示。因为整个圆周长为 $2\pi R$,故整个圆周为 2π 弧度。弧度与度分秒的关系如下:

$$\rho = \frac{180°}{\pi}$$

由上式可计算出一个弧度所对应的度数、分数和秒数分别为

$$\rho° = \frac{180°}{\pi} = 57°.295\ 779\ 5 \approx 57°.3$$

$$\rho' = \frac{180°}{\pi} \times 60 = 3\ 437'.746\ 77 \approx 3\ 438'$$

$$\rho'' = \frac{180°}{\pi} \times 60 \times 60 = 206\ 264''.806 \approx 206\ 265''$$

习题与研讨题 1

1-1 测定与测设有何区别?

1-2 何谓大地水准面?它有什么特点和作用?

1-3 何谓绝对高程、相对高程及高差?

1-4 高斯平面直角坐标系是怎样建立的?

1-5 已知某点位于高斯投影 6°带第 20 号带,若该点在该投影带高斯平面直角坐标系中的横坐标 $y=-306\,579.210$ m,写出该点不包含负值且含有带号的横坐标 Y 及该带的中央子午线经度 L_0。

1-6 从控制点坐标成果表中抄录某点在高斯平面直角坐标系中的纵坐标 $X=3\,456.780$ m,横坐标 $Y=21\,386\,435.260$ m,试问该点在该带高斯平面直角坐标中的自然坐标 x、y 为多少?该点位于第几象限内?

1-7 某宾馆首层室内地面±0.000 的绝对高程为 45.300 m,室外地面设计高程为 -1.500 m,女儿墙设计高程为 $+88.200$ m,问室外地面和女儿墙的绝对高程分别为多少?

1-8 (研讨题)为什么高差测量(水准测量)必须考虑地球曲率的影响?

1-9 (研讨题)测量上的平面直角坐标系和数学上的平面直角坐标系有什么区别?

1-10 (研讨题)测量工作的实质为什么就是确定点位的空间位置?地面点位定位的原则是什么?

1-11 (研讨题)从哪些方面理解测绘学科在土木工程建设中的地位和作用?

2 水准测量

测定地面点高程的工作称为高程测量。高程测量按所使用的仪器和施测方法不同,主要有水准测量和三角高程测量等方法,其中水准测量是最常用的一种方法。

2.1 水准测量原理

水准测量不是直接测定地面点的高程,而是测出两点间的高差,也就是在两个点上分别竖立水准尺,利用一种称为水准仪的测量仪器提供的一条水平视线,在水准尺上读数,求得两点间的高差,从而由已知点高程推求未知点高程。

现以图2-1来说明水准测量原理,设图中A点已知高程为H_A,今用水准测量方法求未知点B的高程H_B。在A、B两点中间安置水准仪,并在A、B两点上分别竖立水准尺,根据水准仪提供的水平视线在A点水准尺上的读数为a,在B点水准尺上的读数为b,则A、B两点间的高差为

$$h_{AB} = a - b \tag{2-1}$$

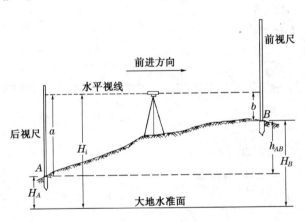

图2-1 水准测量原理

设水准测量是由A点向B点进行,如图2-1中的箭头所示,则规定A点为后视点,其水准尺读数a为后视读数,B点为前视点,其水准尺读数b为前视读数。可见,两点之间的高差应为"后视读数"减"前视读数"。如果$a>b$,则高差h_{AB}为正,表示B点比A点高;若$a<b$,则高差h_{AB}为负,表示B点比A点低。

在计算高差h_{AB}时,一定要注意h_{AB}下标AB的写法:h_{AB}表示A点至B点的高差,h_{BA}则表示B点至A点的高差,两个高差应该是绝对值相同而符号相反,即

$$h_{AB} = -h_{BA} \tag{2-2}$$

测得 A、B 两点间高差 h_{AB} 后,则未知点 B 的高程 H_B 为

$$H_B = H_A + h_{AB} = H_A + (a-b) \tag{2-3}$$

由图 2-1 可以看出,B 点高程也可以通过水准仪的视线高程 H_i(也称为仪器高程)来计算,视线高程 H_i 等于 A 点的高程加 A 点水准尺上的后视读数 a,即

$$H_i = H_A + a \tag{2-4}$$

则

$$H_B = H_i - b \tag{2-5}$$

一般情况下,用(2-3)式计算未知点 B 的高程 H_B,称为高差法。当安置一次水准仪需要同时求出若干个未知点的高程时,则用(2-5)式计算较为方便,这种方法称为视线高法。此法是在每一个测站上测定一个视线高程作为该测站的常数,分别减去各待测点上的前视读数,即可求得各未知点的高程,这在建筑工程中经常用到。

在实际水准测量中,A、B 两点间高差可能较大或相距较远,超过了允许的视线长度,安置一次水准仪(一测站)不能测定这两点间的高差。此时可在沿 A 点至 B 点的水准路线中间增设若干个必要的临时立尺点,称为转点,根据水准测量原理依次连续地在两个立尺点中间安置水准仪来测定相邻各点间高差,最后取各个测站高差的代数和,即求得 A、B 两点间的高差值,

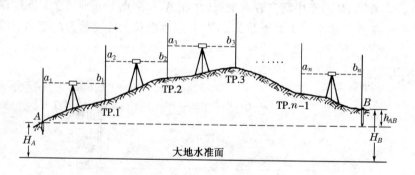

图 2-2 连续水准测量

这种方法称为连续水准测量。如图 2-2 所示,欲求 A、B 两点间高差 h_{AB},在 A 点至 B 点水准路线中间增设 $(n-1)$ 个临时立尺点(转点)TP.1 — TP.$n-1$,安置 n 次水准仪,依次连续地测定相邻两点间高差 $h_1 \sim h_n$,即

$$h_1 = a_1 - b_1$$
$$h_2 = a_2 - b_2$$
$$\vdots$$
$$h_n = a_n - b_n$$

则

$$h_{AB} = h_1 + h_2 + \cdots + h_n = \sum h = \sum a - \sum b \tag{2-6}$$

(2-6)式中,$\sum a$ 为后视读数之和,$\sum b$ 为前视读数之和,则未知点 B 的高程为

$$H_B = H_A + h_{AB} = H_A + (\sum a - \sum b) \tag{2-7}$$

A、B 两点间增设的转点起着传递高程的作用。

为了保证高程传递的正确性,在连续水准测量过程中,不仅要选择土质稳固的地方作为转点位置(须安放尺垫),而且在相邻测站的观测过程中,要保持转点(尺垫)稳定不动;同时要尽可能保持各测站的前后视距大致相等;还要通过调节前、后视距离,尽可能保持整条水准路线中的前视视距之和与后视视距之和相等,这样有利于消除(或减弱)地球曲率和某些仪器误差对高差的影响。

2.2 DS3型水准仪及其操作

水准仪是水准测量的主要仪器,按水准仪所能达到的精度分为DS 05、DS1、DS3等几种等级(型号)。"D"和"S"表示中文"大地"和"水准仪"中"大"字和"水"字的汉语拼音的第一个字母,通常在书写时可以省略字母"D",下标"05"、"1"、"3"等数字表示该类仪器的精度,见表2-1。S3型水准仪称为普通水准仪,用于国家三、四等水准测量及一般工程水准测量,S05型和S1型水准仪称为精密水准仪,用于国家一、二等精密水准测量及其他精密水准测量。本节主要介绍S3型水准仪及其使用。

表2-1 常用水准仪系列及精度

水准仪系列型号	S 05	S1	S3
每千米往返测高差中数的中误差	≤ 0.5 mm	≤ 1 mm	≤ 3 mm

2.2.1 S3型水准仪的构造

图2-3为S3型微倾式水准仪,它主要由望远镜、水准器和基座三部分组成。

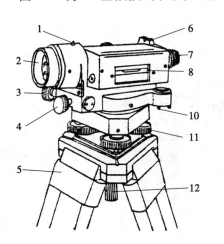
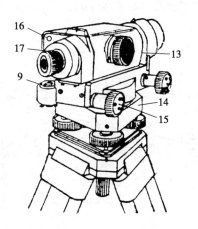

水准仪

图2-3 S3型水准仪

1—准星;2—物镜;3—微动螺旋;4—制动螺旋;5—三脚架;6—照门;7—目镜;8—水准管;
9—圆水准器;10—圆水准器校正螺旋;11—脚螺旋;12—连接螺旋;13—物镜调焦螺旋;
14—基座;15—微倾螺旋;16—水准管气泡观察窗;17—目镜调焦螺旋

1）基座

基座的作用是支承仪器的上部,并通过连接螺旋使仪器与三脚架相连。它包括轴套、脚螺旋、三角形底板等,仪器竖轴插入轴套内,整个仪器的上部可以绕仪器竖轴在水平方向旋转。

2）望远镜

望远镜是用来精确瞄准远处目标(标尺)和提供水平视线进行读数的设备,如图2-4a所示。它主要由物镜、目镜、调焦透镜及十字丝分划板等组成。图2-4b是从目镜中看到的经过放大后的十字丝分划板上的像。十字丝分划板是用来准确瞄准目标用的,中间一根长横丝称为中丝,与之垂直的一根丝称为竖丝,与中丝上下对称的两根短横丝称为上、下丝(又称视距丝)。在水准测量时,用中丝在水准尺上进行前、后视读数,用以计算高差,用上、下丝在水准尺上读数,用以计算水准仪至水准尺的距离(视距)。

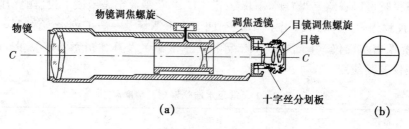

图2-4 测量望远镜

物镜和目镜采用多块透镜组合而成,调焦透镜由单块透镜或多块透镜组合而成。望远镜成像原理如图2-5所示,望远镜所瞄准的目标AB经过物镜的作用形成一个倒立而缩小的实像ab,调节物镜调焦螺旋即可带动调焦透镜在望远镜筒内前后移动,从而将不同距离的目标都能清晰地成像在十字丝平面上。调节目镜调焦螺旋可使十字丝像清晰,再通过目镜,便可看到同时放大了的十字丝和目标影像$a'b'$。

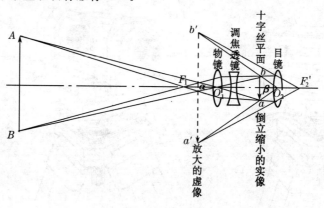

图2-5 望远镜成像原理

通过物镜光心与十字丝交点的连线CC称为望远镜视准轴,视准轴的延长线即为视线,它是瞄准目标的依据。

从望远镜内所看到目标影像的视角与观测者直接用眼睛观察该目标的视角之比称为望远镜的放大率(放大倍数)。如图2-5所示,从望远镜内所看到的远处物体AB的影像$a'b'$的视

角为 β,肉眼直接观测原目标 AB 的视角可近似地认为是 α,故放大率 $V=\beta/\alpha$。S3 型水准仪望远镜放大率一般不小于 28 倍。

由于物镜调焦螺旋调焦不完善,可能使目标形成的实像 ab 与十字丝分划板平面不完全重合,此时当观测者眼睛在目镜端略作上、下少量移动时,就会发现目标的实像 ab 与十字丝平面之间有相对移动,这种现象称为视差。测量作业中不允许存在视差,因为它不利于精确地瞄准目标与读数,因此在观测中必须消除视差。消除视差的方法:首先应按操作程序依次调焦,先进行目镜调焦,使十字丝十分清晰;再瞄准目标进行物镜调焦,使目标十分清晰,当观测者眼睛在目镜端作上下少量移动时,发现目标与十字丝平面之间没有相对移动,则表示视差不存在;否则应重新进行物镜调焦,直至无相对移动为止。在检查视差是否存在时,观测者眼睛应处于松弛状态,不宜紧张,且眼睛在目镜端上下移动范围不宜大,仅作很小范围的移动,否则会引起错觉而误认为视差存在。

制动螺旋和微动螺旋用于控制望远镜在水平方向转动,松开制动螺旋,望远镜可在水平方向任意转动,只有当拧紧制动螺旋后,微动螺旋才能使望远镜在水平方向上作微小转动,以精确瞄准目标。

3)水准器

水准器是水准仪上的重要部件,它是利用液体受重力作用后使气泡居于最高处的特性,指示水准器的水准轴位于水平或竖直位置的一种装置,从而使水准仪获得一条水平视线。水准器分圆水准器和管水准器两种。

(1)管水准器

管水准器是由玻璃管制成,又称"水准管",其纵向内壁研磨成具有一定半径的圆弧(圆弧半径一般为 7~20 m),内装酒精和乙醚的混合液,加热密封冷却后形成一个小长气泡,因气泡较轻,故处于管内最高处。

水准管圆弧中点 O 称为水准管零点,通过零点 O 的圆弧切线 LL 称为水准管轴,如图 2-6a 所示。水准管表面刻有 2 mm 间隔的分划线,并与零点 O 相对称。当气泡的中点与水准管的零点重合时,称为气泡居中,表示水准管轴水平。若保持视准轴与水准管轴平行,则当气泡居中时,视准轴也应位于水平位置。通常根据水准气泡两端距水准管两端刻划的格数相等的方法来判断水准气泡是否精确居中,如图 2-6b 所示。

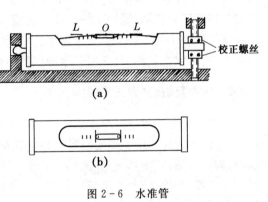

图 2-6 水准管

水准管上两相邻分划线间的圆弧(弧长为 2 mm)所对的圆心角,称为水准管分划值 τ。用公式表示为

$$\tau'' = \frac{2}{R}\rho'' \tag{2-8}$$

式中,ρ'' 为一弧度所对应的角度秒值,$\rho''=206\,265''$,详见第 1 章第 1.5.6 节,后同;R 为水准管圆弧半径,单位:mm。

上式说明分划值 τ'' 与水准管圆弧半径 R 成反比。R 愈大,τ'' 愈小,水准管灵敏度愈高,则定平仪器的精度也愈高,反之定平精度就低。S3 型水准仪水准管的分划值一般为 20″/2 mm,表明气泡移动一格(2 mm),水准管轴倾斜 20″。

为提高水准管气泡居中精度,S3 型水准仪的水准管上方安装有一组符合棱镜,如图 2-7 所示。通过符合棱镜的反射作用,把水准管气泡两端的影像反映在望远镜旁的水准管气泡观察窗内,当气泡两端的两个半像符合成一个圆弧时,就表示水准管气泡居中,如图 2-7a 所示;若两个半像错开,则表示水准管气泡不居中,如图 2-7b 所示,此时可转动位于目镜下方的微倾螺旋,使气泡两端的半像严密吻合(即居中),达到仪器的精确置平。这种配有符合棱镜的水准器称为符合水准器。它不仅便于观察,同时可以使气泡居中精度提高一倍。

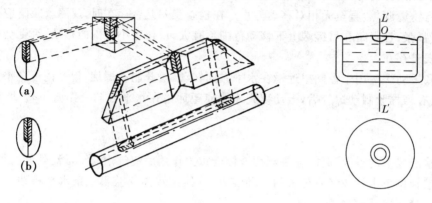

图 2-7 水准管与符合棱镜   图 2-8 圆水准器

(2)圆水准器

用于粗略整平仪器的圆水准器如图 2-8 所示。圆水准器顶面的内壁磨成圆球面,顶面中央刻有一个小圆圈,其圆心 O 称为圆水准器的零点,过零点 O 的法线 $L'L'$ 称为圆水准轴。由于它与仪器的旋转轴(竖轴)平行,所以当圆气泡居中时,圆水准轴处于竖直(铅垂)位置,表示水准仪的竖轴也大致处于竖直位置了。S3 水准仪圆水准器分划值一般为 8′/2 mm,由于分划值较大,则灵敏度较低,只能用于水准仪的粗略整平,为仪器精确置平创造条件。

2.2.2 水准尺、尺垫和三脚架

水准尺是水准测量时使用的标尺,其质量的好坏直接影响水准测量的精度,因此水准尺是用不易变形且干燥的优良木材或玻璃钢制成,要求尺长稳定,刻画准确,长度从 2 m 至 5 m 不等。根据它们的构造,常用的水准尺可分为直尺(整体尺)和塔尺两种,如图 2-9 所示。直尺中又有单面分划尺和双面(红黑面)分划尺。

水准尺尺面每隔 1 cm 涂有黑白或红白相间的分格,每分米处注有数字,数字一般是倒写的,以便观测时从望远镜中看到的是正像字。

双面水准尺的两面均有刻划,一面为黑白分划,称为"黑面尺"(也称主尺),另一面为红白分划,称为"红面尺"。通常用两根尺组成一对进行水准测量,两根尺的黑面尺尺底均从零开始,而红面尺尺底,一根从固定数值 4.687 m 开始,另一根从固定数值 4.787 m 开始,此固定数值称为零点差

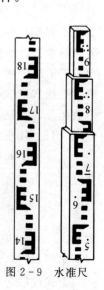

图 2-9 水准尺

(或红黑面常数差)。水平视线在同一根水准尺上的黑面与红面的读数之差称为尺底的零点差,可作为水准测量时读数的检核。

塔尺是由三节小尺套接而成,不用时套在最下一节之内,长度仅 2 m。如把三节全部拉出可达 5 m。塔尺携带方便,但应注意塔尺的连接处,务使套接准确稳固,塔尺一般用于地形起伏较大,精度要求较低的水准测量。

如图 2-10 所示,尺垫一般由三角形的铸铁制成,下面有三个尖脚,便于使用时将尺垫踩入土中,使之稳固。上面有一个突起的半球体,水准尺竖立于球顶最高点。

图 2-10 尺垫

在普通水准测量中,转点处应放置尺垫,以防止观测过程中水准尺下沉或位置发生变化而影响读数。

三脚架是水准仪的附件,用以安置水准仪,由木质(或金属)制成,脚架一般可伸缩,便于携带及调整仪器高度,使用时用中心连接螺旋与仪器固紧。

2.2.3 水准仪的操作

水准仪的操作包括安置仪器、粗略整平、瞄准水准尺、精确置平和读数等步骤。

1) 安置仪器

在测站打开三脚架,按观测者的身高调节三脚架腿的高度,为便于整平仪器,应使三脚架的架头大致水平,并将三脚架的三个脚尖踩实,使脚架稳定。然后将水准仪平稳地安放在三脚架头上,一手握住仪器,一手立即将三脚架连接螺旋旋入仪器基座的中心螺孔内,适度旋紧,防止仪器从架头上摔下来。

2) 粗略整平(粗平)

粗平即粗略地整平仪器,通过调节三个脚螺旋使圆水准器的圆气泡居中,从而使仪器的竖轴大致铅垂。

粗平的具体做法是:如图 2-11a 所示,外围三个圆圈为脚螺旋,中间为圆水准器,虚线圆圈代表气泡所在位置,首先用双手按箭头所指方向转动脚螺旋 1、2,使圆气泡移到这两个脚螺旋连线方向的中间,然后再按图 2-11b 中箭头所指方向,用左手转动脚螺旋 3,使圆气泡居中(即位于黑圆圈中央)。在整平的过程中,气泡移动的方向与左手大拇指转动脚螺旋时的移动方向一致。

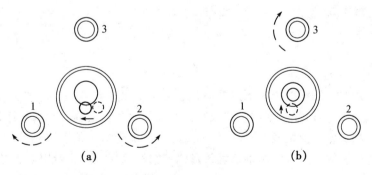

图 2-11 圆水准器整平

3) 瞄准水准尺

首先将望远镜对着明亮的背景(如天空或白色明亮物体),转动目镜调焦螺旋,使望远镜内的十字丝像十分清晰(以后瞄准时就不需要再进行目镜调焦)。然后松开制动螺旋,转动望远镜,用望远镜筒上方的缺口和准星瞄准水准尺,粗略进行物镜调焦,使在望远镜内看到水准尺像,此时立即拧紧制动螺旋,转动水平微动螺旋,使十字丝的竖丝对准水准尺或靠近水准尺的一侧,如图 2-12 所示,可检查水准尺在左右方向是否倾斜。再转动物镜调焦螺旋进行仔细对光,注意消除视差,使水准尺的分划像十分清晰。

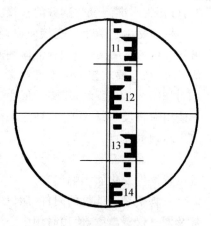

图 2-12 瞄准水准尺与读数

4) 精确置平(精平)

转动位于目镜下方的微倾螺旋,从气泡观察窗内看到符合水准气泡严密吻合(居中),如图 2-13 所示。此时视线即为水平视线。

由于粗略整平不很完善(因圆水准器灵敏度较低),故当瞄准某一目标精平后,仪器转到另一目标时,符合水准气泡将会有微小的偏离(不吻合)。因此在进行水准测量中,务必记住每次瞄准水准尺进行读数时,都应先转动微倾螺旋,使符合水准气泡严密吻合后,才能在水准尺上读数。

图 2-13 水准气泡的符合

5) 读数

仪器精平后,应立即用十字丝的中丝在水准尺上读数。根据望远镜成像原理,观测者从望远镜里看到的水准尺影像是倒立的(大多数仪器如此),为了便于读数,一般将水准尺上注字倒写,这样在望远镜里能看到正写的注字。读数时应从小数向大数读。观测者应先估读水准尺上毫米数(小于一格的估值),然后读出米、分米及厘米值,一般应读出四位数。如图 2-12 中水准尺的中丝读数为 1.259 m,其中末位 9 是估读的毫米数,也可读记为 1 259 mm。读数应迅速、果断、准确,读数后应立即重新检视符合水准气泡是否仍旧居中,如仍居中,则读数有效,否则应重新使符合水准气泡居中后再读数。

2.3 普通水准测量及其成果整理

2.3.1 水准点

水准点就是用水准测量的方法测定的高程控制点。水准点应按照水准测量等级,根据地区气候条件与工程需要,每隔一定距离埋设不同类型的永久性或临时性水准标志或标石,水准点标志或标石应埋设于土质坚实、稳固的地面或地表以下合适的位置,必须便于长期保存又利于观测与寻找。国家等级永久性水准点埋设形式如图 2-14 所示,一般用钢筋混凝土或石料制成,深埋到地面冻结线以下。标石顶部嵌有不锈钢或其他不易锈蚀的材料制成的半球形标志,标志最高处(球顶)作为高程起算基准。有时永久性水准点的金属标志(一般宜铜制)也可以直接镶嵌在坚固稳定的永久性建筑物的墙脚上,称为墙上水准点,如图 2-15 所示。

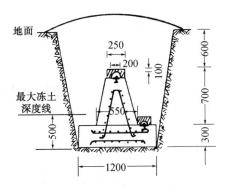

图 2-14 国家等级水准点

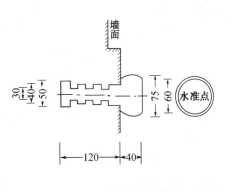

图 2-15 墙上水准点

各类建筑工程中常用的永久性水准点一般用混凝土或钢筋混凝土制成,如图 2-16a 所示,顶部设置半球形金属标志。临时性水准点可用大木桩打入地下,如图 2-16b 所示,桩顶面钉一个半圆球状铁钉,也可直接把大铁钉(钢筋头)打入沥青等路面或在桥台、房基石、坚硬岩石上刻上记号(用红油漆示明)。

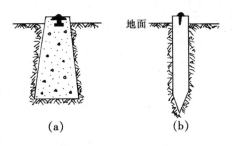

图 2-16 建筑工程水准点

为便于以后寻找,水准点应进行编号,编号前一般冠以"BM"字样,以表示水准点,并绘出水准点与附近固定建筑物或其他明显地物关系的点位草图,称为"点之记",作为水准测量的成果一并保存。

2.3.2 水准路线

水准路线就是由已知水准点开始或在两已知水准点之间按一定形式进行水准测量的测量路线,根据测区已有水准点的实际情况和测量的需要以及测区条件,水准路线一般可布设如下几种形式:

1) 支水准路线

从一个已知高程的水准点 BM.A 开始,沿待测的高程点 1、2 进行水准测量,称为支水准路线,如图 2-17a 所示。对于支水准路线应进行往返观测。

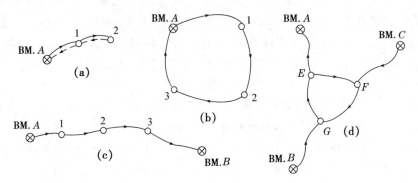

图 2-17 水准测量路线略图

2) 闭合水准路线

从一个已知高程的水准点 BM.A 开始,沿各待测高程点 1、2、3 进行水准测量,最后又回到原水准点 BM.A,称为闭合水准路线,如图 2-17b 所示。

3) 附合水准路线

从一个已知高程的水准点 BM.A 开始,沿各待测高程点 1、2、3 进行水准测量,最后附合至另一已知水准点 BM.B 上,称为附合水准路线,如图 2-17c 所示。

4) 水准网

若干条单一水准路线相互连接构成网形,称为水准网,如图 2-17d 所示。

2.3.3 普通水准测量方法

如图 2-18 所示,已知水准点 BM.A 的高程 $H_A=19.153$ m,欲测定距水准点 BM.A 较远的 B 点高程,按普通水准测量的方法,由 BM.A 点出发共需设五个测站,连续安置水准仪测出各站两点之间的高差,观测步骤如下:

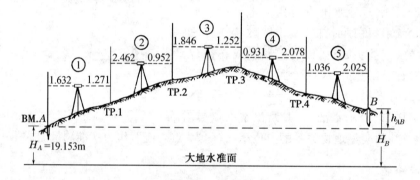

图 2-18 普通水准测量略图

首先,后司尺员在 BM.A 点立尺,观测者在测站①处安置水准仪,前司尺员在前进方向视地形情况,在距水准仪距离约等于水准仪距后视点 BM.A 距离处设转点 TP.1 点安放尺垫并立尺,司尺员应将水准尺保持竖直且分划面(双面尺的黑面)朝向仪器,观测者经过"粗平—瞄准—精平—读数"的操作程序,后视已知水准点 BM.A 上的水准尺,读数为 1.632,前视 TP.1 转点上水准尺,读数为 1.271,记录者将观测数据记录在表 2-2 相应水准尺读数的后视与前视栏内,并计算该站高差为 +0.361 m,记在表 2-2 高差"+"号栏中。至此,第①测站的工作结束。然后,以转点 TP.1 上的尺垫保持不动,将水准尺轻轻地转向下一站的仪器方向,水准仪搬迁至测站②,BM.A 点司尺员持尺前进选择合适的转点 TP.2 安放尺垫并立尺,观测者先后视转点 TP.1 上水准尺,读数为 2.462,再前视转点 TP.2 上水准尺,读数为 0.952,计算②站高差为 +1.510 m,读数与高差均记录在表 2-2 相应栏内。

按上法依次连续进行水准测量,直至测到 B 点为止。

表 2-2 记录计算校核中,$\sum a - \sum b = \sum h$ 可作为计算中的校核,可以检查计算是否正确,但不能检核观测和记录是否有错误。在进行连续水准测量时,若其中任何一个后视或前视读数有错误,都要影响高差的正确性。对于每一测站而言,为了校核每次水准尺读数有无差错,可采用改变仪器高的方法或双面尺法进行测站检核。

表 2-2 普通水准测量记录手簿

测区_____ 仪器型号_____ 观测者_____
时间___年_月_日 天　气_____ 记录者_____

测站	点号	水准尺读数/m		高　差/m		高程/m	备注
		后视	前视	+	−		
1	BM.A	1.632				19.153	已知
	TP.1		1.271	0.361		19.514	
2	TP.1	2.462					
	TP.2		0.952	1.510		21.024	
3	TP.2	1.846					
	TP.3		1.252	0.594		21.618	
4	TP.3	0.931					
	TP.4		2.078		1.147	20.471	
5	TP.4	1.036					
	BM.B		2.025		0.989	19.482	
计算检核	$\sum$	7.907	7.578	2.465	2.136		
	$\sum a - \sum b = +0.329$			$\sum h = +0.329$		$H_B - H_A = +0.329$	

1) 改变仪器高的方法

在每一测站测得高差后,改变仪器高度(即重新安置与整平仪器)在 0.1 m 以上再测一次高差,当两次测得高差的差值在 ±5 mm 以内时,则取两次高差平均值作为该站测得的高差值。否则需要检查原因,重新观测。

2) 双面尺法

仪器高度不变,读取每一根双面尺的黑面与红面的读数,分别计算双面尺的黑面与红面读数之差及两个黑面尺的高差 $h_{黑}$ 与两个红面尺的高差 $h_{红}$,若同一水准尺红面与黑面(加常数后)读数之差在 ±3 mm 以内,且黑面尺高差 $h_{黑}$ 与红面尺高差 $h_{红}$ 之差不超过 ±5 mm,则取黑、红面高差平均值作为该站测得的高差值。当两根尺子的红黑面零点差相差 100 mm 时,两个高差也应相差 100 mm,此时应在红面高差中加或减 100 mm 后再与黑面高差比较。

注意在每站观测时,应尽量保持前后视距相等,视距可由上下丝读数之差乘以 100 求得。每次读数时均应使符合水准气泡严密吻合,每个转点均应安放尺垫,但所有已知水准点和待求高程点上不能放置尺垫。

2.3.4 水准测量成果整理

测站校核只能检查每一个测站所测高差是否正确,对于整条水准路线来说,还不能说明它的精度是否符合要求。例如在仪器搬站期间,转点的尺垫被碰动、下沉等引起的误差,在测站校核中无法发现,而水准路线的高差闭合差却能反映出来。因此,普通水准测量外业观测结束后,首先应复查与检核记录手簿,并按水准路线布设形式进行成果整理,其内容包括:水准路线高差闭合差计算与校核;高差闭合差的分配和计算改正后的高差;计算各点改正后的高程。

1) 高差闭合差的计算与校核

(1) 支水准路线

如图 2-17a 所示的支水准路线,沿同一路线进行了往返观测,由于往返观测的方向相反,因此往测和返测的高差绝对值相同而符号相反,即往测高差总和 $\sum h_{往}$ 与返测高差总和 $\sum h_{返}$ 的代数和在理论上应等于零,但由于测量中各种误差的影响,往测高差总和与返测高差总和的代数和不等于零,即有高差闭合差 f_h 为

$$f_h = \sum h_{往} + \sum h_{返} \tag{2-9}$$

(2) 闭合水准路线

如图 2-17b 所示的闭合水准路线,因起点和终点均为同一点 BM.A,构成一个闭合环,因此闭合水准路线所测得各测段高差的总和理论上应等于零,即 $\sum h_{理} = 0$。设闭合水准路线实际所测得各测段高差的总和为 $\sum h_{测}$,其高差闭合差为

$$f_h = \sum h_{测} - \sum h_{理} = \sum h_{测} \tag{2-10}$$

(3) 附合水准路线

如图 2-17c 所示的附合水准路线,因起点 BM.A 和终点 BM.B 的高程 H_A、H_B 已知,两点之间的高差是固定值,因此附合水准路线所测得的各测段高差的总和理论上应等于起终点高程之差,即

$$\sum h_{理} = H_B - H_A \tag{2-11}$$

附合水准路线实测的各测段高差总和 $\sum h_{测}$ 与高差理论值之差即为附合水准路线的高差闭合差,即

$$f_h = \sum h_{测} - (H_B - H_A) \tag{2-12}$$

由于水准测量中仪器误差、观测误差以及外界的影响,使水准测量中不可避免地存在着误差,高差闭合差就是水准测量观测误差中上述各误差影响的综合反映。为了保证观测精度,对高差闭合差应作出一定的限制,即计算所得高差闭合差 f_h 应在规定的容许范围内。计算高差闭合差 f_h 不超过容许值(即 $f_h \leqslant f_{h容}$)时,认为外业观测合格,否则应查明原因返工重测,直至符合要求为止。对于普通水准测量,规定容许高差闭合差 $f_{h容}$ 为

$$f_{h容} = \pm 40\sqrt{L} \quad (mm) \tag{2-13}$$

式中,L 为水准路线总长度,单位:km。

在山丘地区,当每千米水准路线的测站数超过 16 站时,容许高差闭合差可用下式计算:

$$f_{h容} = \pm 12\sqrt{n} \quad (mm) \tag{2-14}$$

式中,n 为水准路线的测站总数。

2) 高差闭合差的分配和计算改正后的高差

当计算出的高差闭合差在容许范围内时,可进行高差闭合差的分配,分配原则是:对于闭合或附合水准路线,按与路线长度 L 或按路线测站数 n 成正比的原则,将高差闭合差反其符号进行分配。用数学公式表示为

$$v_{h_i} = -\frac{f_h}{L} \cdot L_i \tag{2-15}$$

或

$$v_{h_i} = -\frac{f_h}{n} \cdot n_i \tag{2-16}$$

式中,L 为水准路线总长度,L_i 为表示第 i 测段的路线长;n 为水准路线总测站数,n_i 为表示第 i 测段路线测站数;v_{h_i} 为分配给第 i 测段观测高差 h_i 上的改正数;f_h 为水准路线高差闭合差。

高差改正数计算校核式为 $\sum v_{h_i} = -f_h$,若满足则说明计算无误。

最后计算改正后的高差 $\hat{h}_i$,它等于第 i 测段观测高差 h_i 加上其相应的高差改正数 v_{h_i},即

$$\hat{h}_i = h_i + v_{h_i} \tag{2-17}$$

3) 计算各点改正后的高程

根据已知水准点高程和各测段改正后的高差 $\hat{h}_i$,依次逐点推求各点改正后的高程,作为普通水准测量高程的最后成果。推求到最后一点高程值应与闭合或附合水准路线的已知水准点高程值完全一致。

4) 算例一

如图 2-19 所示的平原地区闭合水准路线,BM.A 为已知水准点,按普通水准测量的方法测得各测段观测高差和测段路线长度分别标注在水准路线上。现将此算例高差闭合差的分配和改正后高差及高程计算成果列于表 2-3 中。表 2-3 中 $f_h \leqslant f_{h容}$,外业观测成果合格可用。

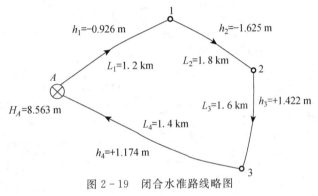

图 2-19 闭合水准路线略图

表 2-3 闭合水准路线测量成果计算表

点 号	路线长度 L/km	观测高差 h_i/m	高差改正数 v_{h_i}/m	改正后高差 $\hat{h}_i$/m	高 程 H/m	备 注
BM.A					8.563	已知
	1.2	−0.926	−0.009	−0.935		
1					7.628	
	1.8	−1.625	−0.014	−1.639		
2					5.989	
	1.6	+1.422	−0.012	+1.410		
3					7.399	
	1.4	+1.174	−0.010	+1.164		
BM.A					8.563	已知
$\sum$	6.0	+0.045	−0.045	0.000		

$f_h = \sum h_{测} = +45$ mm　　$f_{h容} = \pm 40\sqrt{L} = \pm 98$ mm

$v_{1km} = -\dfrac{f_h}{L} = -\dfrac{45}{6.0} = -7.5$ mm/km　　$\sum v_{h_i} = -45$ mm $= -f_h$

5) 算例二

如图 2-20 所示的丘陵地区附合水准路线，BM.A 和 BM.B 为已知水准点，按普通水准测量的方法测得各测段观测高差和测段路线长度分别标注在路线的上、下方。现将此算例高差闭合差的分配和改正后高差及高程计算成果列于表 2-4 中，$f_h \leqslant f_{h容}$，外业观测成果合格可用。

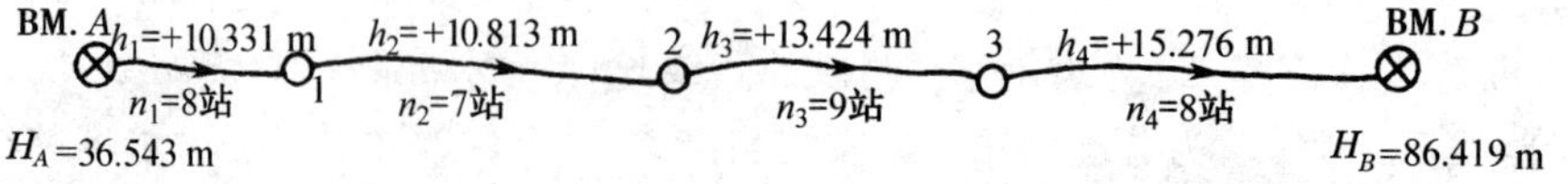

```
BM.A   h₁=+10.331 m   1   h₂=+10.813 m   2   h₃=+13.424 m   3   h₄=+15.276 m   BM.B
 ⊗      n₁=8站            n₂=7站             n₃=9站              n₄=8站          ⊗
H_A=36.543 m                                                              H_B=86.419 m
```

图 2-20　附合水准路线略图

表 2-4　附合水准路线测量成果计算表

点号	测站数 n/站	观测高差 h_i/m	高差改正数 v_{h_i}/m	改正后高差 $\hat{h}_i$/m	高程 H/m	备注
BM.A					36.543	已知
	8	+10.331	+0.008	+10.339		
1					46.882	
	7	+10.813	+0.007	+10.820		
2					57.702	
	9	+13.424	+0.009	+13.433		
3					71.135	
	8	+15.276	+0.008	+15.284		
BM.B					86.419	已知
∑	32	+49.844	+0.032	+49.876		

$$f_h = \sum h_{测} - (H_B - H_A) = -32 \text{ mm} \qquad f_{h容} = \pm 12\sqrt{n} = \pm 68 \text{ mm}$$

$$v_{1站} = -\frac{f_h}{\sum n} = -\frac{(-32)}{32} = +1 \text{ mm/站} \qquad \sum v_{h_i} = +32 \text{ mm} = -f_h$$

2.4　DS3 型水准仪的检验与校正

水准仪检验就是查明仪器各轴线是否满足应有的几何条件，只有这样水准仪才能真正提供一条水平视线，正确地测定两点间的高差。如果不满足几何条件，且超出规定的范围，则应进行仪器校正，所以校正的目的是使仪器各轴线满足应有的几何条件。

2.4.1　水准仪的轴线及其应满足的几何条件

如图 2-21 所示，水准仪的轴线主要有视准轴 CC，水准管轴 LL，圆水准轴 $L'L'$，仪器竖轴 VV。

根据水准测量原理，水准仪必须提供一条水平视线（即视准轴水平），而视线是否水平是根据水准管气泡是否居中来判断的，如果水准管气泡居中，而视线不水平，则不符合水准测量原理。因此水准仪在轴线构造上应满足水准管轴平行于视准轴这个主要的几何条件。

此外，为了便于迅速有效地用微倾螺旋使符合气泡精确置平，应先用脚螺旋使圆水准器气泡居中,使仪器粗略整平,仪器竖轴基本处于铅垂位置,故水准仪还应满足圆水准轴平行于仪器竖轴的几何条件;为了准确地用中丝(横丝)进行读数,当水准仪的竖轴铅垂时,中丝应当水平。

综上所述,水准仪轴线应满足以下几何条件:
(1) 圆水准轴应平行于仪器竖轴($L'L' // VV$);
(2) 十字丝中丝应垂直于仪器竖轴(即中丝应水平);
(3) 水准管轴应平行于视准轴($LL // CC$)。

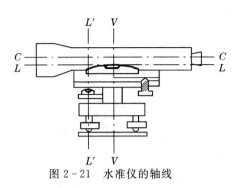

图 2-21 水准仪的轴线

2.4.2 水准仪的检验与校正

1) 圆水准轴平行于仪器竖轴的检验与校正

(1) 检验方法

安置水准仪后,转动脚螺旋使圆水准器气泡居中,如图 2-22a 所示,然后将仪器绕竖轴旋转 180°,如果圆气泡仍旧居中,则表示该几何条件满足,不必校正。如果圆气泡偏离中心,如图 2-22b 所示,则表示该几何条件不满足,需要进行校正。

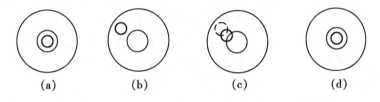

图 2-22 圆水准器的检校

(2) 校正方法

水准仪不动,旋转脚螺旋,使圆气泡向圆水准器中心方向移动偏离值的一半,如图 2-22c 粗线圆圈处,然后用校正针先稍松动一下圆水准器底下中间一个大一点的连接螺丝,如图 2-23,再分别拨动圆水准器底下的三个校正螺丝,使圆气泡居中,如图 2-22d。校正完毕后,应记住把中间一个连接螺丝再旋紧。

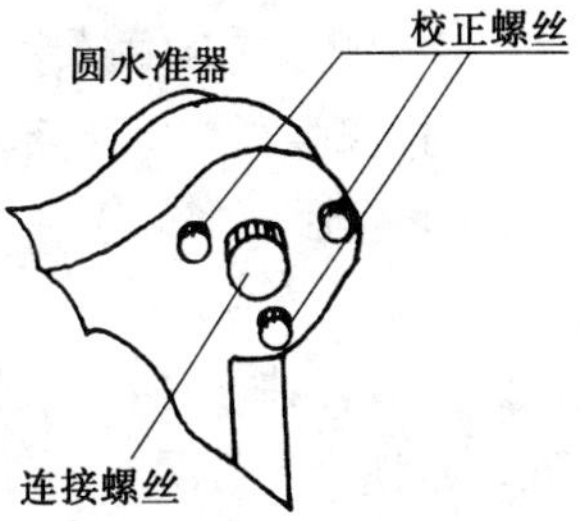

(3) 检校原理

如图 2-24 所示,设圆水准轴 $L'L'$ 不平行于竖轴 VV,两者的夹角为 α,当转动脚螺旋使圆气泡居中,则圆水准轴 $L'L'$ 处于铅垂方向,但竖轴 VV 倾斜了一个 α 角,如图 2-24a 所示。当仪器绕竖轴旋转 180°后,竖轴仍处于倾斜 α 角的位置,气泡恒处于最高处,而圆水准轴转到竖轴的另一侧,但与竖轴 VV 的夹角 α 不变,这样圆水准轴 $L'L'$ 相对于铅垂方向就倾斜了 2 倍的 α 角度,如图 2-24b 所示,此时圆气泡偏离圆心(零点)的弧长所对的圆心角为 2α。因为仪器竖轴相对于铅垂方向仅倾斜 α 角,所以调节脚螺旋使圆气泡向中心移动的距离只能是偏离值的一半,此时竖轴即处于铅垂位置,如图 2-24c 所示,然后再拨动圆水准器校正螺丝校正另一半偏离值,使气泡居中,从而使圆水准轴也处于铅垂位

图 2-23 圆水准器校正螺丝

置,达到圆水准轴 $L'L'$ 平行于竖轴 VV 的目的,如图 2-24d。校正一般需要反复进行几次,直至仪器旋转到任何位置圆水准气泡都居中为止。

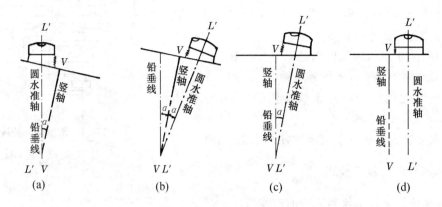

图 2-24 圆水准器的检校原理

2) 十字丝中丝垂直于仪器竖轴的检验与校正

(1) 检验方法

若十字丝中丝已垂直于仪器竖轴,当竖轴铅垂时,中丝应水平,则用中丝的不同部分在水准尺上读数应该是相同的。安置水准仪整平后,用十字丝交点瞄准某一明显的点状目标 A,拧紧制动螺旋,缓慢地转动微动螺旋,从望远镜中观测 A 点在左右移动时是否始终沿着中丝移动,如果始终沿着中丝移动,则表示中丝是水平的,否则需要校正。

(2) 校正方法

校正方法因十字丝装置的形式不同而异。如图 2-25 所示的形式,需旋下目镜端的十字丝环外罩,用螺丝刀松开十字丝环的四个固定螺丝,按中丝倾斜的反方向小心地转动十字丝环,直至中丝水平,再重复检验,最后固紧十字丝环的固定螺丝,旋上十字丝环外罩。

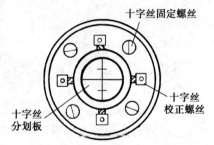

图 2-25 十字丝的检校

3) 水准管轴平行于视准轴的检验与校正

(1) 检验原理

设水准管轴不平行于视准轴,它们在竖直面内投影的夹角为 i,称为 i 角误差,如图 2-26 所示。当水准管气泡居中时,视准轴相对于水平线方向向上(有时向下)倾斜了 i 角,则视线(视准轴)在尺上读数偏差 x,随着水准尺离开水准仪愈远,由此引起的读数误差也愈大。当水准仪至水准尺的前后视距相等时,即使存在 i 角误差,但因在两根水准尺上读数的偏差 x 相等,则所求高差不受影响。前后视距的差距增大,则 i 角误差对高差的影响也会随之增大。基于这种分析,提出如下两种检验方法。

(2) 检验方法一

① 如图 2-26 所示,在平坦地区选择相距约 80 m 的 A、B 两点(可打下木桩或安放尺垫),并在 A、B 两点中间处选择一点 O,且使 $D_A = D_B$。

② 将水准仪安置于 O 点处,分别在 A、B 两点上竖立水准尺,读数为 a_1 和 b_1,因 $D_A = D_B$,

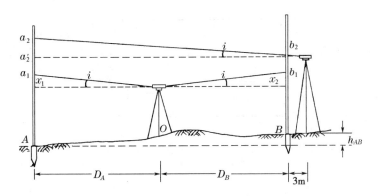

图 2-26 水准管轴平行于视准轴的检验方法一

故 $x_1=x_2$，则 A、B 两点间正确高差为

$$h_{AB}=(a_1-x_1)-(b_1-x_2)=a_1-b_1$$

为了确保观测的正确性，也可用变动仪器高法测定高差 h_{AB}，若同一测站不同的仪器高度两次测得高差之差不超过 3 mm，则取平均值作为最后结果。

③ 将水准仪搬到靠近 B 点处（距 B 点约 3 m），精平仪器后，瞄准 B 点水准尺，读数为 b_2，再瞄准 A 点水准尺，读数为 a_2，则 A、B 间高差 h_{AB}' 为

$$h_{AB}'=a_2-b_2$$

若 $h_{AB}'=h_{AB}$，则表明水准管轴平行于视准轴，几何条件满足。若 $h_{AB}'\neq h_{AB}$，则按（2-19）式计算 i 角值，对于 S3 型水准仪，如果 i 角绝对值大于 $20''$，则需要进行校正。

(3) 校正方法一

此时，水准仪不动，先计算视线水平时 A 尺（远尺）上应有的正确读数 a_2'，即

$$a_2'=b_2+h_{AB}=b_2+(a_1-b_1) \tag{2-18}$$

$$i''=\frac{a_2-a_2'}{D_{AB}}\cdot\rho'' \tag{2-19}$$

当 $a_2>a_2'$，说明视线向上倾斜；反之，向下倾斜。瞄准 A 尺，旋转微倾螺旋，使十字丝中丝对准 A 尺上的正确读数 a_2'，此时符合水准气泡就不再居中了，但视线已处于水平位置。用校正针拨动位于目镜端的水准管上、下两个校正螺丝，如图 2-27 所示，使符合水准气泡严密居中。此时，水准管轴也处于水平位置，达到了水准管轴平行于视准轴的要求。

校正时，应先稍松动左右两个校正螺丝，再根据气泡偏离情况，遵循"先松后紧"规则，拨动上、下两个校正螺丝，使符合气泡居中，校正完毕后，再重新固紧左右两个校正螺丝。

(4) 检验方法二

如图 2-28 所示，在一平坦场地上用钢尺量取一直线 I_1ABI_2，其中 I_1、I_2 为安置仪器处，A、B 为立标尺处，并使 $I_1A=BI_2$。设 $D_1=BI_2$，$D_2=AI_2$，使近标尺距离 D_1 为 5～7 m，远标尺距离 D_2 为 40～50 m。分别在 A、B 处各打一木桩（或放置尺垫），并各立上水准尺。

首先将仪器安置于 I_1 点，测出 A、B 两点的高差 $h_1=a_1-b_1$。然后安置仪器于 I_2 点，再测 A、B 两点的高差 $h_2=a_2-b_2$。a_1、b_1 和 a_2、b_2 为仪器照准各水准尺基本分划四次读数平均

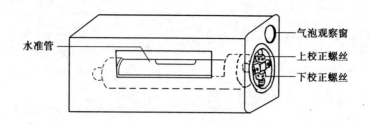

图 2-27 水准管轴的校正

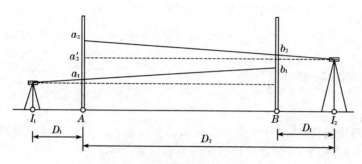

图 2-28 水准管轴平行于视准轴的检验方法二

值(mm)。若 $h_2=h_1$，则水准管轴平行于视准轴；如果 $h_2 \neq h_1$，则需按(2-20)式计算出仪器的 i 角值，若 i 角值大于规范规定值时应进行校正。

$$i''=\frac{\Delta}{D_2-D_1} \cdot \rho''-1.61 \times 10^{-5} \times (D_1+D_2) \tag{2-20}$$

式中，$\Delta=[(a_2-b_2)-(a_1-b_1)]/2$。计算时，$a_1$、$b_1$、$a_2$、$b_2$ 以及距离 D_1、D_2 均取 mm 为单位，$\rho''=206\,265$。

(5) 校正方法二

对于气泡式水准仪，按下述方法校正。在 I_2 处，转动望远镜的微倾螺旋，将望远镜视线对准 A 标尺上应有的正确读数 a_2'，a_2' 按(2-21)式计算：

$$a_2'=a_2-\Delta \cdot \frac{D_2}{D_2-D_1} \tag{2-21}$$

当中丝对准 a_2' 读数后，此时视线水平，而水准管气泡必然偏离中央，用校正针直接调整水准管校正螺丝使气泡居中，如图 2-27 所示。此项检验校正工作亦须反复进行，直至仪器 i 角满足要求为止。

2.5 水准测量误差分析及注意事项

由于使用的水准仪不可能完美无缺，观测人员的感官也有一定的局限，再加上野外观测必定要受到外界环境的影响，使水准测量中不可避免地存在着误差。为了保证应有的观测精度，测量人员应对水准测量误差产生的原因以及如何控制误差的方法有所了解。尤其要避免读数错误、错记读数、碰动脚架或尺垫等观测错误。

水准测量误差按其来源可分为仪器误差、观测与操作者的误差以及外界环境的影响等三个方面。

2.5.1 仪器误差

水准仪使用前,应按规定进行水准仪的检验与校正,以保证各轴线满足条件。但由于仪器检验与校正不甚完善以及其他方面的影响,使仪器尚存在一些残余误差,其中最主要的是水准管轴不完全平行于视准轴的误差(又称为 i 角残余误差)。这个 i 角残余误差对高差的影响为 Δh,即

$$\Delta h = x_1 - x_2 = \frac{i''}{\rho''} D_A - \frac{i''}{\rho''} D_B = \frac{i''}{\rho''} (D_A - D_B) \tag{2-22}$$

式中,$(D_A - D_B)$ 为前后视距之差;x_1、x_2 为 i 角残余误差对读数的影响。

若保持同一测站上前后视距相等(即 $D_A = D_B$),即可消除 i 角残余误差对高差的影响。对于一条水准路线而言,也应保持前视视距总和与后视视距总和相等,同样可消除 i 角残余误差对路线高差总和的影响。

水准尺是水准测量的重要工具,它的误差(分划误差及尺长误差等)也影响着水准尺的读数及高差的精度。因此,水准尺应尺面平直,分划准确、清晰,有的水准尺上安装有圆水准器,便于水准尺竖直,还应注意水准尺零点差。所以对于精度要求较高的水准测量,水准尺也应进行检定。

2.5.2 观测与操作者的误差

1) 水准尺读数误差

此项误差主要由观测者瞄准误差、符合水准气泡居中误差以及估读误差等综合影响所致,这是一项不可避免的偶然误差。对于 S3 型水准仪,望远镜放大率 V 一般为 28 倍,水准管分划值 $\tau = 20''/2$ mm,当视距 $D = 100$ m 时,其照准误差 m_1 和符合水准气泡居中误差 m_2 可由下式计算:

$$m_1 = \pm \frac{60''}{V} \cdot \frac{D}{\rho''} = \pm \frac{60''}{28} \times \frac{100 \times 10^3}{206\ 265''} = \pm 1.04 \text{ mm}$$

$$m_2 = \pm \frac{0.15\tau}{2\rho} D = \pm \frac{0.15 \times 20''}{2 \times 206\ 265''} \times 100 \times 10^3 = \pm 0.73 \text{ mm}$$

若取估读误差 $m_3 = \pm 1.0$ mm,则水准尺上读数误差为

$$m = \sqrt{m_1^2 + m_2^2 + m_3^2} = \pm 1.62 \text{ mm}$$

因此观测者应认真读数与操作,以尽量减少此项误差的影响。

2) 水准尺竖立不直(倾斜)的误差

根据水准测量的原理,水准尺必须竖直立在点上,否则总会使水准尺上读数增大。这种影响随着视线的抬高(即读数增大),其影响也随之增大。例如,当水准尺竖立不直,倾斜角 $\alpha = 3°$,视线离开尺底(即尺上读数)为 2 m,则对读数影响为

$$\delta = 2\ 000 \times (1 - \cos\alpha) \approx 2.7 \text{ mm}$$

因此,一般在水准尺上安装有圆水准器,扶尺者操作时应注意使尺上圆气泡居中,表明水准尺竖直。如果水准尺上没有安装圆水准器,可采用摇尺法,使水准尺缓缓地向前、后倾斜,当观测者读取到最小读数时,即为水准尺竖直时的读数,水准尺左右倾斜可由仪器观测者指挥司

尺员纠正。

3) 水准仪与尺垫下沉误差

有时,水准仪或尺垫处地面土质松软,以致水准仪或尺垫由于自重随安置时间而下沉(也可能回弹上升)。为了减少此类误差影响,观测与操作者应选择坚实地面安置水准仪和尺垫,并踩实三脚架和尺垫,观测时力求迅速,以减少安置时间。对于精度要求较高的水准测量,采取一定的观测程序(后—前—前—后),可以减弱水准仪下沉误差对高差的影响,采取往测与返测观测并取其高差平均值,可以减弱尺垫下沉误差对高差的影响。

2.5.3 外界环境的影响

1) 地球曲率和大气折光的影响

根据分析与研究,地球曲率和大气折光对水准尺读数的综合影响 f,可用下式表示:

$$f=(1-K)\frac{D^2}{2R}\approx 0.43\frac{D^2}{R} \tag{2-23}$$

式中,D 为水准仪至水准尺的距离;R 为地球的半径;K 为大气折光系数,一般取 $K=0.14$。

若 $D=100$ m,$R=6\,371$ km,则 $f=0.7$ mm。这说明在水准测量中,即使视距很短,都应当考虑地球曲率和大气折光对读数的影响。

由(2-23)式推得,地球曲率和大气折光对两点间高差的影响 δ_f 为

$$\delta_f=f_A-f_B=\frac{0.43}{R}(D_A^2-D_B^2) \tag{2-24}$$

式中,$(D_A^2-D_B^2)$ 为水准仪至 A、B 两点视距平方之差。显然,当 $D_A=D_B$ 时,则 $\delta_f=0$,表明保持前后视距相等可以消除地球曲率和大气折光对水准测量高差的影响。

2) 大气温度(日光)和风力的影响

当大气温度变化或日光直射水准仪时,由于仪器受热不均匀,会影响仪器轴线间的正常几何关系,如水准仪气泡偏离中心或三脚架扭转等现象。所以在水准测量时水准仪在阳光下应打伞防晒,风力较大时应暂停水准测量。

2.5.4 水准测量注意事项

水准测量是一项集观测、记录及扶尺为一体的测量工作,只有全体参加人员认真负责,按规定要求仔细观测与操作,才能取得良好的成果。归纳起来应注意如下几点:

1) 观测

(1) 观测前应认真按要求检校水准仪,检视水准尺;

(2) 仪器应安置在土质坚实处,并踩实三脚架;

(3) 水准仪至前、后视水准尺的视距应尽可能相等;

(4) 每次读数前,注意消除视差,只有当符合水准气泡居中后,才能读数,读数应迅速、果断、准确,特别应认真估读毫米数;

(5) 晴好天气,仪器应打伞防晒,操作时应细心认真,做到"人不离开仪器",使之安全;

(6) 只有当一测站记录计算合格后方能搬站,搬站时先检查仪器连接螺旋是否固紧,一手扶托仪器,一手握住脚架稳步前进。

2) 记录

(1) 认真记录,边记边复报数字,准确无误地记入记录手簿相应栏内,严禁伪造和转抄;
(2) 字体要端正、清楚,不准连环涂改,不准用橡皮擦改,如按规定可以改正时,应在原数字上划线后再在上方重写;
(3) 每站应当场计算,检查符合要求后,才能通知观测者搬站。

3) 扶尺

(1) 扶尺员应认真竖立水准尺,注意保持尺上圆气泡居中;
(2) 转点应选择土质坚实处,并将尺垫踩实;
(3) 水准仪搬站时,应注意保护好原前视点尺垫位置不受碰动。

2.6 自动安平水准仪

目前,自动安平水准仪已广泛应用于测绘和工程建设中,它的构造特点是没有水准管和微倾螺旋,而只有一个圆水准器进行粗略整平。当圆水准器气泡居中后,尽管仪器视线仍有微小的倾斜,但借助仪器内补偿器的作用,视准轴在数秒钟内自动成水平状态,从而读出视线水平时的水准尺读数值。因此,自动安平水准仪不仅能缩短观测时间,简化操作,而且对于施工场地地面的微小震动、松软土地的仪器下沉以及风吹刮时的视线微小倾斜等不利状况,能迅速自动地安平仪器,有效地减弱外界的影响,有利于提高观测精度。

1) 视线自动安平原理

如图 2-29 所示,视准轴水平时在水准尺上读数为 a,当视准轴倾斜一个小角 α 时,此时视线读数为 a'(a' 不是水平视线读数)。为了使十字丝中丝读数仍为水平视线的读数 a,在望远镜的光路上增设一个补偿装置,使通过物镜光心的水平视线经过补偿装置的光学元件后偏转一个 β 角,仍旧成像于十字丝中心。由于 α 和 β 都是很小的角度,当下式成立时,就能达到自动补偿的目的。即

$$f \cdot \alpha = d \cdot \beta \tag{2-25}$$

式中,f 为物镜到十字丝分划板的距离;d 为补偿装置到十字丝分划板的距离。

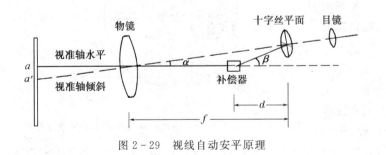

图 2-29 视线自动安平原理

自动安平水准仪

2) 自动安平水准仪的使用

使用自动安平水准仪时只要将仪器圆水准器气泡居中(粗略整平),即可瞄准水准尺进行读数。国产 DSZ3 型自动安平水准仪圆水准器的分划值为 $8'/2\,\mathrm{mm}$,补偿器作用范围为 $\pm 8'$,所以只要使圆水准器的气泡居中并不越出圆水准器中央小黑圆圈范围,补偿器就会产生自动安平的作用。但使用自动安平水准仪时仍应认真进行粗略整平。由于补偿器相当于一个重力摆,不管

是空气阻尼或者磁性阻尼,其重力摆静止稳定约需 2 s,故瞄准水准尺应约过 2 s 后再读数为好。

有的自动安平水准仪配有一个键或自动安平钮,每次读数前应按一下键或按一下钮才能读数,否则补偿器不会起作用。使用时应仔细阅读仪器说明书。

2.7 精密水准仪简介

我国目前常用的 S 05 型(如威特 N3,蔡司 Ni004)和 S1 型(如蔡司 Ni007,国产 DS1)水准仪属于精密水准仪,并配有相应的精密水准尺。精密水准仪用于国家一、二等水准测量,大型工程建筑物施工测量以及建(构)筑物沉降观测等。

图 2-30 为国产 DS1 型精密水准仪,其望远镜放大率为 40 倍,水准管分划值为 10″/2 mm,转动水准仪测微螺旋可以使水平视线在 5 mm 范围内作平行移动(安有平板玻璃测微器装置)。

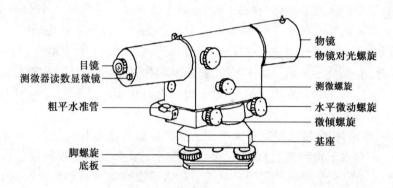

图 2-30 DS1 型精密水准仪

测微器的分划值为 0.05 mm,共分划有 100 格。望远镜目镜视场中见到的水准尺影像如图 2-31 所示,视场左侧为水准管气泡的影像,目镜右下方为测微器读数显微镜。作业时,先转动微倾螺旋使符合水准气泡居中,再转动测微螺旋用楔形丝精确地夹准水准尺上某一整分划,如在图 2-31 视场中,读出水准尺上整分划读数为 197(197 cm),然后从测微器读数显微镜中读出尾数值为

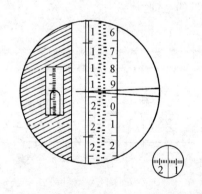

图 2-31 DS1 型水准仪望远镜目镜及测微器显微镜视场

152(0.152 cm),其末位 2 为估读数(即 0.02 mm),全部读数为 197.152 cm。由于国产 DS1 型水准仪配套是 5 mm 分划的水准尺,为了便于读数,尺上注字和观测时的读数值均比实际扩大了一倍,因此实际读数应为 197.152÷2=98.576 cm=0.985 76 m。在水准测量中,仍可按上述方法进行读数,只要把计算得到的高差除以 2,即得真正高差值。

图 2-32 是威特 N3 精密水准仪望远镜目镜视场及测微器显微镜视场。N3 水准仪望远镜放大率为 42 倍,水准管分划值为 10″/2 mm,转动测微螺旋可使水平视线在 10 mm 范围内作平行

移动,测微器分划值为0.1 mm,共有100个分划格。作业时,也是先转动微倾螺旋使符合水准气泡居中,如图2-32所示,再转动测微螺旋用楔形丝精确夹准水准尺上某一整分划(如基本分划),其读数为148(148 cm),再在测微器上读出尾数值为650(0.650 cm),故基本分划全部读数为148.650 cm。由于N3水准仪配套10 mm分划水准尺,并有基本分划(图2-32左侧)和辅助分划(图2-32右侧)之

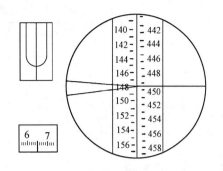

图2-32 N3水准仪目镜及测微器显微镜视场

分,因此,读得全部读数即为实际读数(基本分划)。同理,也可读得辅助分划的读数。对于N3水准仪配套的水准尺,其辅助分划读数与基本分划读数(同一水平视线时)之差为某一常数(301.550 cm)。具体可详见仪器说明书。

精密水准仪在构造上比之S3型水准仪具有下列特点:

(1) 水准器有较高的灵敏度,便于更精确地置平仪器,使视线更准确地水平;

(2) 配有光学测微器装置,用来更准确地在水准尺上读数,可以估读至0.01 mm;

(3) 望远镜有较高的放大倍数,望远镜十字丝中丝刻成楔形丝,有利于准确地夹准水准尺上分划;

(4) 仪器的结构稳定,受外界影响小。

精密水准尺是在木质或金属尺身槽内张一铟瓦合金带,在带上标有分划线,数字注在周边木尺或金属尺上,尺上两排分划彼此错开,分划宽度有10 mm和5 mm两种。图2-31所示水准尺属5 mm分划的水准尺,注记从尺底零开始,直至4 m或6 m。图2-32所示水准尺属10 mm分划的水准尺,注记左排从尺底零开始,直至2 m或3 m(称为基本分划);右排从尺底3.015 50 m开始,直至5.015 50 m或6.015 50 m(称为辅助分划)。精密水准尺比一般水准尺准确,同时应注意与所使用的精密水准仪配套。

习题与研讨题2

2-1 用水准仪测定 A、B 两点间高差,已知 A 点高程为 $H_A = 8.016$ m,A 尺上读数为 1.124 m,B 尺上读数为 1.428 m,求 A、B 两点间高差 h_{AB} 为多少?B 点高程 H_B 为多少?绘图说明。

2-2 何谓水准管轴?何谓圆水准轴?何谓水准管分划值?

2-3 何谓视准轴?

2-4 水准测量中,怎样进行记录计算校核和外业成果校核?

2-5 S3型水准仪有哪几条主要轴线?它们之间应满足哪些几何条件?为什么?哪一条几何条件是最主要的?

2-6 安置水准仪在 A、B 两固定点之间等距处,已知 A、B 两点相距80 m,A 尺读数 $a_1 = 1.321$ m,B 尺读数 $b_1 = 1.117$ m,然后搬水准仪至 B 点附近,又读 A 尺上读数 $a_2 = 1.695$ m,B 尺读数 $b_2 = 1.466$ m。问:水准管轴是否平行于视准轴?如果不平行,当水准管气泡居中时,视准轴是向上倾斜还是向下倾斜?i 角值是多少?如何进行校正?

2-7 计算表2-5中水准测量观测高差及 B 点高程。

表 2-5 水准测量观测记录手簿

测站	点号	水准尺读数/m		高差/m		高程/m	备注
		后视	前视	+	-		
1	BM.A	1.764				4.889	已知
	TP.1		0.897				
2	TP.1	1.897					
	TP.2		0.935				
3	TP.2	1.126					
	TP.3		1.765				
4	TP.3	1.612					
	BM.B		0.711				
计算检核	$\sum$	$\sum a - \sum b =$		$\sum h =$			

2-8 在表 2-6 中进行附合水准测量成果整理。附合水准路线如图 2-33 所示,图中注明了各测段观测高差及相应路线测站数目。

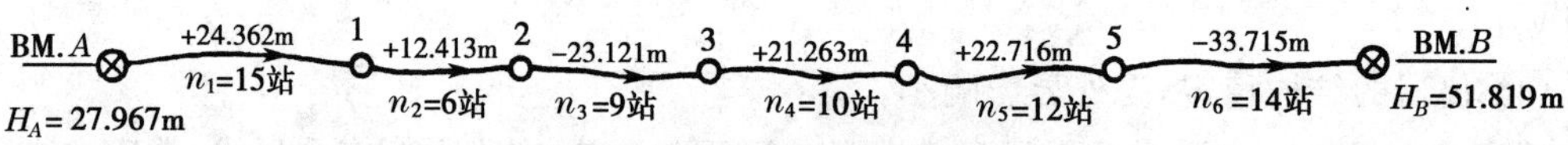

BM.A $\otimes$ —+24.362m→ 1 —+12.413m→ 2 —-23.121m→ 3 —+21.263m→ 4 —+22.716m→ 5 —-33.715m→ $\otimes$ BM.B
$H_A=27.967\text{m}$ $n_1=15$站 $n_2=6$站 $n_3=9$站 $n_4=10$站 $n_5=12$站 $n_6=14$站 $H_B=51.819\text{m}$

图 2-33 附合水准路线略图

表 2-6 附合水准路线测量成果计算表

点号	路线测站数目 n_i	观测高差 h_i/m	高差改正数 v_{h_i}/m	改正后高差 $\hat{h}_i$/m	高程 H/m	备注
BM.A					27.967	已知
	15	+24.362				
1						
	6	+12.413				
2						
	9	-23.121				
3						
	10	+21.263				
4						
	12	+22.716				
5						
	14	-33.715				
BM.B					51.819	已知
$\sum$						

$f_h = \sum h_{测} - (H_B - H_A) =$ $f_{h容} = \pm 12\sqrt{n} =$

$v_{1站} = -\dfrac{f_h}{n} =$ $\sum v_{h_i} =$

2-9 如图2-34所示闭合水准路线,图上注明各测段观测高差及相应水准路线长度(km),试计算改正后各点高程。($f_{h容}=\pm40\sqrt{L}$ mm)

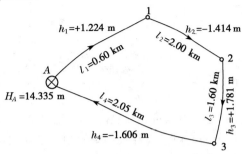

图2-34 闭合水准路线略图

2-10 (研讨题)何谓视差?视差产生的原因是什么?视差应如何消除?

2-11 (研讨题)水准测量中为什么要求前后视距相等?在测量中如何做到前后视距相等?

2-12 (研讨题)水准测量是最常用的高程测量方法。讨论:其他高程测量方法,并对各种方法的优缺点进行比较。

2-13 (研讨题)水准测量时,人工读数会产生读数误差。讨论:水准仪能否实现自动读数呢?

3 角度测量

角度测量包括水平角测量和竖直角测量,它是确定地面点位的基本测量工作之一。常用的角度测量仪器是光学经纬仪,另外还有电子经纬仪和全站型电子速测仪。经纬仪既能测量水平角,又能测量竖直角,水平角用于求算地面点的平面位置(坐标),竖直角用于求算高差或将倾斜距离换算成水平距离。

3.1 角度测量原理

3.1.1 水平角测量原理

如图 3-1 所示,A、O、B 为地面上高程不同的三个点,沿铅垂线方向投影到水平面 P 上,得到相应 A_1、O_1、B_1 点,则水平投影线 O_1A_1 与 O_1B_1 构成的夹角 β,称为地面方向线 OA 与 OB 两方向线间的水平角。所以,水平角就是地面上某点到两目标的方向线铅垂投影在水平面上所成的角度,其取值是 $0°\sim 360°$。

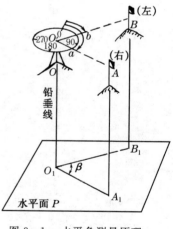

图 3-1 水平角测量原理

为了测定水平角的大小,设想在 O 点铅垂线上任一处 O' 点水平安置一个带有顺时针均匀刻划的水平度盘,通过右方向 OA 和左方向 OB 各作一竖直面与水平度盘平面相交,在度盘上截取相应的读数为 a 和 b(如图 3-1 所示),则水平角 β 为右方向读数 a 减去左方向读数 b,即

$$\beta = a - b$$

3.1.2 竖直角测量原理

在同一竖直面内,地面某点至目标的方向线与水平视线间的夹角,称为竖直角。如图 3-2 所示,目标的方向线在水平视线的上方,竖直角为正($+\alpha$),称为仰角;目标的方向线在水平视线的下方,竖直角为负($-\alpha$),称为俯角。所以竖直角的取值是 $0°\sim \pm 90°$。

同水平角一样,竖直角的角值也是竖直安置并带有均匀刻划的竖直度盘上的两个方向的读数之差,所不同的是其中一个方向是水平视线方向。对某一光学经纬仪而言,水平视线方向的竖直度盘读数应为 $90°$ 的整倍数,因此测量竖直角时,只要瞄准目标,读取竖直度盘读数,就可以计算出竖直角。

常用的光学经纬仪就是根据上述测角原理及其要求制成的一种测角仪器。

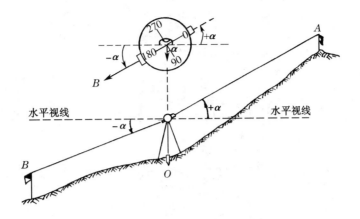

图 3-2 竖直角测量原理

3.2 DJ6 型光学经纬仪及其操作

我国光学经纬仪按其精度等级划分有 DJ 07、DJ1、DJ2 及 DJ6 等几种,DJ 分别为"大地测量"和"经纬仪"的汉字拼音第一个字母,其下标数字 07、1、2、6 分别为该仪器一测回方向观测中误差的秒数。DJ 07、DJ1 及 DJ2 型光学经纬仪属于精密光学经纬仪,DJ6 型光学经纬仪属于普通光学经纬仪。在建筑工程中,常用的是 DJ2、DJ6 型光学经纬仪。尽管仪器的精度等级或生产厂家不同,但它们的基本结构是大致相同的。本节介绍最常用的 DJ6 型光学经纬仪的基本构造及其操作。

3.2.1 DJ6 型光学经纬仪的基本构造

各种型号 DJ6 型(简称 J6 型)光学经纬仪的基本构造是大致相同的,如图 3-3 所示为国产 J6 型光学经纬仪外貌图,其外部结构构件名称如图上所注,它主要由照准部、水平度盘和基座三部分组成。

1) 照准部

照准部主要由望远镜、竖直度盘、照准部水准管、读数设备及支架等组成。

望远镜由物镜、目镜、十字丝分划板及调焦透镜组成,其作用与水准仪的望远镜相同。望远镜的旋转轴称为横轴。望远镜通过横轴安装在支架上,通过调节望远镜制动螺旋和微动螺旋使它绕横轴在竖直面内上下转动。

竖直度盘固定在横轴的一端,随望远镜一起转动,与竖盘配套的有竖盘水准管和竖盘水准管微动螺旋。

照准部水准管用来精确整平仪器,使水平度盘处于水平位置(同时也使仪器竖轴铅垂)。有的仪器,除照准部水准管外,还装有圆水准器,用来粗略整平仪器。

读数设备的光路图如图 3-4 所示,外来的光线经反光镜(1)进入毛玻璃(2)分为两路,一路经转向棱镜(3)转折 90°通过聚光透镜(4)及棱镜(6),照亮水平度盘(5)的分划线。水平度盘分划线经复合物镜(7)和转向棱镜(8)成像于平凸透镜(9)的平面上。另一路光线经棱镜(13)折射后照亮了竖直度盘(14),经转向棱镜(15)折射,竖直度盘分划线通过复合物镜组(16)

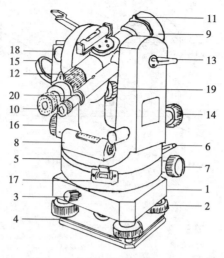

图 3-3 DJ6 型光学经纬仪

1—基座；2—脚螺旋；3—轴套制动螺旋；4—脚螺旋压板；5—水平度盘外罩；6—水平方向制动螺旋；
7—水平方向微动螺旋；8—照准部水准管；9—物镜；10—目镜调焦螺旋；11—瞄准用的准星；
12—物镜调焦螺旋；13—望远镜制动螺旋；14—望远镜微动螺旋；15—反光照明镜；16—度盘读数测微轮；
17—复测机钮；18—竖直度盘水准管；19—竖直度盘水准管微动螺旋；20—度盘读数显微镜

转向棱镜(17)及菱形棱镜(18)，也成像于平凸透镜(9)的平面上。这个平面上有两条测微尺(刻有60小格)，两个度盘分划线的像连同相应测微尺上的刻划一起经棱镜(10)折射后传到读数显微镜(11)～(12)，在目镜(12)处读数窗内读取度盘读数。

照准部的旋转轴称为竖轴，竖轴插入基座内的竖轴套中，照准部的旋转是其绕竖轴在水平方向上旋转，为了控制照准部的旋转，在其下部设有照准部水平制动螺旋和微动螺旋。

2) 水平度盘

水平度盘是由光学玻璃制成的圆环，圆环上刻有从0°至360°的等间隔分划线，并按顺时针方向加以注记，有的经纬仪在度盘两刻度线正中间加刻一短分划线。两相邻分划间的弧长所对圆心角，称为度盘分划值，通常为1°或30′。

水平度盘通过外轴装在基座中心的套轴内，并用中心锁紧螺旋使之固紧。

当照准部转动时，水平度盘并不随之转动。若需要将水平度盘安置在某一读数的位置，可拨动专门的机构，J6型光学经纬仪变动(配置)水平度盘位置的机构有以下两种形式：

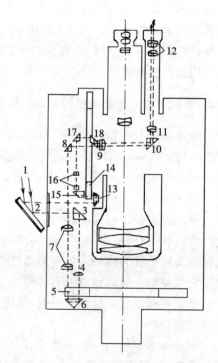

图 3-4 DJ6 型经纬仪度盘读数光路

(1) 度盘变换手轮：先按下度盘变换手轮下的保险手柄，将手轮推压进去并转动，就可将水平度盘转到需要的读数位置上。此时，将手松开手轮退出，注意把保险手柄倒回。有的经纬仪装有一小轮叫位置轮与水平度盘相连,使用时先打开位置轮护盖,转动位置轮,度盘也随之转动(照准部不动),转到需要的水平度盘读数位置为止,最后盖上护盖。

(2) 复测机钮(扳手):如图 3-3 中(17)所示,当复测机钮扳下时,水平度盘与照准部结合在一起,两者一起转动,此时照准部转动时度盘读数不变。不需要一起转动时,将复测机钮扳上,水平度盘就与照准部脱开。例如,要求经纬仪望远镜瞄准某一已知点时水平度盘读数应为 $0°00'00''$,此时先把复测机钮扳上,转动照准部,使水平度盘读数为 $0°00'00''$,然后把复测机钮扳下,转动照准部,将望远镜瞄准某一已知点,其水平度盘读数就是 $0°00'00''$,观测开始时,复测机钮应扳上。

3)基座

基座是支承整个仪器的底座,并借助基座的中心螺母和三脚架上的中心连接螺旋,将仪器与三脚架固连在一起。

基座上有三个脚螺旋,用来整平仪器。水平度盘的旋转轴套套在竖轴轴套外面,拧紧轴套固定螺旋,可将仪器固定在基座上,松开该固定螺旋,可将仪器从基座中提出,便于置换照准标牌,但平时或作业时务必将基座上的固定螺旋拧紧,不得随意松动。

3.2.2 读数设备及方法

J6 型光学经纬仪的读数设备包括度盘、光路系统及测微器。当光线通过一组棱镜和透镜作用后,将光学玻璃度盘上的分划成像放大,反映到望远镜旁的读数显微镜内,利用光学测微器进行读数。各种 J6 型光学经纬仪的读数装置不完全相同,其相应读数方法也有所不同,归纳为两大类:

1) 分微尺读数装置及其读数方法

分微尺读数装置结构简单,读数方便,且具有一定的读数精度,故被广泛应用于 J6 型光学经纬仪。如图 3-5 所示是读数显微镜内看到的度盘和分微尺的影像,上面注有"水平"(或 H)的窗口为水平度盘读数窗,下面注有"竖直"(或 V)的窗口为竖直度盘读数窗,其中长线和大号数字为度盘上分划线影像及其注记,短线和小号数字为分微尺上的分划线及其注记。分微尺 $1°$ 的分划间隔长度正好等于度盘的一格,即 $1°$ 的宽度。每个读数窗内的分微尺分成 60 小格,每小格代表 $1'$,每 10 小格注有小号数字,表示 $10'$ 的倍数。因此,分微尺可直接读到 $1'$,估读到 $0'.1$。

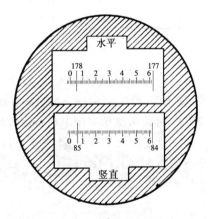

图 3-5 DJ6 型经纬仪读数窗

分微尺上的 0 分划线是读数指标线,它所指的度盘上的位置就是应该读数的地方。例如,图 3-5 水平度盘读数窗中,分微尺上的 0 分划线已过 $178°$,此时水平度盘的读数肯定比 $178°$ 多一点,所多的数值要看 0 分划线到度盘 $178°$ 分划线之间有多少个小格来确定,显然由图 3-5 看出,所多的数值为 $05'.0$(估读至 $0'.1$)。因此,水平度盘整个读数为 $178°+05'.0=178°05'.0$(记录及计算时可写作 $178°05'00''$)。

同理,图 3-5 中竖直度盘整个读数为 $85°+06'.3=85°06'.3$(记录及计算时可写作 $85°06'18''$)。

实际在读数时，只要看哪根度盘分划线位于分微尺刻划线内，则读数中的度数就是此度盘分划线的注记数，读数中的分数就是这根分划线所指的分微尺上的数值。可见分微尺读数装置的作用就是读出小于度盘最小分划值（例如 1°）的尾数值，它的读数精度受显微镜放大率与分微尺长度的限制。南京测绘仪器厂（1002 厂）生产的 J6 型光学经纬仪和德国蔡司厂生产的 Zeiss 030 型光学经纬仪均属此类读数装置。

2）单平板玻璃测微器装置及其读数方法

单平板玻璃测微器装置主要由平板玻璃、测微尺、测微轮及传动装置组成。单平板玻璃与测微尺用金属机构连在一起，当转动测微轮时，单平板玻璃与测微尺一起绕同一轴转动。从读数显微镜中看到，当平板玻璃转动时，度盘分划线的影像也随之移动，当读数窗上的双指标线精确地夹准度盘某分划线像时，其分划线移动的角值可在测微尺上根据单指标读出。

如图 3-6 所示的读数窗，上部窗为测微尺像，中部窗为竖直度盘分划像，下部窗为水平度盘分划像。读数窗中单指标线为测微器指标线，双指标线为度盘指标线。度盘最小分划值为 30′，测微尺共有 30 大格，一大格分划值为 1′，一大格又分为 3 小分格，则一小格分划值为 20″。

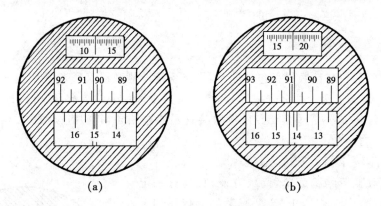

图 3-6　DJ6 型经纬仪读数窗

读数前，应先转动测微轮（如图 3-3 中 16），使度盘双指标线夹准（平分）某一度盘分划线像，读出度数和 30′ 的整分数。如在图 3-6a 中，双指标线夹准水平度盘 15°00′ 分划线像，读出 15°00′，再读出测微尺窗中单指标线所指的测微尺上的读数为 12′00″，两者合起来就是整个水平度盘读数为 15°00′+12′00″=15°12′00″（或 15°12′.0）。同理，在图 3-6b 中，读出竖直度盘读数为 91°00′+18′06″=91°18′06″（或 91°18′.1）。北京光学仪器厂生产的红旗 Ⅱ 型光学经纬仪和瑞士威特厂生产的 WILD T1 型光学经纬仪均属此类读数装置。

3.2.3　DJ6 型光学经纬仪的基本操作

1）经纬仪安置

经纬仪安置包括对中和整平。对中的目的是使仪器的水平度盘中心与测站点（标志中心）处于同一铅垂线上；整平的目的是使仪器的竖轴竖直，使水平度盘处于水平位置。具体操作方法如下：

（1）对中

先打开三脚架，安在测站点上，使架头大致水平，架头的中心大致对准测站标志，并注意脚架高度适中。然后踩紧三脚架,装上仪器,旋紧中心连接螺旋,挂上垂球。若垂球尖偏离测站标志,就稍松动中心螺旋,在架头上移动仪器,使垂球尖精确对中标志,再旋紧中心螺旋。若在架头上移动仪器无法精确对中,则要调整三脚架的脚位,此时应注意先旋紧中心螺旋,以防仪器摔下。用垂球进行对中的误差一般可控制在 3 mm 以内。

若仪器上有光学对中器装置时,可利用光学对中器进行对中。首先使架头大致水平和用垂球(或目估)初步对中;然后转动(拉出)对中器目镜,使测站标志的影像清晰;转动脚螺旋,使标志中心影像位于对中器小圆圈(或十字分划线)中心,此时仪器圆水准气泡偏离,伸缩脚架使圆气泡居中,但须注意脚架尖位置不得移动,再转动脚螺旋使水准管气泡精确居中。最后还要检查一下标志中心是否仍位于小圆圈中心,若有很小偏差可稍松中心连接螺旋,在架头上移动仪器,使其精确对中。用光学对中器对中的误差可控制在 1 mm 以内。由于此法对中的误差小且不受风力等影响,常用于建筑施工测量和导线测量中。

(2) 整平

先松开照准部水平制动螺旋,使照准部水准管大致平行于基座上任意两个脚螺旋连线方向,如图 3-7a 所示,两手同时转动这两个脚螺旋,使水准管气泡居中(注意水准管气泡移动方向与左手大拇指移动方向一致)。然后将照准部转动 90°,如图 3-7b 所示,此时只能转动第三个脚螺旋,使水准管气泡居中。如果水准管位置正确,一般按上述操作方法重复 1~2 次就能达到整平的目的。当仪器精确整平后,照准部转到任何位置,水准管气泡总是居中的(可允许水准管气泡偏离零点不超过一格)。

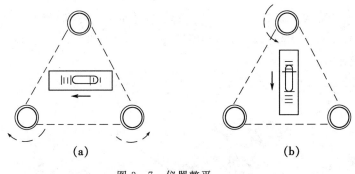

图 3-7 仪器整平

2) 瞄准目标

角度测量时瞄准的目标一般是竖立在地面点上的测钎、花杆、觇牌等,测水平角时,要用望远镜十字丝分划板的竖丝对准它,操作程序如下:

(1) 松开望远镜和照准部的制动螺旋,将望远镜对向明亮背景,进行目镜调焦,使十字丝清晰;

(2) 通过望远镜镜筒上方的缺口和准星粗略对准目标,拧紧制动螺旋;

(3) 进行物镜调焦,在望远镜内能最清晰地看清目标,注意消除视差,如图 3-8a 所示;

(4) 转动望远镜和照准部的微动螺旋,使十字丝分划板的竖丝精确地瞄准(夹准)目标,如图 3-8b 所示。注意尽可能瞄准目标的下部。

3) 读数

读数前,先将反光照明镜张开成适当位置,调节镜面朝向光源,使读数窗亮度均匀,调节读数显微镜目镜对光螺旋,使读数窗内分划线清晰,然后按前述的 J6 型光学经纬仪读数方法进行读数。

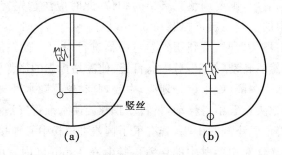

图 3-8 瞄准目标

3.3 水平角观测

水平角观测的方法,一般根据目标的多少和精度要求而定,常用的水平角观测方法有测回法和方向观测法。

3.3.1 测回法

测回法是测角的基本方法,用于两个目标方向之间的水平角观测。

如图 3-9,设 O 为测站点,A、B 为观测目标,用测回法观测 OA 与 OB 两个方向之间的水平角 β,具体步骤如下:

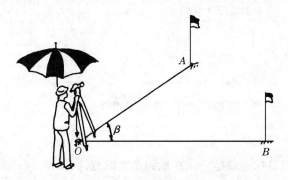

图 3-9 水平角观测(测回法)

(1) 安置仪器于测站 O 点,对中、整平,在 A、B 两点设置目标标志(如竖立测钎或花杆)。

(2) 将竖直度盘位于观测者左侧(称为盘左位置,或称正镜),先瞄准左目标 A,水平度盘读数为 $L_A(L_A=0°10'.4)$,记入表 3-1 记录表相应栏内,接着松开照准部水平制动螺旋,顺时针旋转照准部瞄准右目标 B,水平度盘读数为 $L_B(L_B=36°42'.6)$,记入记录表相应栏内。读数估读至 $0'.1$,记录时可写作秒数。

以上称为上半测回,其盘左位置角值 $\beta_左$ 为

$$\beta_左 = L_B - L_A \quad (\beta_左 = 36°32'12'')$$

(3) 纵转望远镜,使竖直度盘位于观测者右侧(称为盘右位置,或称倒镜),先瞄准右目标 B,水平度盘读数为 $R_B(R_B=216°42'.9)$,记入表 3-1 记录表相应栏内;接着松开照准部水平制动螺旋,转动照准部,同法瞄准左目标 A,水平度盘读数为 $R_A(R_A=180°10'.6)$,记入记录表相应栏内。以上称为下半测回,其盘右位置角值 $β_右$ 为

$$β_右 = R_B - R_A \quad (β_右 = 36°32'18'')$$

上半测回和下半测回构成一测回。

(4) 对于 J6 型光学经纬仪,若两个半测回角值之差绝对值不大于 40″(即 $|β_左 - β_右| \leqslant 40''$),认为观测合格[参看《工程测量规范》(GB 50026—2007)中 5.2.7 条规定]。此时可取两个半测回角值的平均值作为一测回的角值 $β$,即

$$β = \frac{1}{2}(β_左 + β_右)$$

表 3-1 为测回法观测水平角记录,在记录计算中应注意由于水平度盘是顺时针刻划和注记,故计算水平角总是以右目标的读数减去左目标的读数,如遇到不够减,则应在右目标的读数上加上 360°,再减去左目标的读数,决不可倒过来减。

表 3-1 测回法观测水平角记录手簿

时 间＿＿＿＿ 天 气＿＿＿＿ 仪器型号＿＿＿＿
观测者＿＿＿＿ 记录者＿＿＿＿ 测 站＿＿＿＿

测站	目标	竖盘位置	水平度盘读数 ° ′ ″	半测回角值 ° ′ ″	一测回平均角值 ° ′ ″	备 注
O	A	左	0 10 24	36 32 12		
	B		36 42 36		36 32 15	
	A	右	180 10 36	36 32 18		读数估读至 0′.1,记录时可写作秒数
	B		216 42 54			

当测角精度要求较高需要对一个角度观测若干个测回时,为了减弱度盘分划不均匀误差的影响,在各测回之间,应使用度盘变换手轮或复测机钮,按测回数 m,将水平度盘位置依次变换 $\frac{180°}{m}$。例如某角要求观测两个测回,第一测回起始方向(左目标)的水平度盘位置应配置在 0°00′ 或稍大于 0°处;第二测回起始方向的水平度盘位置应配置在 $\frac{180°}{2}=90°0'$ 或稍大于 90°处。

测回法采用盘左、盘右两个位置观测水平角取平均值,可以消除仪器误差(如视准轴误差、横轴不水平误差)对测角的影响,提高了测角精度,同时也可作为观测中有无错误的检核。

3.3.2 方向观测法

1) 方向观测法操作步骤

方向观测法又称全圆测回法,用于两个以上目标方向的水平角观测。如图 3-10,设 O 为

测站点,A、B、C、D 为观测目标,今用方向观测法观测各方向间的水平角,其操作步骤如下:

(1)将经纬仪安置于测站 O 点,对中、整平,在 A、B、C、D 等观测目标处竖立标志。

(2)盘左位置:先将水平度盘读数配置在稍大于 $0°00'$ 处,选取远近合适、目标清晰的方向作为起始方向(称为零方向,本例选取 A 方向作为零方向)。瞄准零方向 A,水平度盘读数为 $0°01'.1$,记入表 3-2 方向观测法记录手簿第 4 栏。

松开照准部水平制动螺旋,按顺时针旋转照准部,依次瞄准 B、C、D 各目标方向,分别读取水平度盘读数,记入表 3-2 第 4 栏,为了检查观测过程中度盘位置有无变动,最后再观测零方向 A,称为上半测回归零,其水平度盘读数为 $0°01'.3$,记入表 3-2 第 4 栏,以上称为上半测回。

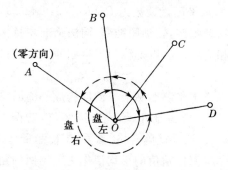

图 3-10 方向观测法

表 3-2 方向观测法记录手簿

时间_____ 天气_____ 仪器型号_____
观测者_____ 记录者_____ 测站_____

测站	测回	目标	水平度盘读数		$2c=$左$-$(右$\pm 180°$)	平均读数=$\frac{1}{2}$[左+(右$\pm 180°$)]	归零后的方向值	各测回归零方向值平均值	简图与角值
			盘 左	盘 右					
			° ′ ″	° ′ ″	″	° ′ ″	° ′ ″	° ′ ″	
1	2	3	4	5	6	7	8	9	10
O	1	A	0 01 06	180 01 06		(0 01 09) 0 01 06	0 00 00	0 00 00	A 37°42′04″ B 77°44′50″ C 40°45′38″ O D
		B	37 43 18	217 43 06	+12	37 43 12	37 42 03	37 42 04	
		C	115 28 06	295 27 54	+12	115 28 00	115 26 51	115 26 54	
		D	156 13 48	336 13 42	+6	156 13 45	156 12 36	156 12 32	
		A	0 01 18	180 01 06	+12	0 01 12			
	2	A	90 02 30	270 02 24	+6	(90 02 24) 90 02 27	0 00 00		读数估读至 $0'.1$,记录时可写作秒数
		B	127 44 36	307 44 24	+12	127 44 30	37 42 06		
		C	205 29 18	25 29 24	−6	205 29 21	115 26 57		
		D	246 14 54	66 14 48	+6	246 14 51	156 12 27		
		A	90 02 24	270 02 18	+6	90 02 21			

(3) 盘右位置：先瞄准零方向 A，读取水平度盘读数为 $180°01'.1$，接着旋转照准部，按逆时针方向依次瞄准 D、C、B 各目标方向，分别读取水平度盘读数，由下向上记入表 3-2 第 5 栏。同样最后再瞄准零方向 A，称为下半测回归零，其水平度盘读数为 $180°01'.1$，记入表 3-2 第 5 栏，此为下半测回。

上、下半测回合称一测回。为了提高精度，有时需要观测 n 个测回，则各测回间起始方向（零方向）水平度盘读数应变换 $\frac{180°}{n}$。

2) 方向观测法的计算

现就表 3-2 说明方向观测法记录计算及其限差：

(1) 计算上下半测回归零差（即两次瞄准零方向 A 的读数之差）

如表 3-2 第 1 测回上、下半测回归零差分别为 $12''$ 和 $0''$，对于用 J6 型经纬仪观测，《工程测量规范》(GB 50026—2007)3.3.8 规定，半测回归零差的限差为 $18''$，本例归零差均满足限差要求。

(2) 计算两倍视准轴误差 $2c$ 值

$$2c = 盘左读数 - (盘右读数 \pm 180°)$$

式中，当盘右读数大于 $180°$ 时取"$-$"号，反之取"$+$"号。

$2c$ 值的变化范围（同测回各方向的 $2c$ 最大值与最小值之差）是衡量观测质量的一个重要指标。如表 3-2 第 1 测回 B 方向 $2c = 37°43'18'' - (217°43'06'' - 180°) = +12''$，第 2 测回 C 方向 $2c = 205°29'18'' - (25°29'24'' + 180°) = -6''$ 等。由此可以计算各测回内各方向 $2c$ 值的变化范围，如第 1 测回 $2c$ 值的变化范围为 $12'' - 0'' = 12''$，第 2 测回 $2c$ 值的变化范围为 $12'' - (-6'') = 18''$。

对于用 J6 型经纬仪观测，对 $2c$ 值的变化范围不作规定，但对于用 J2 型以上经纬仪精密测角时，$2c$ 值的变化范围均有相应的限差。

(3) 计算各方向的平均读数

$$平均读数 = \frac{1}{2}[盘左读数 + (盘右读数 \pm 180°)]$$

由于零方向 A 有两个平均读数，故应再取平均值，填入表 3-2 第 7 栏上方小括号内，如第 1 测回括号内数值 $(0°01'09'') = \frac{1}{2}(0°01'06'' + 0°01'12'')$。各方向的平均读数填入第 7 栏。

(4) 计算各方向归零后的方向值

将各方向的平均读数减去零方向最后平均值（括号内数值），即得各方向归零后的方向值，填入表 3-2 第 8 栏，注意零方向归零后的方向值为 $0°00'00''$。

(5) 计算各测回归零方向值的平均值

本例表 3-2 记录了两个测回的测角数据，故取两个测回归零后方向值的平均值作为各方向最后成果，填入表 3-2 第 9 栏。在填入此栏之前应先计算各测回同一方向的归零后方向值较差（同一未知量的两个观测值之间的差值），称为同一方向值各测回较差。

对于用 J6 型经纬仪观测，《工程测量规范》(GB 50026—2007)3.3.8 规定，同一方向值各测回较差的限差为 $24''$。本例两测回较差均满足限差要求。

为了查用角值方便，在表 3-2 的第 10 栏中绘出方向观测简图及点号，并注出两方向间的角度值。

3.4 竖直角观测

3.4.1 竖直度盘及读数系统

图 3-11 为 J6 型光学经纬仪竖直度盘的构造示意图,各个部件如图上所注。竖直度盘固定在望远镜横轴的一端,随着望远镜在竖直面内转动而带动竖盘一起转动。竖盘指标是同竖盘水准管连接在一起,不随望远镜转动而转动,只有通过调节竖盘水准管微动螺旋,才能使竖盘指标与竖盘水准管(气泡)一起作微小移动。在正常情况下,当竖盘水准管气泡居中时,竖盘指标就处于正确的位置。所以每次竖盘读数前,均应先调节竖盘水准管气泡居中。

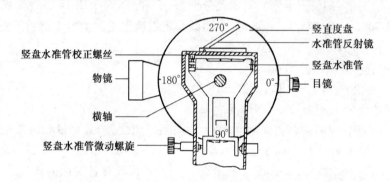

图 3-11 竖直度盘的构造

竖直度盘亦是玻璃圆盘,分划与水平度盘相似,但其注记型式较多,对于 J6 型光学经纬仪,竖盘刻度通常有 0°～360°顺时针和逆时针注记两种型式,如图 3-12a、b 所示。当视线水平(视准轴水平),竖盘水准管气泡居中时,竖盘盘左位置竖盘指标正确读数为 90°;同理,当视线水平且竖盘水准管气泡居中时,竖盘盘右位置竖盘指标正确读数为 270°。

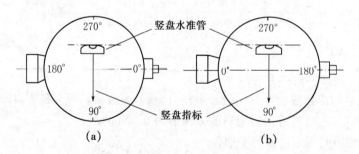

图 3-12 竖盘刻度注记(盘左位置)

有些 J6 型光学经纬仪当视线水平且竖盘水准管气泡居中时,盘左位置竖盘指标正确读数为 0°,盘右位置竖盘指标正确读数为 180°。因此在使用前应仔细阅读仪器使用说明书。

目前新型的光学经纬仪多采用自动归零装置取代竖盘水准管结构与功能,它能自动调整光路,使竖盘及其指标满足正确关系,仪器整平后照准目标可立即读取竖盘读数。

3.4.2 竖直角计算

竖盘注记型式不同,则根据竖盘读数计算竖直角的公式也不同。本节仅以图 3-12a 所示的顺时针注记的竖盘型式为例,加以说明。

由图 3-13 看出,盘左位置时,望远镜视线向上(仰角)瞄准目标,竖盘水准管气泡居中,其竖盘正确读数为 L,根据竖直角测量原理,则盘左位置时竖直角 $\alpha_左$ 为

$$\alpha_左 = 90° - L \tag{3-1}$$

同理,盘右位置时,竖盘水准管气泡居中,竖盘正确读数为 R,则盘右位置时竖直角 $\alpha_右$ 为

$$\alpha_右 = R - 270° \tag{3-2}$$

将盘左、盘右位置的两个竖直角取平均,即得竖直角 α 计算公式为

$$\alpha = \frac{1}{2}(\alpha_左 + \alpha_右) = \frac{1}{2}[(R - L) - 180°] \tag{3-3}$$

(3-1)式、(3-2)式和(3-3)式同样适用于视线向下(俯角)时的情况,此时 α 为负。

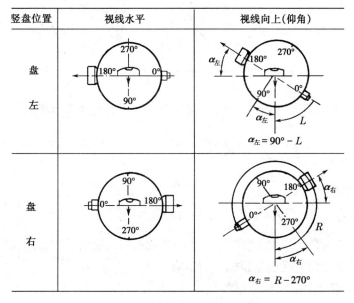

图 3-13 竖盘读数与竖直角计算

在实际测量工作中,可以按照以下两条规则确定任何一种竖盘注记型式(盘左或盘右)竖直角计算公式:

(1) 若抬高望远镜时,竖盘读数增加,则竖直角为

$\alpha =$ 瞄准目标竖盘读数 − 视线水平时竖盘读数

(2) 若抬高望远镜时,竖盘读数减少,则竖直角为

$\alpha =$ 视线水平时竖盘读数 − 瞄准目标竖盘读数

3.4.3 竖盘指标差

由上述讨论可知,望远镜视线水平且竖盘水准管气泡居中时,竖盘指标的正确读数应是 90°的整倍数。但是由于竖盘水准管与竖盘读数指标的关系难以完全正确,当视线水平且竖盘

水准管气泡居中时的竖盘读数与应有的竖盘指标正确读数(即 90°的整倍数)有一个小的角度差 x,称为竖盘指标差,即竖盘指标偏离正确位置引起的差值。竖盘指标差 x 本身有正负号,一般规定当竖盘读数指标偏移方向与竖盘注记方向一致时,x 取正号,反之 x 取负号。如图 3-14 所示的竖盘注记与指标偏移方向一致,竖盘指标差 x 取正号。

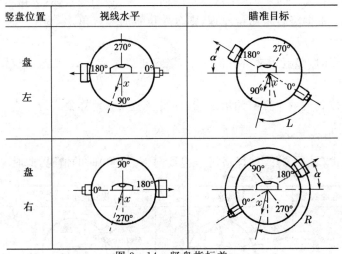

图 3-14 竖盘指标差

由于图 3-14 竖盘是顺时针方向注记,按照上述规则并顾及竖盘指标差 x,得到

$$\alpha_{左}=90°-L+x \tag{3-4}$$

$$\alpha_{右}=R-270°-x \tag{3-5}$$

两者取平均得竖直角 α 为

$$\alpha=\frac{1}{2}(\alpha_{左}+\alpha_{右})=\frac{1}{2}[(R-L)-180°] \tag{3-6}$$

可见,(3-6)式与(3-3)式计算竖直角 α 的公式相同。说明采用盘左、盘右位置观测取平均计算得竖直角,其角值不受竖盘指标差的影响。

若将(3-4)式减去(3-5)式,则得

$$x=\frac{1}{2}[(L+R)-360°] \tag{3-7}$$

(3-7)式为图 3-12a 竖盘注记型式的竖盘指标差计算公式。

3.4.4 竖直角观测的方法

竖直角的观测方法有中丝法和三丝法两种。J6 型光学经纬仪常用中丝法观测竖直角,其方法如下:

(1) 在测站点 P 安置仪器,对中、整平。

(2) 盘左位置:用望远镜十字丝的中丝切于目标 A 某一位置(如测钎或花杆顶部,或水准尺某一分划),转动竖盘水准管微动螺旋使竖盘水准管气泡居中,读取竖盘读数 $L(L=86°47′.8)$,记入表 3-3 竖直角观测记录表第 4 栏。

(3) 盘右位置:方法同第(2)步,读取竖盘读数 $R(R=273°11′.9)$,记入表 3-3 第 4 栏。

(4) 根据竖盘注记型式,确定竖直角和指标差的计算公式。本例竖盘注记型式如图 3-12a,应按上述(3-1)式、(3-2)式及(3-3)式计算竖盘角 α,按(3-7)式计算竖盘指标差 x。将结果填入表 3-3 第 5、6 栏和第 7 栏。

表 3-3 竖直角观测记录手簿(中丝法)

时间_____ 天气_____ 仪器型号_____
观测者_____ 记录者_____ 测站_____

测站	目标	竖盘位置	竖盘读数 ° ′ ″	竖直角 半测回 ° ′ ″	竖直角 一测回 ° ′ ″	竖盘指标差 ″	备注
1	2	3	4	5	6	7	8
P	A	左	86 47 48	+3 12 12	+3 12 03	−9	(盘左注记) 读数估读至 0′.1, 记录时写作秒数
P	A	右	273 11 54	+3 11 54			
P	B	左	97 25 42	−7 25 42	−7 25 54	−12	
P	B	右	262 33 54	−7 26 06			

竖盘指标差 x 值对同一台仪器在某一段时间内连续观测的变化应该很少,可以视为定值。但由于仪器误差、观测误差及外界条件的影响,使计算出竖盘指标差发生变化。通常规范规定了指标差变化的容许范围,《工程测量规范》(GB 50026—2007)5.2.14 规定 J6 型仪器观测竖直角竖盘指标差变化范围的限差为 25″,同方向各测回竖直角互差的限差为 25″,若超限,则应重测。

3.5 DJ6 型光学经纬仪的检验与校正

如图 3-15 所示,经纬仪各部件主要轴线有竖轴 VV、横轴 HH、望远镜视准轴 CC 和照准部水准管轴 LL。

根据角度测量原理和保证角度观测的精度,经纬仪的主要轴线之间应满足以下条件:

(1) 照准部水准管轴 LL 应垂直于竖轴 VV;
(2) 十字丝竖丝应垂直于横轴 HH;
(3) 视准轴 CC 应垂直于横轴 HH;
(4) 横轴 HH 应垂直于竖轴 VV;
(5) 竖盘指标差应为零。

在使用光学经纬仪测量角度前需查明仪器各部件主要轴线之间是否满足上述条件,此项工作称为检验。如果经检验不满足这些条件,则需要进行校正。本节仅就 J6 型光学经纬仪的检

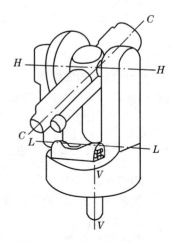

图 3-15 经纬仪的轴线

验校正分述如下：

3.5.1 照准部水准管的检验校正

1) 检校目的

使水准管轴垂直于竖轴，即 $LL \perp VV$。

2) 检验方法

先整平仪器，再转动照准部使水准管大致平行于任意两个脚螺旋，相对地旋转这两个脚螺旋，使水准管气泡居中，然后将照准部旋转180°后，如气泡仍居中，说明水准管轴垂直于竖轴。如气泡偏离中心(可允许在一格以内)，则说明水准管轴不垂直于竖轴，需要校正。

3) 校正方法

在上述位置相对地旋转这两个脚螺旋，使气泡向中心移动偏离值的一半，然后用校正针拨动水准管一端的校正螺丝，使气泡居中(即校正偏离值的另一半)。此项检验校正需反复进行，直至气泡居中后，转动照准部180°时，气泡的偏离在一格以内。

如经纬仪照准部上装有圆水准器时，可用已校正好的水准管将仪器严格整平后观察圆气泡是否居中，若不居中，可直接调节圆水准器底部校正螺丝使圆气泡居中。

4) 检校原理

如图3-16a所示，若水准管轴与竖轴不垂直，倾斜了 α 角，当气泡居中时竖轴就倾斜了 α 角。照准部绕竖轴旋转180°后，竖轴方向不变而水准管轴与水平方向相差 2α 角，表现为气泡偏离中心的格数(偏离值)，如图3-16b所示。

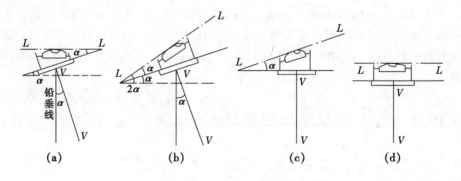

(a)　　　　(b)　　　　(c)　　　　(d)

图3-16　水准管的检校原理

当用两个脚螺旋调整气泡偏离值一半时，竖轴已处于竖直位置，但水准管轴尚未与竖轴垂直，如图3-16c所示。当用校正针拨动水准管一端校正螺丝使气泡居中时，则水准管轴就处于水平位置，如图3-16d所示，达到了校正的目的。

3.5.2 十字丝竖丝的检验校正

1) 检校目的

仪器整平后，使十字丝竖丝垂直于横轴，即竖丝竖直，以便能精确地瞄准目标。

2) 检验方法

经上项检校后，整平仪器，然后用十字丝交点照准一明显的点状目标，固定照准部和望远镜，转动望远镜微动螺旋使望远镜上下微动，若该点状目标始终沿着竖丝移动，则满足要求，表明十字丝竖丝垂直于横轴。若该点明显偏离竖丝,则需要校正。

3) 校正方法

卸下十字丝环护盖,松开十字丝环的四个固定螺丝,按竖丝偏离的反方向微微转动十字丝环,直至满足要求,最后旋紧固定螺丝,如图3-17所示。

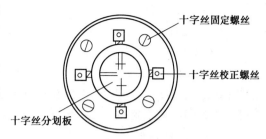

图3-17 竖丝的校正

3.5.3 视准轴的检验校正

1) 检校目的

使视准轴垂直于横轴,即$CC \perp HH$,从而使视准面成为平面。

2) 检验方法

望远镜视准轴是物镜光心与十字丝交点的连线。望远镜物镜光心是固定的,而十字丝交点的位置是可以变动的。所以,视准轴是否垂直于横轴,取决于十字丝交点是否处于正确位置。当十字丝交点不在正确位置时,导致视准轴不与横轴垂直,偏离一个小角度c,称为视准轴误差。这个视准轴误差若盘左观测时c为正(负),则盘右观测时c为负(正),它将使视准面不是一个平面,而为一个锥面,这样对于同一视准面内的不同倾角的视线,其水平度盘的读数将不同,带来了测角误差,所以这项检验工作十分重要。现介绍两种检验方法:

(1) 盘左盘右读数法

实地安置仪器并认真整平,选择一水平方向的目标A,用盘左、盘右位置观测。盘左位置时水平度盘读数为L',盘右位置时水平度盘读数为R',如图3-18所示。

设视准轴误差为c(若c为正号),则盘左、盘右的正确读数L、R分别为

$$L = L' - \Delta c$$
$$R = R' + \Delta c \tag{3-8}$$

式中,Δc为视准轴误差c对目标A水平方向值的影响。由于目标A为水平目标,竖直角$\alpha = 0°$,参照(3-12)式,故$\Delta c = c$,考虑到$R = L \pm 180°$,故

$$c = \frac{1}{2}[L' - R' \pm 180°] \tag{3-9}$$

对于J6型光学经纬仪,若c值不超过$\pm 60''$,认为满足要求,否则需要校正。

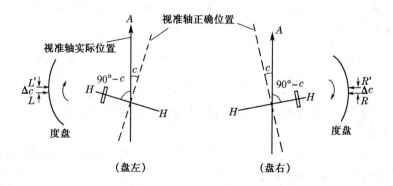

图3-18 视准轴误差的检校(盘左盘右读数法)

(2) 四分之一法

盘左盘右读数法对于单指标的经纬仪,仅在水平度盘无偏心或偏心差的影响小于估读误差时才见效。若水平度盘偏心差的影响大于估读误差,则公式(3-9)计算得视准轴误差 c 值可能是偏心差引起的,或者偏心差的影响占主要的。这样检验将得不到正确的结果。此时,宜选用四分之一法,现简述如下:

在一平坦场地,选择 A、B 两点(相距约100 m)。安置仪器于 AB 连线中点 O,如图3-19所示,在 A 点竖立一照准标志,在 B 点横置一根刻有毫米分划的直尺,使其垂直于视线 OB,并使 B 点直尺与仪器大致同高。先在盘左位置瞄准 A 点标志,固定照准部,然后纵转望远镜,在 B 点直尺上读得 B_1(如图3-19a);接着在盘右位置再瞄准 A 点标志,固

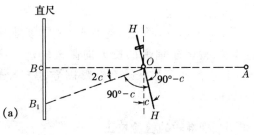

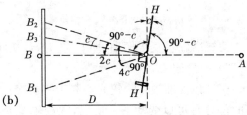

图 3-19 视准轴误差的检校(四分之一法)

定照准部,再纵转望远镜在 B 点直尺上读得 B_2(如图3-19b)。如果 B_1 与 B_2 两点重合,说明视准轴垂直于横轴;如果 B_1 与 B_2 两点不重合,参照图3-19可见,视准轴误差 c'' 为

$$c'' = \frac{\overline{B_1 B_2}}{4D} \cdot \rho'' \qquad (3-10)$$

式中,D 为仪器至直尺的距离。对于 J6 型经纬仪,当 c 值超过 $\pm 60''$,则应校正。

3) 校正方法

(1) 盘左盘右读数法的校正:按公式(3-9)计算得视准轴误差 c,由此求得盘右位置时正确水平度盘读数 $R = R' + c$,转动照准部微动螺旋,使水平度盘读数为 R 值。此时十字丝的交点必定偏离目标 A,卸下十字丝环护盖,略放松十字丝上、下两校正螺丝,将左、右两校正螺丝一松一紧地移动十字丝环,使十字丝交点对准目标 A 点。校正结束后应将上、下校正螺丝上紧。然后变动度盘位置重复上述检校,直至视准轴误差 c 满足规定要求为止。

(2) 四分之一法的校正:在直尺上由 B_2 点向 B_1 点方向量取 $\overline{B_2 B_3} = \overline{B_1 B_2}/4$,标定出 B_3 点,此时 OB_3 视线便垂直于横轴 HH。用校正针拨动十字丝环的左、右两校正螺丝(上、下校正螺丝先略松动),一松一紧地使十字丝交点与 B_3 点重合。这项检校也要重复多次,直至视准轴误差 c 满足规定要求为止。

3.5.4 横轴的检验校正

1) 检校目的

使横轴垂直于竖轴,这样当仪器整平后竖轴铅直,横轴水平,视准面是一个铅垂的平面。

2) 检验方法

在离墙面大约 20 m 处安置经纬仪,精平仪器后,用盘左位置瞄准墙面高处的一点 P(其仰角宜在30°左右),固定照准部,然后大致放平望远镜,在墙面上标出一点 A,如图3-20所示。同样再用盘右位置瞄准 P 点,放平望远镜,在墙面上又标出一点 B,如果 A 点与 B 点重合,则

表示横轴垂直于竖轴,否则应进行校正。

3) 校正方法

取 AB 连线的中点 M,仍以盘右位置瞄准 M 点,抬高望远镜,此时视线必然偏离高处的 P 点而在 P' 的位置。由于这项检校时竖轴已铅垂,视准轴也与横轴垂直,但横轴不水平,所以用校正工具拨动横轴支架上的偏心轴承,使横轴左端(右端)降低(升高),直至使十字丝交点对准 P 点为止,此时横轴就处于与竖轴相垂直的位置。由于光学经纬仪的横轴是密封的,一般来说仪器出厂时均能满足横轴垂直于竖轴的正确关系,如发现经检验此项要求不满足,应送仪器专门检修部门校正。

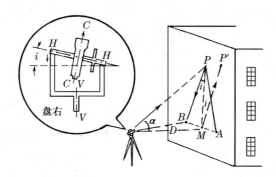

图 3-20 横轴误差的检校

由图 3-20 看出,若 A 点与 B 点不重合,其长度 AB 与横轴不水平(倾斜)误差 i 角之间存在一定关系,设经纬仪距墙面平距为 D,墙面上高处 P 点竖直角为 α,则

$$i'' = \frac{1}{2} \times \frac{AB}{D\tan\alpha} \cdot \rho'' \tag{3-11}$$

对于 J6 型经纬仪,《工程测量规范》(GB 50026—2007) 3.3.7 规定,i 角不超过 $\pm 20''$ 可不校正。例如本例检校时,已知 $D=20\text{ m}$,$\alpha=30°$,当要求 $i \leqslant \pm 20''$ 时,求得 $AB \leqslant 2.2\text{ mm}$,表明 A 点与 B 点相距小于 2.2 mm 时可不校正,(3-11)式可用来计算横轴不水平误差。

横轴不水平误差 i 与视准轴误差 c 一样,盘左盘右观测时,其符号相反。

3.5.5 竖盘指标差的检验校正

1) 检校目的

使竖盘指标差为零。

2) 检验方法

仪器整平后,以盘左、盘右位置分别用十字丝交点瞄准一个明显目标,当竖盘水准管气泡居中时读取竖盘读数 L、R,按竖盘指标差计算公式求得指标差 x。一般要观测另一明显目标验证上述求得指标差 x 是否正确,若两者相差甚微或相同,证明检验无误。对于 J6 型经纬仪,竖盘指标差 x 值不超过 $\pm 60''$ 可不校正,否则应进行校正。

3) 校正方法

校正时一般以盘右位置进行,如图 3-14 所示,照准目标后获得盘右读数 R 及计算得竖盘指标差 x,则盘右位置竖盘正确读数 $R_\text{正}$ 为

$$R_\text{正} = R - x$$

转动竖盘水准管微动螺旋,使竖盘读数为 $R_正$ 值,这时竖盘水准管气泡肯定不再居中,用校正针拨动竖盘水准管校正螺丝,使气泡居中。此项检校需反复进行,直至竖盘指标差 x 为零或在限差要求以内。

具有自动归零装置的仪器,竖盘指标差的检验方法与上述相同,但校正宜送仪器专门检修部门进行。

3.5.6 光学对中器的检验校正

光学对中器由物镜、分划板和目镜等组成,如图 3-21 所示。分划板刻划中心与物镜光学中心的连线是光学对中器的视准轴。光学对中器的视准轴由转向棱镜(图中直角棱镜)折射 90°后,应与仪器的竖轴重合,否则将产生对中误差,影响测角精度。

1) 检校目的

使对中器的视准轴与仪器竖轴重合。

2) 检验方法

如图 3-22 所示,安置仪器于平坦地面,严格整平仪器,在脚架中央的地面上固定一张白纸板,调节对中器目镜,使分划成像清晰,然后拉伸调节筒身看清地面上白纸板。根据分划圈中心在白纸板上标记 A_1 点,转动照准部 180°,按分划圈中心又在白纸板上标记 A_2 点。若 A_1 与 A_2 两点重合,说明光学对中器的视准轴与竖轴重合,否则应进行校正。

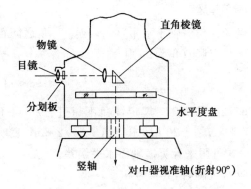

图 3-21 光学对中器示意图

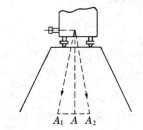

图 3-22 光学对中器检校

3) 校正方法

在白纸板上定出 A_1、A_2 两点连线的中点 A,调节对中器校正螺丝使分划圈中心对准 A 点。校正时应注意光学对中器上的校正螺丝随仪器类型而异,有些仪器是校正直角棱镜位置,有些仪器是校正分划板。光学对中器本身安装部位也有不同(基座或照准部),其校正方法有所不同(详见仪器使用说明书),图 3-21 光学对中器是安装在照准部上。

3.6 角度测量的误差及注意事项

仪器误差、观测误差及外界影响都会对角度测量的精度带来影响,为了得到符合规定要求的角度测量成果,必须分析这些误差的影响,采取相应的措施,将其消除或控制在容许的范围以内。

3.6.1 角度测量的误差

1) 仪器误差的影响

仪器误差主要包括两个方面:一是由于仪器的几何轴线检校不完善(残余误差)而引起的误差,如视准轴不垂直于横轴的误差(视准轴误差),横轴不垂直于竖轴的误差(横轴不水平误差)等。二是由于仪器制造与加工不完善而引起的误差,如照准部偏心差、度盘刻划不均匀误差等。这些误差影响可以通过适当的观测方法和相应的措施加以消除或减弱。

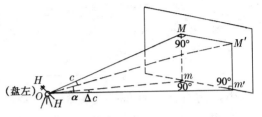

图 3-23 视准轴误差对水平方向的影响

(1) 视准轴误差的影响

如图 3-23 所示,设视准轴 OM 垂直于横轴 HH,由于存在视准轴误差 c,视准轴实际瞄准了 M',其竖直角为 α,此时 M、M' 两点同高。m、m' 为 M、M' 点在水平位置上的投影,则 $\angle mOm' = \Delta c$,即为视准轴误差 c 对目标 M 的水平方向观测值的影响。

由 Rt$\triangle mOm'$ 得

$$\sin \Delta c = \frac{mm'}{Om'}$$

而 $mm' = MM'$

由 Rt$\triangle MOM'$ 得

$$MM' = OM \cdot \sin c$$

又由 Rt$\triangle M'm'O$ 得

$$Om' = OM' \cdot \cos \alpha$$

上述式子经整理得

$$\sin \Delta c = \frac{OM' \sin c}{OM' \cos \alpha} = \frac{\sin c}{\cos \alpha}$$

顾及 Δc 和 c 均为很小角,则视准轴误差 c 对水平方向的影响 Δc 为

$$\Delta c = \frac{c}{\cos \alpha} \tag{3-12}$$

由于水平角是两个方向观测值之差,故视准轴误差 c 对水平角的影响 $\Delta \beta$ 为

$$\Delta \beta = \Delta c_2 - \Delta c_1 = c \left(\frac{1}{\cos \alpha_2} - \frac{1}{\cos \alpha_1} \right) \tag{3-13}$$

在(3-12)式和(3-13)式中,α 为目标的竖直角;c 为视准轴误差。

由(3-12)式看出,Δc 随竖直角 α 的增大而增大,当 $\alpha = 0°$ 时,$\Delta c = c$,说明视准轴误差 c 对水平方向观测值影响最小。由(3-13)式看出,视准轴误差 c 也对水平角有影响,但由于视准轴误差 c 在盘左、盘右位置时符号相反而数值相等,故用盘左、盘右位置观测取其平均值就可以消除视准轴误差的影响。

(2) 横轴不水平误差的影响

如图 3-24 所示,当横轴 HH 水平时,则视准面为 OMm。当横轴 HH 不水平而倾斜了 i 角处于 $H'H'$ 位置时,则视准面 OMm 也倾斜了一个 i 角,成为倾斜面 $OM'm$,此时对水平方向

观测值的影响为 Δi。同样由于 i 和 Δi 均为小角，所以

$$i = \tan i = \frac{MM'}{mM}\rho,$$

$$\Delta i = \sin \Delta i = \frac{mm'}{Om'}\rho$$

因 $mm' = MM'$，$Om' = m'M'/\tan\alpha$，$m'M' = mM$，则对水平方向的影响 Δi 为

$$\Delta i = i \cdot \tan\alpha \tag{3-14}$$

式中，α 为目标竖直角；i 为横轴不水平误差。当 $\alpha = 0°$ 时，$\Delta i = 0$，表明在视线水平时横轴不水平误差对水平方向观测值没有影响。

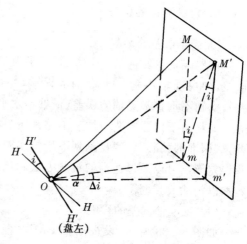

图 3-24 横轴不水平误差对水平方向的影响

同样，横轴不水平误差 i 对水平角的影响 $\Delta\beta$ 为

$$\Delta\beta = \Delta i_2 - \Delta i_1 = i(\tan\alpha_2 - \tan\alpha_1) \tag{3-15}$$

由(3-15)式看出，横轴不水平误差 i 也对水平角带来影响，但由于横轴不水平误差 i 在盘左、盘右位置时符号相反而数值相等，故用盘左、盘右位置观测取平均值可以消除横轴不水平误差的影响。

(3) 照准部偏心差的影响

照准部旋转中心应该与水平度盘刻划中心重合。如图 3-25 所示，设 O 为水平度盘刻划中心，O_1 为照准部旋转中心，两个中心不重合，称为照准部偏心差。此时仪器瞄准目标 A 和 B 的实际读数为 M_1' 和 N_1'。由图可知，M_1' 和 N_1' 比正确读数 M_1 和 N_1 分别多出 δ_a 和 δ_b，δ_a 和 δ_b 称为因照准部偏心差引起的偏心读数误差。显然，在度盘的不同位置上读数，其偏心读数误差是不相同的。

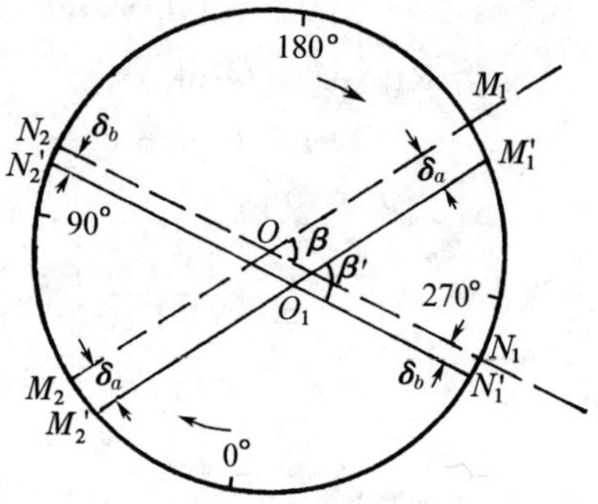

瞄准目标 A 和 B 的正确水平方向读数应为

$$M_1 = M_1' - \delta_a, \quad N_1 = N_1' - \delta_b$$

相应正确的水平角应为

$$\begin{aligned}\beta &= N_1 - M_1 \\ &= (N_1' - \delta_b) - (M_1' - \delta_a) \\ &= (N_1' - M_1') + (\delta_a - \delta_b) \\ &= \beta' + (\delta_a - \delta_b)\end{aligned}$$

图 3-25 照准部偏心差的影响

上式中，$(\delta_a - \delta_b)$ 即为照准部偏心差对水平角的影响。

由图 3-25 可以看出，在水平度盘对径方向上的读数其偏心误差影响恰好大小相等而符号相反，如目标 A 对径方向两个读数为 $M_1 = M_1' - \delta_a$，$M_2 = M_2' + \delta_a$。因此，采用对径方向两个读数取其平均值就可以消除照准部偏心差对读数的影响。对于单指标读数的 J6 型光学经纬仪取同一方向盘左、盘右位置读数的平均值，亦相当于同一方向在水平度盘上对径方向两个读数取平均，因此也可以基本消除偏心差的影响。

(4) 其他仪器误差的影响

度盘刻划不均匀误差属仪器制造误差,一般此项误差的影响很小,在水平角观测中,采取测回之间变换度盘位置的方法可以减弱此项误差的影响。

竖盘指标差经检校后的残余误差对竖直角的影响,可以采取盘左、盘右位置观测取平均值的方法加以消除。

对于无法用观测方法消除的竖轴倾斜误差,可以采取在观测前仔细进行照准部水准管的检校,安置仪器时认真进行整平来减小误差;对于较精密的角度测量,还可以采取在各测回之间重新整平仪器以及施加竖轴倾斜改正数等办法减弱其影响。

2) 仪器对中误差的影响

如图 3-26 所示,O 为测站中心,O' 为仪器中心,由于对中不准确,使 O、O' 不在同一铅垂线上。设 $OO'=e$(偏心距),θ 为偏心角,即观测方向与偏心距 e 方向的夹角。

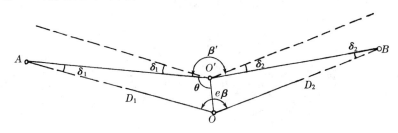

图 3-26 仪器对中误差影响

由图 3-26 可知

$$\beta = \beta' - (\delta_1 + \delta_2) \tag{3-16}$$

式中,β 为正确的角值;β' 为有对中误差时观测的角值;δ_1、δ_2 为 A、B 两目标方向的改正值。

在 $\triangle AOO'$ 和 $\triangle BOO'$ 中,因为 δ_1、δ_2 为小角度,则

$$\delta_1 = \frac{e\sin\theta}{D_1}\rho$$

$$\delta_2 = -\frac{e\sin(\beta'+\theta)}{D_2}\rho$$

上式中,θ 及 $(\beta'+\theta)$ 等角值均自 $O'O$ 方向按顺时针方向计。

故仪器对中误差对水平角的影响 $\Delta\beta$ 为

$$\Delta\beta = \beta' - \beta = \delta_1 + \delta_2 = e\rho\left[\frac{\sin\theta}{D_1} - \frac{\sin(\beta'+\theta)}{D_2}\right] \tag{3-17}$$

由(3-17)式可知:

(1) 当 β' 和 θ 一定时,δ_1、δ_2 与偏心距 e 成正比,即偏心距愈大,则 $\Delta\beta$ 亦愈大。

(2) 当 e 和 θ 一定时,$\Delta\beta$ 与所测角的边长 D_1、D_2 成反比,即边长愈短,$\Delta\beta$ 愈大,表明对短边测角必须十分注意仪器的对中。

仪器对中误差对竖直角观测的影响较小,可忽略不计。

3) 目标偏心误差的影响

目标偏心误差的影响是由于目标照准点上所竖立的标志(如测钎、花杆)与地面点的标志中心不在同一铅垂线上所引起的测角误差。如图 3-27 所示,O 为测站点,A、B 为照准点的标

志实际中心，A'、B' 为目标照准点的中心，e_1、e_2 为目标的偏心距，θ_1、θ_2 为观测方向与偏心距方向的夹角，称为偏心角，β 为正确角度，β' 为有目标偏心误差时观测的角度（假设测站无对中误差），则目标偏心对方向观测值的影响分别为

$$\left.\begin{array}{l}\delta_1 = \dfrac{e_1\sin\theta_1}{D_1}\rho \\ \delta_2 = \dfrac{e_2\sin\theta_2}{D_2}\rho\end{array}\right\} \quad (3-18)$$

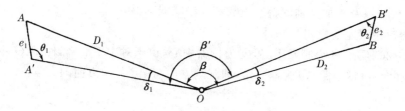

图 3-27 目标偏心误差影响

故目标偏心误差对水平角的影响 $\Delta\beta'$ 为

$$\Delta\beta' = \beta' - \beta = \delta_1 - \delta_2 = \rho\left(\dfrac{e_1\sin\theta_1}{D_1} - \dfrac{e_2\sin\theta_2}{D_2}\right) \quad (3-19)$$

由(3-18)式和(3-19)式看出：

(1) 当 $\theta_1(\theta_2)$ 一定时，目标偏心误差对水平方向观测值的影响与偏心距 $e_1(e_2)$ 成正比，与相应边长 $D_1(D_2)$ 成反比。

(2) 当 $e_1(e_2)$、$D_1(D_2)$ 一定时，若 $\theta_1(\theta_2)=90°$，表明垂直于瞄准视线方向的目标偏心对水平方向观测值的影响最大；对水平角的影响 $\Delta\beta'$ 随着 $\theta_1(\theta_2)$ 的方位及大小而定，但与 β 角大小无关。

4）观测本身误差的影响

观测本身的误差包括照准误差和读数误差。影响照准精度的因素很多，主要因素有望远镜的放大率、目标和照准标志的形状及大小、目标影像的亮度和清晰度以及人眼的判断能力等。所以，尽管观测者认真仔细地照准目标，但仍不可避免地存在照准误差，故此项误差无法消除，只能注意改善影响照准精度的多项因素，仔细完成照准操作，方可减小此项误差的影响。

读数误差主要取决于仪器的读数设备。对于J6型光学经纬仪，其估读的误差一般不超过测微器最小格值的1/10。例如分微尺测微器读数装置的读数误差为 $\pm0'.1(\pm6'')$，单平板玻璃测微器的读数误差（综合影响）也大致为 $\pm0'.1$。为使读数误差控制在上述范围内，观测中必须仔细操作，照明亮度均匀，读数显微镜仔细调焦，准确估读，否则读数误差将会较大。

5）外界条件的影响

外界条件的影响因素很多，也比较复杂。外界条件对测角的主要影响有：

(1) 温度变化会影响仪器（如视准轴位置）的正常状态；

(2) 大风会影响仪器和目标的稳定；

(3) 大气折光会导致视线改变方向；

(4) 大气透明度（如雾气）会影响照准精度；

(5) 地面的坚实与否、车辆的震动等会影响仪器的稳定。

这些因素都会给测角的精度带来影响。要完全避免这些影响是不可能的,但如果选择有利的观测时间和避开不利的外界条件,并采取相应的措施,可以使这些外界条件的影响降低到较小的程度。

3.6.2 角度测量的注意事项

通过上述分析,为了保证测角的精度,观测时必须注意下列事项:

(1) 观测前应先检验仪器,如不符合要求应进行校正。

(2) 安置仪器要稳定,脚架应踩实,应仔细对中和整平。尤其对短边时应特别注意仪器对中,在地形起伏较大地区观测时,应严格整平。一测回内不得再对中、整平。

(3) 目标应竖直,仔细对准地上标志中心,根据远近选择不同粗细的标杆,尽可能瞄准标杆底部,最好直接瞄准地面上标志中心。

(4) 严格遵守各项操作规定和限差要求。采用盘左、盘右位置观测取平均的观测方法。照准时应消除视差,一测回内观测避免碰动度盘。竖直角观测时,应先使竖盘指标水准管气泡居中后,才能读取竖盘读数。

(5) 当对一水平角进行 n 个测回(次)观测,各测回间应变换度盘起始位置,每测回观测度盘起始读数变动值为 $\frac{180°}{n}$(n 为测回数)。

(6) 水平角观测时,应以十字丝交点附近的竖丝仔细瞄准目标底部;竖直角观测时,应以十字丝交点附近的中丝照准目标的顶部(或某一标志)。

(7) 读数应果断、准确,特别注意估读数。观测结果应及时记录在正规的记录手簿上,当场计算。当各项限差满足规定要求后,方能搬站。如有超限或错误,应立即重测。

(8) 选择有利的观测时间和避开不利的外界因素。

3.7　DJ2型光学经纬仪简介

DJ2型光学经纬仪(简称 J2 型)属于精密光学经纬仪,用于较高精度的角度测量。图 3-28 所示为苏州光学仪器厂生产的 DJ2 型光学经纬仪外貌图,其外部各构件名称如图所注。国内已有多家仪器厂生产 DJ2 型光学经纬仪,国外如德国蔡司厂的 010、瑞士威特厂的 T2 等均属于 DJ2 型光学经纬仪。

3.7.1 DJ2型光学经纬仪的特点

J2 型光学经纬仪之所以比 J6 型光学经纬仪观测精度高是因为其照准部水准管的灵敏度较高,度盘格值较小以及读数设备较为精密,此外还有轴系及望远镜放大倍数等方面均与 J6 型经纬仪有所不同。特别在读数设备方面有两个特点:

(1) J2 型光学经纬仪采用对径符合读数法,相当于利用度盘上相差 180°的两个指标读数求其平均值,故可消除偏心误差的影响,同时也提高了读数的精度。

(2) J2 型光学经纬仪在读数显微镜中只能看到水平度盘或竖直度盘中的一种影像,读数时,须通过换像手轮(图 3-28 中的 10)选择所需的度盘影像。

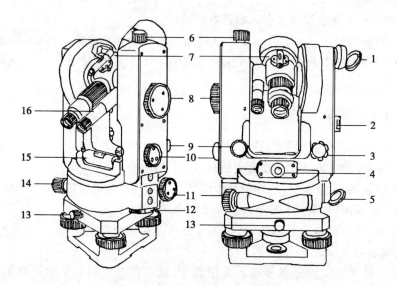

图 3-28 DJ2型光学经纬仪

1—竖盘照明镜;2—竖盘水准管观察镜;3—竖盘水准管微动螺旋;4—光学对中器;
5—水平度盘照明镜;6—望远镜制动螺旋;7—光学瞄准器;8—测微螺旋;9—望远镜微动螺旋;
10—换像手轮;11—照准部微动螺旋;12—水平度盘变换手轮;13—纵轴套固定螺旋;
14—照准部制动螺旋;15—照准部水准管(水平度盘水准管);16—读数显微镜

3.7.2 DJ2型经纬仪的读数方法

(1) 苏光DJ2A型经纬仪读数

目前国产的苏光DJ2A型光学经纬仪采用了数字化读数。其读数显微镜视场如图3-29所示,其中右下方长方形窗为正、倒像度盘分划影像(图3-29中所表示正倒像度盘分划影像已重合对齐)。右上方长方形窗(有注记)为度盘分划的度数,中间凸出小框中的数字表示整10′数值(如图3-29a、b中分别表示00′和30′),左侧长方形小窗(有分划)为测微器分划影像,每小格代表1″,小窗左侧注记为分数,右侧注记为10″的整倍数。小窗中一根长横线为指标线。

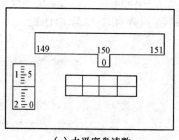
(a) 水平度盘读数

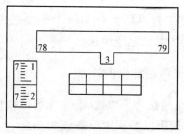
(b) 竖直度盘读数

图 3-29 DJ2A型光学经纬仪读数

读数方法:转动测微轮,先使右下方长方形窗内上下分划线对齐,整度数由右上方长方形窗内中央或稍偏左侧的数字注记数读出,整10′数由其中央凸出的小框内的数字读取;余下的个位分数和秒数由左侧长方形小窗内读取,然后相加得到整个读数值。

对照图 3-29,计算整个读数值。图 3-29a 水平度盘读数为 150°01′54″.0,图 3-29b 竖直度盘读数为 78°37′16″.0。

目前,J2 型光学经纬仪不仅采用了数字化读数方法,而且竖盘采用自动归零装置取代竖盘水准管,这就大大地方便了读数和操作。

(2) 瑞士威特 T2 经纬仪读数

我国早年进口的瑞士威特 T2 光学经纬仪,其读数设备中测微器为双平板玻璃测微器,正像在下,倒像在上,读数仍以正像为主,测微器分划尺长条窗位于下方,如图 3-30 所示。

读数前,先转动测微轮使长方形上窗内上下分划线对齐,读数方法详见仪器说明书。图 3-30 中度盘读数为 144°39′48″.7。

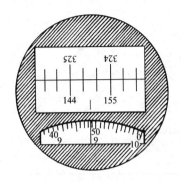
图 3-30 威特 T2 经纬仪读数

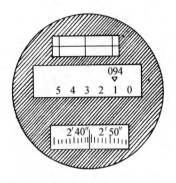
图 3-31 新型威特 T2 经纬仪读数

近年来威特 T2 经纬仪也进行了改进,如图 3-31 所示为新型威特 T2 经纬仪读数窗,使读数更为简便直观。在图 3-31 中,当转动测微螺旋使最上部长方形小窗中上、下分划线对齐后,中间大窗内注记为度盘度数,其十位分数由"▽"指出,下部小窗为测微器分划尺读数值。图 3-31 度盘读数为 94°12′44″.4。

习题与研讨题 3

3-1 何谓水平角?何谓竖直角?它们取值范围为多少?

3-2 J6 型光学经纬仪由哪几个部分组成?

3-3 经纬仪安置包括哪两个内容?怎样进行?目的何在?

3-4 试述测回法操作步骤、记录计算及限差规定。

3-5 经纬仪上的复测机钮(度盘配置装置)有何作用?如何利用它将起始方向的水平度盘读数配置成 0°00′00″?

3-6 何谓竖盘指标差?如何消除竖盘指标差?

3-7 经纬仪有哪几条主要轴线?它们应满足什么条件?为什么?

3-8 角度观测有哪些误差影响?如何消除或减弱这些误差的影响?

3-9 用 J6 型光学经纬仪按测回法观测水平角,整理表 3-4 中水平角观测的各项计算。

表 3-4 水平角观测记录

测站	竖盘位置	目标	水平度盘读数 ° ′ ″	半测回角值 ° ′ ″	一测回角值 ° ′ ″	各测回平均角值 ° ′ ″	备注
第一测回 O	左	A	0 00 24				
		B	58 48 54				
	右	A	180 00 54				
		B	238 49 18				
第二测回 O	左	A	90 00 12				
		B	148 48 48				
	右	A	270 00 36				
		B	328 49 18				

3-10 用 J6 型光学经纬仪按中丝法观测竖直角，整理表 3-5 竖直角观测的各项计算。

表 3-5 竖直角观测记录

测站	目标	竖盘位置	竖直度盘读数 ° ′ ″	半测回竖直角 ° ′ ″	指标差 ′ ″	一测回竖直角 ° ′ ″	备注
O	A	左	79 20 24				
		右	280 40 00				
	B	左	98 32 18				
		右	261 27 30				

（盘左竖盘注记）

3-11 用 J6 型光学经纬仪观测某一目标，盘左竖直度盘读数为 71°45′24″，该仪器竖盘（盘左）注记如 3-10 题中表 3-5 所示，测得竖盘指标差 $x=+24″$，试求该目标正确的竖直角 α 为多少。

3-12 （研讨题）角度测量时，为什么规定在一个测回内不得再对中整平？

3-13 （研讨题）测量水平角时，为什么要用盘左、盘右两个位置观测？

3-14 （研讨题）在检验视准轴垂直于横轴时，为什么目标要选得与仪器同高（即水平目标）？而在检验横轴垂直于竖轴时，为什么目标要尽量选得高一些？按本书所述的方法，这两项检验顺序是否可以颠倒？

3-15 （研讨题）用经纬仪瞄准同一竖直视准面内不同高度的两点，水平度盘上的读数是否相同？此时在竖直度盘上的两读数差是否就是竖直角？为什么？

4 距离测量

距离测量也是测量的基本工作之一。所谓距离，是指两标志点之间的水平直线长度。根据测量距离所使用的工具和方法不同，有钢尺量距、视距测量和光电测距。

4.1 钢尺量距

钢尺量距工具简单，是工程测量中最常用的一种距离测量方法，按精度要求不同又分为一般方法和精密方法。钢尺量距的基本步骤为定线、量距及成果计算。

4.1.1 钢尺量距的一般方法

1）定线

当两个地面点之间的距离较长或地势起伏较大时，为便于量距，可分成几段进行丈量。即在两点连线的方向上竖立几根标杆，既可标定直线的方向和位置，又可作为分段丈量的依据。这种把多根标杆标定在已知直线上的工作称为直线定线，简称定线。直线定线的方法主要有目估定线和经纬仪定线，用钢尺按一般方法量距时，常用目估定线。目估定线操作方法如下：

如图4-1，A、B为地面上待测距离的两个端点，现要在A、B直线上定出1、2等点。先在A、B点竖立标杆，甲站在A点标杆后约一米处，用眼自A点标杆的一侧照准B点标杆的同一侧形成视线，乙按甲的指挥左右移动标杆，当标杆的同一侧移入甲的视线时甲喊"好"，乙在标杆处插上测钎即为1点。同法可定出相继的点。直线定线一般应由远到近，即先定点1，再定点2；如果需将AB直线延长，也可按上述方法将1、2等点定在AB的延长线上。

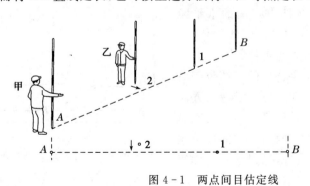

图4-1 两点间目估定线

2）量距

（1）量距工具

钢尺量距的主要工具是钢尺，辅助工具有标杆、测钎和垂球架等。

① 钢尺

钢尺又称钢卷尺,为薄钢制的带状尺,钢尺可以卷放在圆形的尺壳内,也可以卷放在金属的尺架上。钢尺的长度有 20 m、30 m 及 50 m 等数种,其基本分划为厘米,最小分划为毫米。在每分米和每米的分划线处有相应的注记。

由于尺上零点位置的不同,有端点尺和刻线尺的区分。端点尺是以尺的最外端作为尺的零点,如图 4-2a 所示;当从建筑物墙边开始丈量时,使用端点尺是非常方便的。刻线尺是以尺前端的一刻划线作为尺长的零点,如图 4-2b 所示。

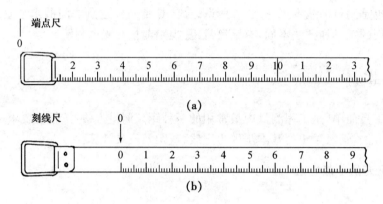

图 4-2 端点尺和刻线尺

② 辅助工具

钢尺量距中使用的辅助工具主要有测钎、标杆、垂球架等。标杆是红白色相间(每段 20 cm)的木制圆杆,全长 2 m 或 3 m,见图 4-1,主要用于标志点位与直线定线。测钎是用粗钢丝制成,上端成环状,下端磨尖,用时插入地面,主要用来标志尺段端点位置和计算整尺段数(见图 4-3)。垂球架由三根竹竿和一个垂球组成,是在倾斜地面量距的投点工具。

(2) 量距方法

① 平坦地面上的量距方法

如图 4-3 所示,欲量 A、B 两点之间的水平距离,先在 A、B 处竖立标杆,作为丈量时定线的依据;清除直线上的障碍物以后,即可开始丈量。

丈量工作由两人进行,后尺手持尺的零端位于 A 点,前尺手持尺的末端并携带一组测钎,沿 AB 方向前进,行至一尺段处停下。后尺手以尺的零点对准 A 点,当两人同时把钢尺拉紧、拉平和拉稳后,前尺手在尺的末端刻线处竖直地插下一测钎,得到点 1,这样便

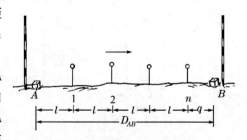

图 4-3 平坦地面量距方法

量完了一个尺段。如此继续丈量下去,直至最后不足一整尺段的长度,称之为余长(图 4-3 中 nB 段);丈量余长时,前尺手将尺上某一整数分划对准 B 点,由后尺手对准 n 点,在尺上读出读数,两数相减,即可求得不足一尺段的余长,则 A、B 两点之间的水平距离为

$$D_{AB} = n \cdot l + q \qquad (4-1)$$

式中,l 为尺长;q 为余长;n 为尺段数。

② 倾斜地面的量距方法

如果 A、B 两点间有较大的高差,但地面坡度比较均匀,大致成一倾斜面,如图 4-4 所示,则可沿地面丈量倾斜距离 l,用水准仪测定两点间的高差 h,按(4-2)式或 (4-3)式计算水平距离 D 为

$$D=\sqrt{l^2-h^2} \quad (4-2)$$

$$D=l+\Delta l_h=l-\frac{h^2}{2l} \quad (4-3)$$

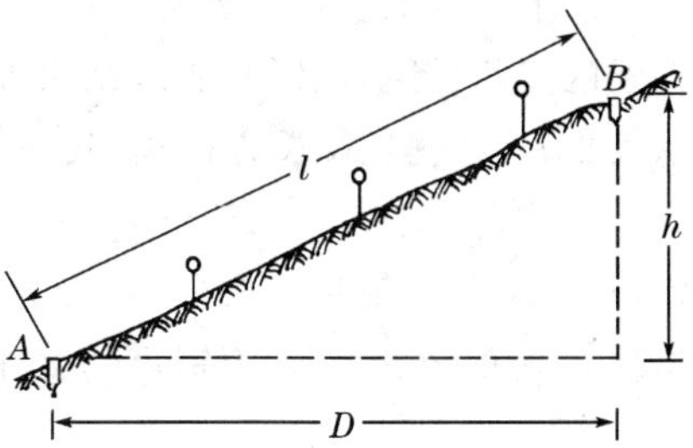

图 4-4 倾斜地面量距方法

式中,Δl_h 称为量距时的高差改正(或称倾斜改正)。

3) 成果计算

为了防止丈量错误和提高量距精度,距离要往、返丈量。上述介绍的方法为往测,返测时要重新进行定线。把往返丈量所得距离的差数除以往、返测距离的平均值,称为距离丈量的相对精度,或称相对误差。即

$$K=\frac{|D_{往}-D_{返}|}{D_{平均}} \quad (4-4)$$

例如:距离 AB,往测时为 155.642 m,返测时为 155.594 m,则量距相对精度为

$$K=\frac{|155.642-155.594|}{(155.642+155.594)/2}=\frac{0.048}{155.618}=\frac{1}{3\,200}$$

在计算相对精度时,往、返差数取其绝对值,并化成分子为 1 的分式。相对精度的分母越大,说明量距的精度越高。在平坦地区钢尺量距的相对精度一般不应大于 1/3 000;在量距困难地区,其相对精度也不应大于 1/1 000。当量距的相对精度没有超过规定时,可取往、返测量结果的平均值作为两点间的水平距离 D。

钢尺量距一般方法的记录、计算及精度评定见表 4-1。

表 4-1 钢尺一般方法量距记录及成果计算

线段	尺段长/m	往测			返测			往返差/m	相对精度	往返平均/m
		尺段数	余长数/m	总长/m	尺段数	余长数/m	总长/m			
AB	30	5	27.478	177.478	5	27.452	177.452	0.026	1/6 800	177.465
BC	50	2	46.935	146.935	2	46.971	146.971	0.036	1/4 080	146.953

4.1.2 钢尺量距的精密方法

钢尺量距的一般方法的精度只能达到 1/1 000~1/5 000,当量距精度要求较高时,例如要求量距精度达到 1/10 000~1/40 000,这时应采用精密方法进行丈量。钢尺量距的精密方法与钢尺量距的一般方法基本步骤是相同的,只不过前者在相应步骤中采用了较精密的方法并对一些影响因素进行了相应的改正。

1) 钢尺检定

钢尺因刻划误差、使用中的变形、丈量时温度变化和拉力不同的影响,其实际长度往往不

等于尺上所注的长度即名义长度。因此,丈量时应对钢尺进行检定,求出在标准温度和标准拉力下的实际长度,以便对丈量结果加以改正。在一定的拉力下,以温度 t 为变量的函数式来表示尺长 l_t,这就是尺长方程式,其一般形式为

$$l_t = l_0 + \Delta l + \alpha(t-t_0)l_0 \tag{4-5}$$

式中,l_t 为钢尺在温度 t(℃)时的实际长度;l_0 为钢尺的名义长度;Δl 为尺长改正数,即钢尺在温度 t_0 时的改正数;α 为钢尺的膨胀系数,其值约为 $(1.16 \times 10^{-5} \sim 1.25 \times 10^{-5})/1℃$;$t_0$ 为钢尺检定时的温度,一般取 20℃;t 为钢尺量距时的温度。

每根钢尺都应有尺长方程式,用以对丈量结果进行改正,尺长方程式中的尺长改正数 Δl 要通过钢尺检定,与标准长度相比较而求得。

2) 定线

确定了距离丈量的两个端点后,即开始直线定线工作。由于目估定线精度较低,在钢尺精密量距时,必须用经纬仪定线,钉下木桩或大钉,并标示其中心位置。

3) 量距

用检定过的钢尺精密丈量如图 4-1 所示的 A、B 两点间的距离,丈量小组一般由五人组成,两人拉尺,两人读数,一人指挥兼记录数据和读取温度。

丈量时,拉伸钢尺置于相邻两木桩顶上,并使钢尺有刻划线的一侧贴切十字线。后尺手将弹簧秤挂在尺的零端,以便施加钢尺检定时的标准拉力。两端同时根据十字丝交点读取读数,估读到 0.5mm 记入手簿,并计算尺段长度。

前、后移动钢尺 2～3cm,同法再次丈量,每一尺段要读三组数,由三组读数算得的长度较差应小于 3mm,否则应重新丈量。如在限差之内,取三次结果的平均值,作为该尺段的观测结果。每一尺段应记温度一次,估读至 0.5℃。如此继续丈量至终点,即完成一次往测。完成往测后,应立即返测。每条直线所需丈量的往返次数视量距的精度要求而定。

4) 测定相邻桩顶间的高差

上述所量的距离是相邻桩顶点间的倾斜距离,为了改算成水平距离,要用水准测量的方法测出各桩顶间的高差,以便进行倾斜改正。水准测量宜在量距前或量距后往、返观测一次,以资检核。相邻两桩顶往、返所测高差之差,一般不得超过 ±10mm,如在限差以内,取其平均值作为观测的成果。

4.1.3 钢尺量距成果整理

1) 钢尺量距的三项改正

(1) 尺长改正

钢尺在标准拉力、标准温度(t_0)下鉴定的实际长度为 l',名义长度为 l_0,设某线段的实际测量值为 D',则该线段的尺长改正数 Δl_d 为

$$\Delta l_d = \frac{l'-l_0}{l_0} \cdot D' = \frac{\Delta l}{l_0} \cdot D' \tag{4-6}$$

(2) 温度改正

温度变化会引起钢尺长度发生变化,从而对丈量结果产生影响,因此,要对观测结果进行温度改正。温度改正 Δl_t 的计算公式为

$$\Delta l_t = \alpha \cdot (t-t_0) \cdot D' \tag{4-7}$$

式中，$\alpha = 0.0000125$，为钢尺热膨胀系数；t_0 为钢尺鉴定时温度；t 为测量时温度。

(3) 倾斜改正

如果丈量的线段是等坡度的，则 D' 实际上是斜距，要化成平距，需要加上倾斜改正数。设线段两端高差为 h，则倾斜改正 Δl_h 为

$$\Delta l_h = D - D' = -\frac{h^2}{D' + D} \approx -\frac{h^2}{2D'} \tag{4-8}$$

综上所述，经三项改正之后的水平距离 D 为

$$D = D' + \Delta l_d + \Delta l_t + \Delta l_h \tag{4-9}$$

2) 成果整理

[例 4-1] 用名义长度 l_0 为 30.000 m，实际长度 l' 为 30.005 m 的钢尺丈量某线段 AB 的距离 D' 为 89.394 m。已知鉴定温度 $t_0 = 20℃$，实测温度 $t = 30℃$，线段两端点高差 $h = 1.263$ m。求 AB 的实际水平距离。

解 尺长改正 $\Delta l_d = \dfrac{l' - l_0}{l_0} \cdot D' = 0.015$ m

温度改正 $\Delta l_t = \alpha \cdot (t - t_0) \cdot D' = 0.011$ m

倾斜改正 $\Delta l_h = -\dfrac{h^2}{2D'} = -0.009$ m

则 AB 的水平距离为

$$D = D' + \Delta l_d + \Delta l_t + \Delta l_h = 89.411 \text{m}$$

4.1.4 钢尺量距误差及注意事项

1) 钢尺量距误差

钢尺量距误差主要有尺长误差、人为误差及外界条件的影响。

(1) 尺长误差

尺长误差属系统误差，是累积的，所量距离越长，误差越大。因此新购置的钢尺必须经过检定，以求得尺长改正值。

(2) 人为误差

人为误差主要有钢尺倾斜和垂曲误差、定线误差、拉力误差及丈量误差。为了克服以上人为误差的影响，钢尺量距时必须注意钢尺水平；一般丈量时，要求定线偏差不大于 0.1 m，可以用标杆目估定线；当直线较长或精度要求较高时，应用经纬仪定线；一般量距中只要保持拉力均匀即可，而对较精密的丈量工作则需使用弹簧秤。

(3) 外界条件的影响

外界条件的影响主要是温度的影响，钢尺的长度随温度的变化而变化，当丈量时的温度和标准温度不一致时，将导致钢尺长度变化。按照钢的膨胀系数计算，温度每变化 1℃，影响长度约为 1/80 000。一般量距时，当温度变化小于 10℃ 时可以不加改正，但精密量距时必须考虑温度改正。

2) 钢尺的维护

不论是一般量距还是精密量距，都要精心地维护和保养钢尺，主要有以下三点：

(1) 钢尺易生锈，收工时立即用软布擦去钢尺上的泥土和水珠，涂上机油以防生锈。

(2) 钢尺易折断，在行人和车辆多的地区量距时，严防钢尺被车辆压过而折断。当钢尺出

现卷曲,切不可用力硬拉,应按顺时针方向收卷钢尺。

(3) 不准将钢尺沿地面拖拉,以免磨损尺面刻划。

4.2 视距测量

视距测量是一种间接光学测距方法,它利用望远镜内视距丝装置,根据几何光学原理同时测定距离和高差。这种方法具有操作简便、迅速,不受地形限制等优点,虽然精度较低(普通视距测量的相对精度约为 1/200~1/300),但能满足测定一般碎部点的要求,因此被广泛用于地形碎部测量中,也可用于检核其他方法量距可能发生的粗差。

4.2.1 视距测量原理

经纬仪、水准仪及大平板仪的望远镜内都有视距丝装置。视距丝是刻在十字丝分划板上与横丝平行且等距的上、下两条短横丝 m 和 n,如图 4-5 所示。因为从这两根视距丝引出的视线在竖直面内所夹的角度 φ 是固定角,该角的两边在尺上截得一段距离 $MN=l_i$,如图 4-6 所示。由图可以看出,已知固定角 φ 和尺上间隔 l_i,即可推算出两点间的距离(视距) D_i,如 $D_1=\frac{1}{2}l_1\cot\frac{\varphi}{2}$,$D_2=\frac{1}{2}l_2\cot\frac{\varphi}{2}$ 等。因为固定角 φ 保持不变,所以视距尺上间隔 l_i 将与距离 D_i 成正比例变化。

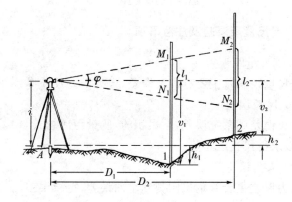

图 4-5 望远镜视距丝　　　　图 4-6 视距测量原理

1) 视线水平时的距离与高差公式

如图 4-6 所示,欲测定 A、1 两点间的水平距离 D 及高差 h,可在 A 点安置经纬仪,1 点立视距尺,设望远镜视线水平,瞄准 1 点视距尺,此时视线与视距尺相垂直。若尺上 M、N 点成像在十字丝分划板上的两根视距丝 m、n 处,那么尺上 MN 的长度可由上、下视距丝读数之差求得。上、下视距丝读数之差称为视距间隔或尺间隔。

由图 4-6 可以看出,标尺离开测站点的距离越远,视距间隔 l 就越大。测站点至立尺点的水平距离计算公式为

$$D=kl+c \tag{4-10}$$

式中,k、c 分别称为视距乘常数和视距加常数。目前常用的内对光望远镜的视距常数,设计时已使 $k=100$,$c=0$,所以公式(4-10)可改写为

$$D=kl \tag{4-11}$$

同时，由图 4-6 可知，A、1 两点之间的高差为

$$h_{A1}=i-v_1 \tag{4-12}$$

式中，i 为仪器高，即桩顶到仪器横轴的高度；v_1 为瞄准目标高，即十字丝中丝在 1 点尺上的读数。

2) 视线倾斜时的距离与高差公式

在地面起伏较大的地区进行视距测量时，只有使视线倾斜才能读取视距间隔，如图 4-7 所示。这时视线不垂直于视距尺，因此公式(4-11)、(4-12)不能适用。下面介绍视线倾斜时水平距离与高差的计算公式。

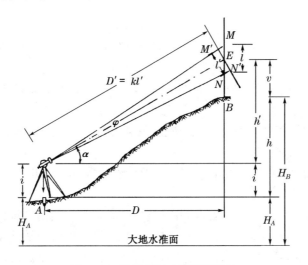

图 4-7 视线倾斜时的视距测量

如图 4-7 所示，将仪器安置于 A 点，在 B 点竖立视距尺，照准视距尺时，视线的竖直角为 α，其上、下视距丝在视距尺上所截得的尺间隔为 MN。若能把视线倾斜时的尺间隔换算成与视线垂直于视距尺间隔 $M'N'$，就可用公式(4-11)计算倾斜距离 D'，再根据 D' 和竖直角 α，算出水平距离 D 和高差 h。

图 4-7 中，设 MN 为 l，$M'N'$ 为 l'，则有

$$l'=l\cdot\cos\alpha$$

根据(4-11)式，可得倾斜距离

$$D'=kl'=kl\cos\alpha \tag{4-13}$$

由图中看出，A、B 两点间的水平距离

$$D=D'\cos\alpha=kl\cos^2\alpha \tag{4-14}$$

又由图 4-7 可得 A、B 两点的高差

$$h=h'+i-v$$

式中，h' 为中丝读数处与横轴之间的高差，叫高差主值，可按下式计算：

$$h'=D'\sin\alpha=kl\cos\alpha\sin\alpha$$

$$=\frac{1}{2}kl\sin2\alpha \tag{4-15}$$

所以
$$h = \frac{1}{2}kl\sin 2\alpha + i - v \qquad (4-16)$$

如果 A 点的高程 H_A 为已知，可得 B 点的高程为
$$H_B = H_A + h$$
$$H_B = H_A + \frac{1}{2}kl\sin 2\alpha + i - v \qquad (4-17)$$

(4-14)式和(4-16)式是视距测量的基本公式。

4.2.2 视距测量的观测和计算

1) 视距测量的观测

(1) 如图 4-7 所示，安置经纬仪于 A 点，量取仪器高 i，在 B 点竖立视距尺。

(2) 盘左（或盘右），转动照准部照准 B 点视距尺，分别读取上、下、中三丝在标尺上截取的读数 M、N、v，算出视距间隔 $l = M - N$。在实际操作中，为方便高差计算，可使中丝读数等于仪器高，即 $v = i$。

(3) 转动竖盘指标水准管微动螺旋，使竖盘指标水准管气泡居中，读取竖盘读数，并计算竖直角 α。

(4) 根据视距尺间隔 l、竖直角 α、仪器高 i 及中丝读数 v，计算出水平距离 D 和高差 h。

2) 视距测量的计算

目前高性能的电子计算器比较普及，并且这些计算器具有编制简短程序的功能（或称公式保留功能），因此可将视距测量计算公式(4-14)、(4-16)式预先编制成程序，计算时输入已知数据及观测值，即可得到测站点到待定点的水平距离及高差和待定点的高程。

4.2.3 视距测量误差分析

(1) 用视距丝读取视距尺间隔的误差

用视距丝在视距尺上读数的误差，与尺子最小分划的宽度、距离的远近、望远镜的放大率及成像清晰情况有关。因此读数误差的大小应视具体使用的仪器及作业条件而定。

(2) 视距尺倾斜的误差

视距尺倾斜对视距所产生的误差是系统性的，其影响随着地面坡度的增加而增加。特别是在山区作业，往往由于地面有坡度而给人一种错觉，使视距尺不易竖直。

(3) 竖直角观测的误差

当竖直角不大时，对平距的影响较小，主要是影响高差。当竖直角 $\alpha = 5°$，若其误差为 $1'$，视距为 100 m 时，对高差的影响约为 0.03 m。所以当仅用一个盘位观测时，应检校竖盘指标差或将指标差测定以改正竖直角。

(4) 外界条件的影响

① 大气折光的影响

由于视线通过的大气密度不同（特别是晴天，由于温差较大，造成大气密度很不均匀），而产生垂直折光差，越接近地面，视线受折光的影响越大。

② 空气对流使视距尺的成像不稳定

这种现象在视线通过水面上空和视线接近地面时较为突出,特别在烈日暴晒下更为严重,成像不稳定以及风力较大使视距尺不易稳定而产生抖动,造成读数误差的增大。

此外,视距常数 K 的误差、视距尺分划误差等都将影响视距测量的精度。

4.3 光电测距

钢尺量距劳动强度大,精度与工作效率较低,尤其在山区或沼泽区,丈量工作更是困难。随着激光技术、电子技术的飞跃发展,光电测距方法得到了广泛的应用,它具有测程远、精度高、作业速度快等优点。

光电测距是一种物理测距的方法,它通过测定光波在两点间传播的时间计算距离,按此原理制作的以光波为载波的测距仪叫光电测距仪。按测定传播时间的方式不同,测距仪分为相位式测距仪和脉冲式测距仪;按测程大小可分为远程、中程和短程测距仪三种,如表 4-2 所示。目前工程测量中使用较多的是相位式短程光电测距仪。

表 4-2 光电测距仪的种类

仪器种类	短程光电测距仪	中程光电测距仪	远程光电测距仪
测程	<5 km	5~15 km	>15 km
精度	$\pm(5 \text{ mm}+5\times 10^{-6}\times D)$	$\pm(5 \text{ mm}+2\times 10^{-6}\times D)$	$\pm(5 \text{ mm}+1\times 10^{-6}\times D)$
光源	红外光源 (GaAs 发光二极管)	① GaAs 发光二极管 ② 激光管	He—Ne 激光器
测距原理	相位式	相位式	相位式

4.3.1 相位式光电测距原理

如图 4-8,欲测定 A、B 两点间的距离 D,安仪器于 A 点,安反射棱镜(简称反光镜)于 B 点。仪器发出的光束由 A 到达 B,经反光镜反射后又返回到仪器。设光速 c(约 3×10^8 m/s)为已知,如果再知道光束在待测距离 D' 上往返传播的时间 t,则可由下式求出:

$$D' = \frac{1}{2}ct \qquad (4-18)$$

由(4-18)式可知,测定距离的精度,主要取决于测定时间 t 的精度,例如要保证 ± 10 cm 的测距精度,时间要求准确到 6.7×10^{-11} s,这实际上是很难做到的。为了进一步提高光电测距的精度,必须采用间接测时手段——相位测时法,即把距离和时间的关系改化为距离和相位的关系,通过测定相位来求得距离,即所谓的相位式测距。

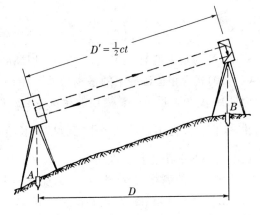

图 4-8 光电测距原理

相位式光电测距的原理为:采用周期为 T 的高频电振荡对测距仪的发射光源进行连续的

振幅调制,使光强随电振荡的频率而周期性地明暗变化(每周相位 φ 的变化为 $0\sim2\pi$)。调制光波(调制信号)在待测距离上往返传播,使在同一瞬时发射光与接收光产生相位移(相位差),如图 4-9 所示。根据相位差间接计算出传播时间,从而计算距离。

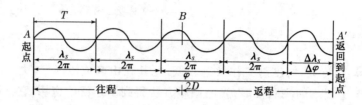

图 4-9 相位式光电测距原理

图 4-9 中调制光的波长 λ_S,光强变化一周期的相位差为 2π,调制光在两倍距离上传播的时间为 t,每秒钟光强变化的周期数为频率 f,并可表示为

$$f=\frac{c}{\lambda_S}$$

由图 4-9 可以看出,将接收时的相位与发射时的相位比较,它延迟了 φ 角,又知

$$\varphi=\omega t=2\pi f t$$

式中,ω 为角频率。则

$$t=\frac{\varphi}{2\pi f}$$

代入(4-18)式得

$$D'=\frac{c}{2f}\cdot\frac{\varphi}{2\pi} \tag{4-19}$$

由图 4-9 相位差 φ 又可表示为

$$\varphi=2\pi\cdot N+\Delta\varphi$$

代入(4-19)式得

$$D'=\frac{c}{2f}\left(N+\frac{\Delta\varphi}{2\pi}\right)=\frac{\lambda_S}{2}(N+\Delta N) \tag{4-20}$$

式中,N 为整周期数;ΔN 为不足一个周期的比例数。

(4-20)式为相位法测距的基本公式。由该式可以看出,c、f 为已知值,只要知道相位差的整周期数 N 和不足一个整周期的相位差 $\Delta\varphi$,即可求得距离(斜距)。将(4-20)式与钢尺量距相比,我们可以把半波长 $\frac{\lambda_S}{2}$ 当作"测尺"的长度,则距离 D' 也像钢尺量距一样,成为 N 个整测尺长度与不足一个整尺长度之和。

仪器上的测相装置(相位计)只能分辨出 $0\sim2\pi$ 的相位变化,故只能测出不足 2π 的相位差 $\Delta\varphi$,相当于不足整"测尺"的距离值。例如"测尺"为 10 m,则可测出小于 10 m 的距离值。同理,若采用 1 km 的"测尺",则可测出小于 1 km 的距离值。由于仪器测相系统的测相精度一般为 1/1 000,测尺越长,测距误差则越大。因此为了兼顾测程与精度两个方面,测距仪上选用两个"测尺"配合测距;用短"测尺"测出距离的尾数,以保证测距的精度;用长测尺测出距离的大数,以满足测程的需要。

4.3.2 光电测距仪及其使用

1) 短程光电测距仪简介

测程在 5 km 以下的光电测距仪称为短程光电测距仪,目前国内、国外仪器厂有多种生产型号,表 4-3 所示为其中一部分。

表 4-3 短程光电测距仪

仪器型号	RED mini	D3030	MD-14	DI4	DM502	DCJ32
制造厂商	SOKKIA	常州大地	PENTAX	Wild	Kern	北京测绘
测　　程	0.8 km	3.2 km	2.6 km	3.0 km	3.0 km	3.0 km
测距精度	$\pm(5\ \text{mm}+5\times 10^{-6}\times D)\sim\pm(5\ \text{mm}+3\times 10^{-6}\times D)$					

短程光电测距仪的体型较小,大多可安装于经纬仪之上,主要为了可以同时测定角度与距离。从光电测距本身来讲,也需要利用经纬仪的高大倍数的望远镜来寻找和瞄准远处的目标,并根据经纬仪的竖盘读数来计算视线的竖直角,以便将倾斜距离化为水平距离,或进行三角高程测量。

测距仪的电源盒一般与主机分离,可悬挂于仪器三脚架上,有电缆相连。电源盒配有充电器,使用前在市用交流电源上进行充电。

2) 光电测距仪的使用

(1) 仪器操作部件

虽然不同型号的仪器其结构及操作上有一定的差异,但从大的方面来说,基本上是一致的。对具体的仪器按照其相应的说明书进行操作即可正确使用,下面以 RED mini 为例(见图 4-10),介绍短程光电测距仪的使用方法。

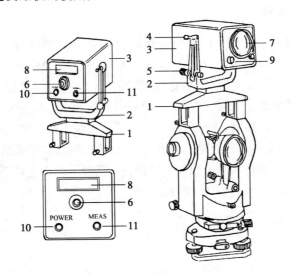

图 4-10　RED mini 测距仪

1—支架座;2—支架;3—主机;4—竖直制动螺旋;5—竖直微动螺旋;6—发射接收镜的目镜;
7—发射接收镜的物镜;8—显示窗;9—电源电缆插座;10—电源开关键(POWER);11—测量键(MEAS)

图 4-11 为 RED mini 测距仪的反射棱镜,图中为单块棱镜,当测程较远时则需换上三块棱镜。

(2) 仪器安置

将经纬仪安置于测站上,主机连接在经纬仪望远镜的连接座内并锁紧固定。经纬仪对中、整平后,将电池插挂在三脚架上,并连接电源。在目标点安置反光棱镜三脚架并对中、整平。按一下测距仪上的〈POWER〉键(开,再按一下为关),显示窗内显示"88888888"约 3~5 s,为仪器自检,表示仪器显示正常。

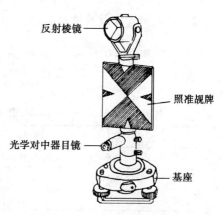

图 4-11 RED mini 反射棱镜

(3) 测量竖直角和气温、气压

用经纬仪望远镜十字丝瞄准反光镜觇板中心,读取并记录竖盘读数,然后记录温度计的温度和气压表的气压 P。

(4) 距离测量

① 测距仪上、下转动,使目镜的十字丝中心对准棱镜中心,左、右方向如果不对准棱镜,则可以调节测距仪的支架位置使其对准;

② 按〈MEAS〉键,仪器进行测距,测距结束时仪器发出断续鸣声(提示注意),鸣声结束后显示窗显示测得的斜距,记下距离读数;

③ 再次按〈MEAS〉键,进行第二次测距和第二次读数,一般进行 4 次,称为一个测回。各次距离读数最大、最小相差不超过 5 mm 时取其平均值,作为一测回的观测值。如果需进行第二测回,则重复①~③步操作。

4.3.3 光电测距成果整理

测距时测得的一测回或几测回的距离平均值 D' 为斜距观测值,还必须经过改正,才能得到两点间的水平距离。光电测距的改正一共有三项,其中主要是倾斜改正(即高差改正,$D = D' \cdot \cos\alpha$),在测距精度要求较高时(如相对精度为 1/10 000 以上),则需进行仪器常数改正及气象改正。对于仪器常数改正及气象改正,不同型号的测距仪,其计算公式也不同,使用前请详细查阅仪器使用说明书。目前,大部分测距仪均可通过输入有关参数由仪器自动改正。

例如,某测距仪观测直线 AB 斜距平均值为 $D'=562.667$ m,竖直角 $\alpha=5°08'23''$。仪器常数改正及气象改正已经通过输入有关参数由仪器自动进行了改正。则直线 AB 的平距为

$$D = D' \cdot \cos\alpha = 560.405 \text{ m}$$

4.3.4 光电测距精度分析及注意事项

1) 光电测距误差

光电测距误差来自三个方面:首先是仪器误差,主要是测距仪的调制频率误差和仪器的测相误差;其次是人为误差,这方面主要是仪器对中、反射棱镜对中时产生的误差;第三为外界条件的影响,主要是气象参数即大气温度和气压的影响。

2) 光电测距的精度

光电测距的误差有两部分,一部分与所测距离的长短无关,称为常误差(固定误差)a,另一

部分与距离的长度 D 成正比,称为比例误差,其比例系数为 b。因此,光电测距的测距中误差 m_D(又称为测距仪的标称精度)为

$$m_D = \pm(a + b \cdot D) \tag{4-21}$$

式中,a 为仪器的固定误差(mm);b 为仪器的比例误差系数(mm/km);D 为测距边长度(km)。

例如,某短程红外测距仪标称精度为 $\pm(5+3D)$,对照(4-21)式,即 $a=5$ mm,$b=3$ mm/km。若某段距离 $D=500$ m,则该距离的标称精度 $m_D=\pm(5+3\times0.5)=\pm6.5$ mm。

3) 光电测距仪使用注意事项

(1) 切不可将照准头对准太阳,以免损坏光电器件。

(2) 注意电源接线,不可接错,经检查无误后方可开机测量。测距完毕注意关机,不要带电迁站。

(3) 视场内只能有反光棱镜,应避免测线两侧及镜站后方有其他光源和反射物体,并应尽量避免逆光观测;测站应避开高压线 5 m 之外。

(4) 仪器应在大气比较稳定和通视良好的条件下进行观测,视线宜高出地面和离开障碍物 1m 以上。

(5) 仪器不要曝晒和雨淋,在强烈阳光下要撑伞遮太阳,经常保持仪器清洁和干燥,在运输过程中要注意防震。

4.3.5 光电测距仪的检测

1) 测距内符合标准差的检测

测距内符合精度概念:$m_内$ 表示测距一次读数的中误差,它反映的是仪器对同一段距离多次读数之间的误差,它是表现仪器测距稳定性的一个量。

《"全站型电子速测仪"国家级计量检定规程》(JJG 100—94)规定:仪器对某段距离进行多次重复测量的内符合标准差,应小于仪器标准精度的1/4。例如,某全站仪的测距标称精度为 $\pm(2 \text{ mm}+2\times10^{-6}\times D)$,假设测量距离为 40 m,经计算,其仪器测距标称精度为 ±2.08 mm,则其测距内符合精度应在 ±0.52 mm 以内。

检定方法:在室内(或室外)约 40 m 距离的两端,分别安置仪器和棱镜,在仪器照准棱镜后,连续测距 30 次,则一次读数的标准差计算公式为:

$$m_内 = \pm\sqrt{\frac{\sum\limits_{i=1}^{n} v_i^2}{n-1}}$$

式中,$v_i = D_0 - D_i$,D_0 为 n 次读数的平均值。

2) 测距的外符合精度检查和测程试验

测距的外符合精度概念:用全站仪对某一已知长度的基线进行测量,测量值与已知值之间的差值即可反映出测距的外符合精度。

《"全站型电子速测仪"国家级计量检定规程》(JJG 100—94)规定:仪器的测距外符合精度应小于仪器的标准精度。例如,某全站仪的测距标称精度为 $\pm(2 \text{ mm}+2\times10^{-6}\times D)$,单棱镜测程为 1.2 km,经计算,当 $D_0=1.2$ km 时,其仪器测距标称精度为 ±4.4 mm,则其测距外符合相对精度 K 应 $\leq 1/272\,700$。

检定方法：设在检定场有一长基线（或已知边）为 D_0，该基线的两端都有强制归心的仪器墩，用被检的全站仪对该基线进行测量。测量时，要求照准 4 次，每次取 10 次读数，取其平均值，设为 D_1；另外，应该记录主、镜两站观测时的气温和气压，取其平均值，然后进行气象改正 δ_{tp}，再加上仪器加常数改正 C_0、乘常数改正 $R \cdot D_1$ 即可得

$$D = D_1 \delta_{tp} + C_0 + R \cdot D_1$$

则外符合相对精度为

$$K = \left| \frac{D - D_0}{D_0} \right|$$

必须指出，对长边的测距性能与使用的棱镜数和大气（通视）条件密切有关，因此，还必须注明外符合检测时的大气（通视）情况和所用的棱镜数。当所选的长基线 D_0 和仪器的出厂所标测程接近时，此项外符合检查，也就相当于做"测程试验"，目的在于检查仪器在中等大气（通视）条件下，使用一定数量棱镜在保证其标称精度条件下所能测量的最远距离。

4.3.6 手持激光测距仪

手持式激光测距仪是一种广泛应用于建筑测量和房产测量的测绘仪器。随着国内建筑施工、房产测量和房屋装饰的发展，以及自动跟踪测量的应用，手持式激光测距仪的制造取得了较快的发展。目前，国内外已有多个生产厂家开发了 30 多种规格的产品，其测量范围已扩展到（0.05~200）m，其主要技术参数——测距标准差已提高到 ±1.0 mm/100 m。图 4-12 为 Leica Disto D5 型手持式激光测距仪，其测程为 200 m，测距标准差为 ±1.0 mm/100 m。

图 4-12　Leica Disto D5 手持式激光测距仪

手持式激光测距仪在使用前应按照《手持式激光测距仪检定规程》(JJG 966—2010)进行仪器检定，仪器的具体操作请参看仪器使用说明书。

习题与研讨题 4

4-1　钢尺量距影响精度的因素有哪些？测量时应注意哪些事项？

4-2　视距测量影响精度的因素有哪些？测量时应注意哪些事项？

4-3　光电测距影响精度的因素有哪些？测量时应注意哪些事项？

4-4　试述相位式光电测距的基本原理。

4-5　某钢尺的尺方程为 $l_t = 30 \text{ m} + 0.005 \text{ m} + 1.2 \times 10^{-5} \times (t-20) \times 30 \text{ m}$，使用它丈量 AB 尺段间长度为 29.905 8 m，丈量时温度 $t=25℃$，使用拉力与检定时相同，AB 尺段间高差 $h_{AB}=0.85$ m，试求出该尺段实际水平距离。

4-6　现用钢尺丈量了 AB、CD 两段水平距离；AB 段往测为 246.68 m，返测为 246.60 m；CD 段往测为 358.17 m，返测为 358.25 m，问两段距离丈量精度是否相同？如果不同，哪段丈量精度高？为什么？

4-7　表 4-4 为视距测量记录表，试计算水平距离及高程。

表 4-4 视距测量记录表

测站 A，后视点 B，仪器高 $i=1.50$ m，测站高程 $H_A=34.50$ m，指标差 $x=0'$。

点号	尺间隔 l/m	中丝读数 v/m	竖盘读数 L ° ′	竖直角 $\alpha=90°-L$ ° ′	高差 h/m	水平距离 D/m	测点高程 H/m	备注
1	0.395	1.50	84 36					
2	0.575	1.50	85 18					
3	0.614	2.50	93 15					
4	0.416	1.50	92 41					
⋮								

4-8 （研讨题）距离测量有哪几种方法？并对各种测量方法的优缺点进行分析。

4-9 （研讨题）什么叫直线定线？量距时为什么要进行直线定线？如何进行直线定线？

4-10 （研讨题）目前的全站仪都具有光电测距功能。讨论当前最高测距精度的全站仪及其在工程中的应用情况。

5 测量误差基本知识

5.1 测量误差概念

5.1.1 测量误差产生的原因

对某一客观存在的量进行多次观测,例如往返丈量某段距离或重复观测某一水平角等,其多次测量结果总是存在着差异,这说明观测值中含有测量误差。产生测量误差的原因很多,概括起来有下列三个方面:

1) 仪器的原因

测量工作是需要用经纬仪、水准仪等测量仪器进行的,而测量仪器的构造不可能十分完善,从而使测量结果受到一定影响。例如经纬仪的视准轴与横轴不垂直、度盘刻划误差,都会使所测角度产生误差;水准仪的水准管轴不平行于视准轴的残余误差会对高差产生影响。

2) 观测者的原因

由于观测者的感觉器官的鉴别能力存在局限性,所以对仪器的各项操作,如经纬仪对中、整平、瞄准、读数等方面都会产生误差。此外,观测者的技术熟练程度也会对观测成果带来不同程度的影响。

3) 外界环境的影响

测量时所处的外界环境(包括温度、风力、日光、大气折光等)时刻在变化,使测量结果产生误差。例如温度变化会使钢尺产生伸缩,风吹和日光照射会使仪器的安置不稳定,大气折光使瞄准产生偏差等。

人、仪器和外界环境是测量工作的观测条件,由于受到这些条件的影响,测量中的误差是不可避免的。观测条件相同的各次观测称为等精度观测;观测条件不相同的各次观测称为不等精度观测。

5.1.2 测量误差的分类

测量误差按其对观测结果影响性质的不同可以分为系统误差与偶然误差两类。

1) 系统误差

在相同的观测条件下对某一量进行一系列的观测,若误差的出现在符号和数值上均相同,或按一定的规律变化,这种误差称为系统误差。例如用名义长度为 30.000 m,而实际长度为 30.006 m 的钢卷尺量距,每量一尺段就有 0.006 m 的误差,其量距误差的影响符号不变,且与所量距离的长度成正比,因此系统误差具有积累性,对测量结果的影响较大;另一方面,系统误差对观测值的影响具有一定的规律性,且这种规律性总能想办法找到,因此系统误差对观测值的影响可用计算公式加以改正,或用一定的测量措施加以消除或削弱。

2) 偶然误差

在相同的观测条件下对某一量进行一系列的观测,若误差出现的符号和数值大小均不一致,表面上没有规律,这种误差称为偶然误差。偶然误差是由人力所不能控制的因素(例如人眼的分辨能力、气象因素等)共同引起的测量误差,其数值的正负、大小纯属偶然。例如在厘米分划的水准尺上读数,估读毫米数时,有时估读过大,有时过小;大气折光使望远镜中成像不稳定,引起目标瞄准有时偏左,有时偏右。多次观测取其平均,可以抵消掉一些偶然误差,因此偶然误差具有抵偿性,对测量结果影响不大;另一方面,偶然误差是不可避免的,且无法消除,但应加以限制。在相同的观测条件下观测某一量,所出现的大量偶然误差具有统计的规律,或称之为具有概率论的规律,关于这方面的内容将在下一节讨论。

除了上述两种误差以外,在测量工作中还可能发生错误,例如瞄错目标,读错读数等。错误是由于观测者的粗心大意所造成的。测量工作中,错误是不允许的,含有错误的观测值应该舍弃,并重新进行观测。

5.1.3 多余观测

为了防止错误的发生和提高观测成果的质量,在测量工作中一般要进行多于必要观测的观测,称为多余观测。例如一段距离采用往返丈量,如果往测属于必要观测,则返测就属于多余观测;又如对一个水平角观测了 3 个测回,如果第一个测回属于必要观测,则其余 2 个测回就属于多余观测。有了多余观测可以发现观测值中的错误,以便将其剔除或重测。由于观测值中的偶然误差不可避免,有了多余观测,观测值之间必然产生差值(不符值、闭合差),因此我们可根据差值的大小来评定测量的精度(精确程度),差值如果大到一定的程度,就认为观测值中有错误(不属于偶然误差),称为误差超限。差值如果不超限,则按偶然误差的规律加以处理,称为闭合差的调整,以求得最可靠的数值。

5.1.4 偶然误差的特性

设某一量的真值为 X,对此量进行 n 次观测,得到的观测值为 $l_1, l_2, \cdots, l_n$,在每次观测中发生的偶然误差(又称真误差)为 $\Delta_1, \Delta_2, \cdots, \Delta_n$,则定义:

$$\Delta_i = X - l_i \quad (i = 1, 2, \cdots, n) \tag{5-1}$$

测量误差理论主要讨论在具有偶然误差的一系列观测值中,如何求得最可靠的结果和评定观测成果的精度。为此需要对偶然误差的性质作进一步的讨论。

从某个偶然误差来看,其符号的正负和数值的大小没有任何规律性。但是如果观测的次数很多,观察其大量的偶然误差,就能发现隐藏在偶然性下面的必然性规律。进行统计的数量越大,规律性也越明显。下面结合某观测实例,用统计方法进行分析。

某一测区,在相同的观测条件下共观测了 365 个三角形的全部内角。由于每个三角形内角之和的真值(180°)已知,因此可以按(5-1)式计算三角形内角之和的偶然误差 Δ_i(三角形闭合差),再将正误差、负误差分开,并按其绝对值由小到大进行排列。以误差区间 $d\Delta = 2''$ 进行误差个数 k 的统计,顺便计算其相对个数 $k/n (n = 365)$,k/n 称为误差出现的频率。结果见表 5-1。

表 5-1　偶然误差的统计

误差区间 dΔ	负误差		正误差	
	k	k/n	k	k/n
0″～2″	47	0.129	46	0.126
2″～4″	42	0.115	41	0.112
4″～6″	32	0.088	34	0.093
6″～8″	22	0.060	22	0.060
8″～10″	16	0.044	18	0.050
10″～12″	12	0.033	14	0.039
12″～14″	6	0.016	7	0.019
14″～16″	3	0.008	3	0.008
16″以上	0	0	0	0
Σ	180	0.493	185	0.507

按表 5-1 的数据作图(图 5-1)可以直观地看出偶然误差的分布情况。图中以横坐标表示误差的正负与大小,以纵坐标表示误差出现于各区间的频率(相对个数)除以区间的间隔 dΔ,每一区间按纵坐标作成矩形小条,则小条的面积代表误差出现在该区间的频率,而各小条的面积总和等于 1。该图称为频率直方图。

从表 5-1 的统计中可以归纳出偶然误差的四个特性:

(1) 在一定观测条件下的有限次观测中,绝对值超过一定限值的误差出现的频率为零;

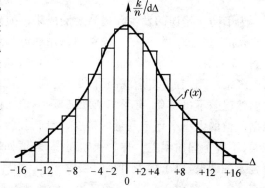

图 5-1　频率直方图

(2) 绝对值较小的误差出现的频率大,绝对值较大的误差出现的频率小;

(3) 绝对值相等的正、负误差出现的频率大致相等;

(4) 当观测次数无限增大时,偶然误差的算术平均值趋近于零,即偶然误差具有抵偿性。用公式表示:

$$\lim_{n \to \infty} \frac{[\Delta]}{n} = 0 \tag{5-2}$$

式中,[ ] 表示取括号中数值的代数和,即 $[\Delta] = \Delta_1 + \Delta_2 + \cdots + \Delta_n$;$n$ 为 Δ 的个数。

以上根据 365 个三角形角度闭合差作出的误差出现频率直方图的基本图形(中间高、两边低并向横轴逐渐逼近的对称图形)并不是一种特例,而是统计偶然误差出现的普遍规律,并且可以用数学公式来表示。

当误差的个数 $n \to \infty$,同时又无限缩小误差的区间 dΔ,则图 5-1 中各小长条的顶边的折线就逐渐成为一条光滑的曲线。该曲线在概率论中称为正态分布曲线,它完整地表示了偶然误差出现的概率 P(当 $n \to \infty$ 时,上述误差区间内误差出现的频率趋于稳定,成为概率)。

正态分布的数学方程式为

$$y = f(\Delta) = \frac{1}{\sqrt{2\pi}\sigma} e^{-\frac{\Delta^2}{2\sigma^2}} \tag{5-3}$$

式中,$\pi = 3.1416$,为圆周率;$e = 2.7183$,为自然对数的底;σ 为标准差;标准差的平方 σ^2 称为方差。方差为偶然误差平方的理论平均值,即

$$\sigma^2 = \lim_{n \to \infty} \frac{\Delta_1^2 + \Delta_2^2 + \cdots + \Delta_n^2}{n} = \lim_{n \to \infty} \frac{[\Delta\Delta]}{n} \tag{5-4}$$

标准差为

$$\sigma = \pm \lim_{n \to \infty} \sqrt{\frac{[\Delta\Delta]}{n}} \tag{5-5}$$

由(5-5)式可知,标准差的大小决定于在一定条件下偶然误差出现的绝对值的大小。由于在计算时取各个偶然误差的平方和,当出现有较大绝对值的偶然误差时,在标准差 σ 中会得到明显的反映。

(5-3)式称为正态分布的密度函数,以偶然误差 Δ 为自变量,标准差 σ 为密度函数的唯一参数。

5.2 评定精度的标准

5.2.1 中误差

在一定观测条件下观测结果的精度,取标准差 σ 是比较合适的。但是在实际测量工作中,不可能对某一量作无穷多次观测,因此定义按有限次观测的偶然误差(真误差)求得的标准差为中误差 m,即

$$m = \pm \sqrt{\frac{\Delta_1^2 + \Delta_2^2 + \cdots + \Delta_n^2}{n}} = \pm \sqrt{\frac{[\Delta\Delta]}{n}} \tag{5-6}$$

实际上,中误差 m 是标准差 σ 的估值。

[例 5-1] 对三角形的内角进行两组观测(各测 10 次),根据两组观测值中的偶然误差(真误差),分别计算其中误差。

解 计算结果列于表 5-2。从表 5-2 中可见,第二组观测值的中误差大于第一组观测值的中误差,虽然这两组观测值的真误差之和 $[\Delta]$ 是相等的,但是在第二组观测值中出现了较大的误差($-8''$,$+9''$),因此相对来说其精度较低。

在一组观测值中,当中误差 m 确定以后,就可以画出它所对应的误差正态分布曲线。根据(5-3)式,当 $\Delta = 0$ 时,$f(\Delta)$ 有最大值。当以中误差 m 代替标准差 σ 时,最大值为 $\frac{1}{\sqrt{2\pi}m}$。

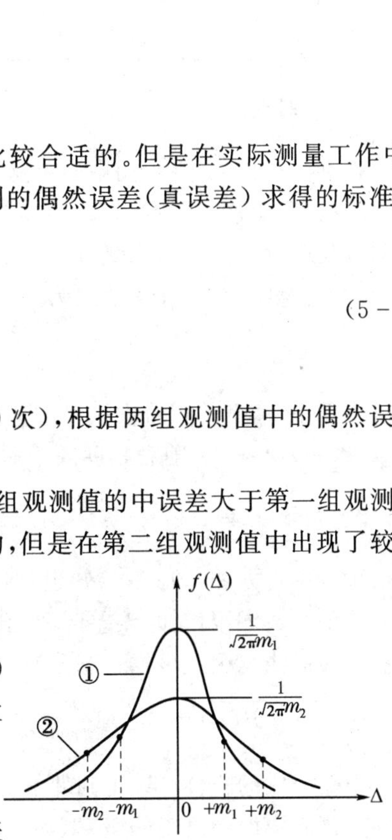

因此,当 m 较小时,曲线在纵轴方向的顶峰较高,表示小误差比较集中;当 m 较大时,曲线在纵轴方向的顶峰较低,曲线形状平缓,表示误差分布比较离散。如图 5-2 所示($m_1 < m_2$)。

图 5-2 不同中误差的正态分布曲线

表 5-2　按观测值的真误差计算中误差

序号	第 一 组 观 测			第 二 组 观 测		
	观测值 l_i	真误差 Δ_i	Δ_i^2	观测值 l_i	真误差 Δ_i	Δ_i^2
1	179°59′59″	+1″	1	180°00′08″	−8″	64
2	179°59′58″	+2″	4	179°59′54″	+6″	36
3	180°00′02″	−2″	4	180°00′03″	−3″	9
4	179°59′57″	+3″	9	180°00′00″	0″	0
5	180°00′03″	−3″	9	179°59′53″	+7″	49
6	180°00′00″	0″	0	179°59′51″	+9″	81
7	179°59′56″	+4″	16	180°00′08″	−8″	64
8	180°00′03″	−3″	9	180°00′07″	−7″	49
9	179°59′58″	+2″	4	179°59′54″	+6″	36
10	180°00′02″	−2″	4	180°00′04″	−4″	16
∑		−2″	60		−2″	404
中误差	$[\Delta\Delta]=60$，$n=10$ $m_1=\pm\sqrt{\dfrac{[\Delta\Delta]}{n}}=\pm 2.5''$			$[\Delta\Delta]=404$，$n=10$ $m_2=\pm\sqrt{\dfrac{[\Delta\Delta]}{n}}=\pm 6.4''$		

5.2.2 相对误差

在某些测量工作中,用中误差这个标准还不能反映出观测的质量,例如用钢尺丈量 200 m 及 80 m 两段距离,测量结果的中误差都是 ±20 mm,但不能认为两者的精度一样;因为量距误差与其长度有关,为此,用测量结果的中误差绝对值与测量结果之比化为分子为 1 的分数的形式,称为相对中误差,计算公式为

$$K=\left|\frac{m_x}{x}\right|$$

上例中,前者的相对中误差为 $K_1=0.02/200=1/10\,000$;而后者的相对中误差则为 $K_2=0.02/80=1/4\,000$。前者精度高于后者。

5.2.3 极限误差

由频率直方图(图 5-1)知道,各矩形小条的面积代表误差出现在该区间中的频率;当统计误差的个数无限增加、误差区间无限减小时,频率逐渐稳定而成概率,直方图的顶边即形成正态分布曲线。因此根据正态分布曲线可以求得出现在小区间 $d\Delta$ 中的概率

$$P(\Delta)=f(\Delta)d\Delta=\frac{1}{\sqrt{2\pi}m}e^{-\frac{\Delta^2}{2m^2}}\cdot d\Delta \tag{5-7}$$

根据上式的积分可以得到偶然误差在任意区间出现的概率。设以 k 倍中误差作为区间,则在此区间中误差出现的概率

$$P(|\Delta|<k\cdot m)=\int_{-km}^{+km}\frac{1}{\sqrt{2\pi}m}e^{-\frac{\Delta^2}{2m^2}}\cdot d\Delta \tag{5-8}$$

上式经积分后,以 $k=1$、2、3 代入,可得到偶然误差的绝对值不大于 1 倍中误差、2 倍中误

差和 3 倍中误差的概率：

$$P(|\Delta|<m)=0.683=68.3\%$$
$$P(|\Delta|<2m)=0.954=95.4\%$$
$$P(|\Delta|<3m)=0.997=99.7\%$$

由此可见，偶然误差的绝对值大于 2 倍中误差的约占误差总数的 5%，而大于 3 倍中误差的仅占误差总数的 0.3%。由于一般进行测量的次数有限，上述情况很少遇到，因此以 2 倍或 3 倍中误差作为容许误差的极限，称为容许误差或称极限误差。

$$\Delta_{容}=2m \quad \text{或} \quad \Delta_{容}=3m$$

前者要求较严，而后者要求较宽。测量中出现的误差如果大于容许值，是不正常的，即认为观测值中存在错误，该观测值应该放弃或重测。

5.3 观测值的精度评定

5.3.1 算术平均值

对某未知量进行 n 次等精度观测，其观测值分别为 $l_1,l_2,\cdots,l_n$，将这些观测值取算术平均值 x 作为该未知量的最可靠的数值，又称最或然值（也称为最或是值），即

$$x=\frac{l_1+l_2+\cdots+l_n}{n}=\frac{[l]}{n} \tag{5-9}$$

下面以偶然误差的特性来探讨算术平均值 x 作为某量的最或然值的合理性和可靠性。设某量的真值为 X，各观测值为 $l_1,l_2,\cdots,l_n$，其相应的真误差为 $\Delta_1,\Delta_2,\cdots,\Delta_n$，则

$$\Delta_1=X-l_1$$
$$\Delta_2=X-l_2$$
$$\vdots$$
$$\Delta_n=X-l_n$$

将等式两端分别相加并除以 n，则

$$\frac{[\Delta]}{n}=X-\frac{[l]}{n}=X-x$$

根据偶然误差第 4 特性，当观测次数 n 无限增大时，$\frac{[\Delta]}{n}$ 就趋近于零，即

$$\lim_{n\to\infty}\frac{[\Delta]}{n}=0$$

由此看出，当观测次数无限大时，算术平均值 x 趋近于该量的真值 X。但在实际工作中不可能进行无限次的观测，这样，算术平均值就不等于真值。因此，我们就把有限个观测值的算术平均值认为是该量的最或然值。

5.3.2 观测值的改正值

观测值的改正值（以 v 表示）是算术平均值与观测值之差，即

$$\left.\begin{array}{l} v_1 = x - l_1 \\ v_2 = x - l_2 \\ \vdots \\ v_n = x - l_n \end{array}\right\} \quad (5-10)$$

将等式两端分别相加,得

$$[v] = nx - [l]$$

将 $x = \dfrac{[l]}{n}$ 代入上式,得

$$[v] = n\dfrac{[l]}{n} - [l] = 0 \quad (5-11)$$

因此一组等精度观测值的改正值之和恒等于零。这一结论可作为计算工作的校核。

另外,设在(5-10)式中以 x 为自变量(待定值),则改正值 v_i 为自变量 x 的函数。如果使改正值的平方和为最小值,即

$$[vv]_{\min} = (x-l_1)^2 + (x-l_2)^2 + \cdots + (x-l_n)^2 \quad (5-12)$$

以此作为条件(称为"最小二乘原则")来求 x,这就是高等数学中求条件极值的问题。令

$$\dfrac{\mathrm{d}[vv]}{\mathrm{d}x} = 2[(x-l)] = 0$$

可得到

$$nx - [l] = 0$$
$$x = \dfrac{[l]}{n}$$

此式即(5-9)式,由此可知,取一组等精度观测值的算术平均值 x 作为最或然值,并据此得到各个观测值的改正值是符合最小二乘原则的。

5.3.3 按观测值的改正值计算中误差

一组等精度观测值在真值已知的情况下(例如三角形的三内角之和),可以按(5-1)式计算观测值的真误差,按(5-6)式计算观测值的中误差。

在一般情况下,观测值的真值 X 往往是不知道的,真误差 Δ 也就无法求得,因此就不能用(5-6)式来求中误差。由上一节知道,在同样条件下对某量进行多次观测,可以计算其最或然值——算术平均值 x 及各个观测值的改正值 v_i;并且也知道,最或然值 x 在观测次数无限增多时,将逐渐趋近于真值 X。在观测次数有限时,以 x 代替 X,就相当于以改正值 v_i 代替真误差 Δ_i。由此得到按观测值的改正值计算观测值的中误差的实用公式如下:

$$m = \pm\sqrt{\dfrac{[vv]}{n-1}} \quad (5-13)$$

(5-13)式与(5-6)式不同之处是其分子以 $[vv]$ 代替 $[\Delta\Delta]$,分母以 $(n-1)$ 代替 n。实际上,n 和 $(n-1)$ 是代表两种不同情况下的多余观测数。因为在真值已知的情况下,所有 n 次观测均为多余观测,而在真值未知情况下,则其中一个观测值是必要的,其余 $(n-1)$ 个观测值是多余的。

(5-13)式也可以根据偶然误差的特性来证明。根据(5-1)式和(5-10)式可写出

$$\Delta_1 = X - l_1 \qquad v_1 = x - l_1$$
$$\Delta_2 = X - l_2 \qquad v_2 = x - l_2$$
$$\vdots \qquad \vdots$$
$$\Delta_n = X - l_n \qquad v_n = x - l_n$$

上列左、右两式分别相减,得到

$$\left.\begin{array}{l}\Delta_1 = v_1 + (X-x)\\ \Delta_2 = v_2 + (X-x)\\ \vdots\\ \Delta_n = v_n + (X-x)\end{array}\right\} \tag{5-14}$$

上列各式取其总和,并顾及$[v]=0$,得到

$$[\Delta] = nX - nx$$
$$X - x = \frac{[\Delta]}{n} \tag{5-15}$$

为了求得$[\Delta\Delta]$与$[vv]$的关系,将(5-14)式等号两端平方,取其总和,并顾及$[v]=0$,即可得到

$$[\Delta\Delta] = [vv] + n(X-x)^2 \tag{5-16}$$

式中,$(X-x)^2 = \frac{[\Delta]^2}{n^2} = \frac{\Delta_1^2 + \Delta_2^2 + \cdots + \Delta_n^2}{n^2} + \frac{2(\Delta_1\Delta_2 + \Delta_1\Delta_3 + \cdots + \Delta_{n-1}\Delta_n)}{n^2}$,其中右端第二项中$\Delta_i\Delta_j(j\neq i)$为两个偶然误差的乘积,仍具有偶然误差的特性,根据其第4特性:

$$\lim_{n\to\infty}\frac{\Delta_1\Delta_2 + \Delta_1\Delta_3 + \cdots + \Delta_{n-1}\Delta_n}{n} = 0$$

当n为有限数值时,上式的值为一微小量,再除以n后更可以忽略不计,因此

$$(X-x)^2 = \frac{[\Delta\Delta]}{n^2} \tag{5-17}$$

将上式代入(5-16)式,得到

$$[\Delta\Delta] = [vv] + \frac{[\Delta\Delta]}{n}$$

或

$$\frac{[\Delta\Delta]}{n} = \frac{[vv]}{n-1} \tag{5-18}$$

由此证明(5-13)式的成立。(5-13)式为对于某一量进行多次观测而评定观测值精度的实用公式。对于算术平均值x,其中误差m_x可用下式计算:

$$m_x = \frac{m}{\sqrt{n}} = \pm\sqrt{\frac{[vv]}{n(n-1)}} \tag{5-19}$$

(5-19)式为等精度观测算术平均值的中误差的计算公式。(5-19)式将在下节[例5-5]中进行证明。

[例5-2] 对于某一水平角,在相同观测条件下用J6光学经纬仪进行6次观测,求其算术平均值x、观测值的中误差m以及算术平均值中误差m_x。

解 计算在表5-3中进行。

在计算算术平均值时,由于各个观测值相互比较接近,因此,令各观测值共同部分为 l_0,差异部分为 Δl_i,即

$$l_i = l_0 + \Delta l_i \quad (i = 1, 2, \cdots, n) \tag{5-20}$$

则算术平均值的实用计算公式为

$$x = l_0 + \frac{[\Delta l]}{n} \tag{5-21}$$

表 5-3 按观测值的改正值计算中误差

序号	观测值 l_i	Δl_i	改正值 v_i	v_i^2	计算 x、m 及 m_x
1	78°26′42″	42″	−7″	49	
2	78°26′36″	36″	−1″	1	$x = l_0 + \frac{[\Delta l]}{n} = 78°26′35″$
3	78°26′24″	24″	+11″	121	$[vv] = 300$,$n = 6$
4	78°26′45″	45″	−10″	100	$m = \pm\sqrt{\frac{[vv]}{n-1}} = \pm 7″.8$
5	78°26′30″	30″	+5″	25	
6	78°26′33″	33″	+2″	4	$m_x = \frac{m}{\sqrt{n}} = \pm 3″.2$
Σ	$l_0 = 78°26′00″$	210″	0″	300	

5.4 误差传播定律及其应用

前面已经探讨了衡量一组等精度观测值的精度指标,并指出在测量工作中通常以中误差作为衡量精度的指标。但在实际工作中,某些未知量不可能或不便于直接进行观测,而需要由另一些直接观测量根据一定的函数关系计算出来。例如,欲测量不在同一水平面上两点间的水平距离 D,可以用光电测距仪测量斜距 D',并用经纬仪测量竖直角 α,以函数关系 $D = D'\cos\alpha$ 来推算。显然,在此情况下,函数值 D 的中误差与观测值 D' 及 α 的中误差之间必定有一定关系。阐述这种函数关系的定律,称为误差传播定律。

下面推导一般函数关系的误差传播定律。

设有一般函数

$$z = F(x_1, x_2, \cdots, x_n) \tag{5-22}$$

式中,$x_1, x_2, \cdots, x_n$ 为可直接观测的相互独立的未知量;z 为不便于直接观测的未知量。

设 $x_i (i = 1, 2, \cdots, n)$ 的独立观测值为 l_i,其相应的真误差为 Δx_i。由于 Δx_i 的存在,使函数 z 亦产生相应的真误差 Δz。将(5-22)式取全微分,得

$$dz = \frac{\partial F}{\partial x_1} \cdot dx_1 + \frac{\partial F}{\partial x_2} \cdot dx_2 + \cdots + \frac{\partial F}{\partial x_n} \cdot dx_n$$

因误差 Δx_i 及 Δz 都很小,故在上式中,可近似用 Δx_i 及 Δz 代替 dx_i 及 dz,于是有

$$\Delta z = \frac{\partial F}{\partial x_1} \cdot \Delta x_1 + \frac{\partial F}{\partial x_2} \cdot \Delta x_2 + \cdots + \frac{\partial F}{\partial x_n} \cdot \Delta x_n \tag{5-23}$$

式中,$\frac{\partial F}{\partial x_i}$ 为函数 F 对各个变量的偏导数。将 $x_i = l_i$ 代入各偏导数中,即为确定的常数,设

$$\left(\frac{\partial F}{\partial x_i}\right)_{x_i = l_i} = f_i$$

则(5-23)式可写成
$$\Delta z = f_1 \cdot \Delta x_1 + f_2 \cdot \Delta x_2 + \cdots + f_n \cdot \Delta x_n \tag{5-24}$$

为了求得函数和观测值之间的中误差关系式,设想对各 x_i 进行了 k 次观测,则可写出 k 个类似于(5-24)式的关系式:

$$\Delta z^{(1)} = f_1 \cdot \Delta x_1^{(1)} + f_2 \cdot \Delta x_2^{(1)} + \cdots + f_n \cdot \Delta x_n^{(1)}$$
$$\Delta z^{(2)} = f_1 \cdot \Delta x_1^{(2)} + f_2 \cdot \Delta x_2^{(2)} + \cdots + f_n \cdot \Delta x_n^{(2)}$$
$$\vdots$$
$$\Delta z^{(k)} = f_1 \cdot \Delta x_1^{(k)} + f_2 \cdot \Delta x_2^{(k)} + \cdots + f_n \cdot \Delta x_n^{(k)}$$

将以上各式等号两边平方,再相加,得

$$[\Delta z^2] = f_1^2 \cdot [\Delta x_1^2] + f_2^2 \cdot [\Delta x_2^2] + \cdots + f_n^2 \cdot [\Delta x_n^2] + \sum_{\substack{i,j=1 \\ (i \neq j)}}^{n} f_i f_j [\Delta x_i \Delta x_j]$$

上式两端各除以 k,得到

$$\frac{[\Delta z^2]}{k} = f_1^2 \cdot \frac{[\Delta x_1^2]}{k} + f_2^2 \cdot \frac{[\Delta x_2^2]}{k} + \cdots + f_n^2 \cdot \frac{[\Delta x_n^2]}{k} + \sum_{\substack{i,j=1 \\ (i \neq j)}}^{n} f_i f_j \frac{[\Delta x_i \Delta x_j]}{k} \tag{5-25}$$

设对各 x_i 的观测值 l_i 为彼此独立的观测,则 $\Delta x_i \Delta x_j$(当 $i \neq j$ 时)亦为偶然误差。根据偶然误差的第四个特性可知,(5-25)式的末项当 $k \to \infty$ 时趋近于零,即

$$\lim_{k \to \infty} \frac{[\Delta x_i \Delta y_j]}{k} = 0$$

故(5-25)式可写为

$$\lim_{k \to \infty} \frac{[\Delta z^2]}{k} = \lim_{k \to \infty} \left(f_1^2 \cdot \frac{[\Delta x_1^2]}{k} + f_2^2 \cdot \frac{[\Delta x_2^2]}{k} + \cdots + f_n^2 \cdot \frac{[\Delta x_n^2]}{k} \right)$$

根据中误差的定义,上式可写成

$$\sigma_z^2 = f_1^2 \cdot \sigma_1^2 + f_2^2 \cdot \sigma_2^2 + \cdots + f_n^2 \cdot \sigma_n^2$$

当 k 为有限值时,可写为

$$m_z^2 = f_1^2 \cdot m_1^2 + f_2^2 \cdot m_2^2 + \cdots + f_n^2 \cdot m_n^2 \tag{5-26}$$

$$m_z = \pm \sqrt{\left(\frac{\partial F}{\partial x_1}\right)^2 \cdot m_1^2 + \left(\frac{\partial F}{\partial x_2}\right)^2 \cdot m_2^2 + \cdots + \left(\frac{\partial F}{\partial x_n}\right)^2 \cdot m_n^2} \tag{5-27}$$

(5-27)式即为计算函数中误差的一般形式。应用(5-27)式时,必须注意:各观测值必须是相互独立的变量。

[例 5-3] 在 1:500 地形图上,量得某线段的平距为 $d_{AB} = 51.2 \text{ mm} \pm 0.2 \text{ mm}$,求 AB 的实地平距 D_{AB} 及其中误差 m_D。

解 函数关系为 $D_{AB} = 500 \times d_{AB} = 25\,600 \text{ mm}$

$$f_1 = \frac{\partial D}{\partial d} = 500, m_d = \pm 0.2 \text{ mm},\text{代入误差传播公式(5-27)中,得}$$

$$m_D^2 = 500^2 \times m_d^2 = 10\,000$$
$$m_D = \pm 100 \text{ mm}$$

最后得 $D_{AB} = 25.6 \text{ m} \pm 0.1 \text{ m}$

[例 5-4] 水准测量测站高差计算公式:$h = a - b$。已知后视读数误差为 $m_a = \pm 1 \text{ mm}$,前视读数误差为 $m_b = \pm 1 \text{ mm}$,计算每测站高差的中误差 m_h。

解 函数关系式 $h = a - b$

$$f_1 = \frac{\partial h}{\partial a} = 1, \quad f_2 = \frac{\partial h}{\partial b} = -1 \text{。应用误差传播公式}(5-27),\text{有}$$

$$m_h^2 = 1^2 m_a^2 + (-1)^2 m_b^2 = 2$$

最后得

$$m_h = \pm 1.41 \text{ mm}$$

[例 5-5] 对某段距离测量了 n 次,观测值为 $l_1, l_2, \cdots, l_n$,所有观测值为相互独立的等精度观测值,观测值中误差为 m,试求其算术平均值 x 的中误差 m_x。

解 函数关系式为

$$x = \frac{[l]}{n} = \frac{1}{n} \cdot l_1 + \frac{1}{n} \cdot l_2 + \cdots + \frac{1}{n} \cdot l_n$$

上式取全微分

$$\mathrm{d}x = \frac{1}{n} \cdot \mathrm{d}l_1 + \frac{1}{n} \cdot \mathrm{d}l_2 + \cdots + \frac{1}{n} \cdot \mathrm{d}l_n$$

根据误差传播公式(5-27),有

$$m_x^2 = \frac{1}{n^2} \cdot m^2 + \frac{1}{n^2} \cdot m^2 + \cdots + \frac{1}{n^2} \cdot m^2$$

最后得

$$m_x = \frac{m}{\sqrt{n}} \tag{5-28}$$

上式即为(5-19)式。n 次等精度直接观测值的算术平均值的中误差为观测值中误差的 $1/\sqrt{n}$,因此,增加观测次数可以提高算术平均值的精度。

[例 5-6] 光电测距三角高程公式为 $h = D\tan\alpha + i - v$。已知:$D = 192.263$ m $\pm$ 0.006 m,$\alpha = 8°9'16'' \pm 6''$,$i = 1.515$ m ± 0.002 m,$v = 1.627$ m ± 0.002 m,求高差 h 值及其中误差 m_h。

解 高差函数式 $h = D\tan\alpha + i - v = 27.437$ m

上式全微分,有

$$\mathrm{d}h = \tan\alpha \cdot \mathrm{d}D + (D\sec^2\alpha)\frac{\mathrm{d}\alpha''}{\rho''} + \mathrm{d}i - \mathrm{d}v$$

所以,$f_1 = \tan\alpha = 0.1433$,$f_2 = (D\sec^2\alpha)/\rho'' = 0.9513$,$f_3 = +1$,$f_4 = -1$。应用误差传播公式(5-27),有

$$m_h^2 = f_1^2 m_D^2 + f_2^2 m_\alpha^2 + f_3^2 m_i^2 + f_4^2 m_v^2 = 41.3182$$

故

$$m_h = \pm 6.5 \text{ mm} \approx \pm 7 \text{ mm}$$

最后结果写为

$$h = 27.437 \text{ m} \pm 0.007 \text{ m}$$

5.5 权的概念

在对某一未知量进行不等精度观测时,各观测值的中误差各不相同,即观测值具有不同程度的可靠性。在求未知量最可靠值时,就不能像等精度观测那样简单地取算术平均值。因为较可靠的观测值,应对最后结果产生较大的影响。

各不等精度观测值的不同的可靠程度,可用一个数值来表示,称为各观测值的权,用 P 表示。"权"是权衡轻重的意思,观测值的精度较高,其可靠性也较强,则权也较大。例如,设对某一未知量进行了两组不等精度观测,每组内各观测值是等精度的。设第一组观测了四次,其观测值为 l_1、l_2、l_3、l_4;第二组观测了两次,观测值为 l_1'、l_2'。这些观测值的可靠程度都相同,则每组分别取算术平均值作为最后观测值,即

$$x_1 = \frac{l_1 + l_2 + l_3 + l_4}{4}; \quad x_2 = \frac{l_1' + l_2'}{2}$$

两组观测值合并,相当于等精度观测了 6 次,故两组观测值的最后结果应为

$$x = \frac{l_1 + l_2 + l_3 + l_4 + l_1' + l_2'}{6}$$

但对 x_1、x_2 来说,彼此是不等精度观测,如果用 x_1、x_2 来计算 x,则上式计算实际值是

$$x = \frac{4x_1 + 2x_2}{4 + 2}$$

从不等精度的观点来看,测量值 x_1 是四次观测值的平均值,x_2 是两次观测值的平均值,x_1 和 x_2 的可靠性是不一样的,故可取 4 和 2 为其相应的权,以表示 x_1、x_2 可靠程度的差别。若取 2 和 1 为其相应的权,x 的计算结果相同。由于上式分子、分母各乘同一常数,最后结果不变,因此,权是对各观测结果的可靠程度给予数值表示,只具有相对意义,并不反映中误差绝对值的大小。

5.5.1 权与中误差的关系

一定的中误差,对应着一个确定的误差分布,即对应着一定的观测条件。观测结果的中误差愈小,其结果愈可靠,权就愈大。因此,可以根据中误差来定义观测结果的权。设不等精度观测值的中误差分别为 $m_1, m_2, \cdots, m_n$,则相应权可以用下面的式子来定义:

$$\left.\begin{aligned} p_1 &= \mu^2/m_1^2 \\ p_2 &= \mu^2/m_2^2 \\ &\vdots \\ p_n &= \mu^2/m_n^2 \end{aligned}\right\} \tag{5-29}$$

式中,μ 为任意常数。

根据前面所举的例子,l_1、l_2、l_3、l_4 和 l_1'、l_2' 是等精度观测列,设其观测值的中误差皆为 m,则第一组算术平均值 x_1 的中误差 m_1,可以根据误差传播定律,按(5-28)式求得。

$$m_1^2 = \frac{m^2}{4}$$

同理,设第二组算术平均值 x_2 的中误差为 m_2,则有

$$m_2^2 = \frac{m^2}{2}$$

根据权的定义,将 m_1 和 m_2 分别代入(5-29)式中,得

x_1: $\quad p_1 = \mu^2/m_1^2 = 4\mu^2/m^2$

x_2: $\quad p_2 = \mu^2/m_2^2 = 2\mu^2/m^2$

式中,μ 为任意常数。设 $\mu^2 = m^2$,则 x_1、x_2 的权分别为

$$p_1 = 4 \qquad p_2 = 2$$

若设 $\mu^2 = \dfrac{m^2}{2}$，则 x_1、x_2 的权分别为

$$p_1 = 2 \qquad p_2 = 1$$

因此，任意选择 μ 值，可以使权变为便于计算的数值。

[例 5-7] 设对某一未知量进行了 n 次等精度观测，求算术平均值的权。

解 设一测回角度观测值的中误差为 m，由(5-28)式，算术平均值的中误差 $m_x = \dfrac{m}{\sqrt{n}}$。由权的定义并设 $\mu = m$，则

一测回观测值的权为 $\quad p = \mu^2/m^2 = 1$

算术平均值的权为 $\quad p = \mu^2/m_x^2 = n$

由上例可知，取一测回角度观测值之权为 1，则 n 个测回观测值的算术平均值的权为 n。故角度观测的权与其测回数成正比。在不等精度观测中引入"权"的概念，可以建立各观测值之间的精度比值，以便更合理地处理观测数据。例如，设一测回观测值的中误差为 m，其权为 p_0，并设 $\mu^2 = m^2$，则

$$p_0 = \frac{\mu^2}{m^2} = 1$$

等于 1 的权称为单位权，而权等于 1 的中误差称为单位权中误差，一般用 μ 表示。对于中误差为 m_i 的观测值（或观测值的函数），其相应的权为 p_i，即

$$p_i = \frac{\mu^2}{m_i^2}$$

则相应的中误差的另一表达式可写为

$$m_i = \pm \mu \sqrt{\frac{1}{p_i}} \tag{5-30}$$

5.5.2 加权算术平均值及其中误差

设对同一未知量进行了 n 次不等精度观测，观测值为 $l_1, l_2, \cdots, l_n$，其相应的权为 $p_1, p_2, \cdots, p_n$，则加权算术平均值 x 为不等精度观测值的最可靠值，其计算公式为

$$x = \frac{p_1 l_1 + p_2 l_2 + \cdots + p_n l_n}{p_1 + p_2 + \cdots + p_n}$$

可写为

$$x = \frac{[pl]}{[p]} \tag{5-31}$$

下面计算加权算术平均值的中误差 m_x。(5-31)式可写为

$$x = \frac{[pl]}{[p]} = \frac{p_1}{[p]} \cdot l_1 + \frac{p_2}{[p]} \cdot l_2 + \cdots + \frac{p_n}{[p]} \cdot l_n$$

根据误差传播定律，可得 x 的中误差 m_x 为

$$m_x^2 = \frac{1}{[p]^2}(p_1^2 m_1^2 + p_2^2 m_2^2 + \cdots + p_n^2 m_n^2)$$

式中，$m_1, m_2, \cdots, m_n$ 相应为 $l_1, l_2, \cdots, l_n$ 的中误差。由于 $p_1 m_1^2 = p_2 m_2^2 = \cdots = p_n m_n^2 = \mu^2$（$\mu$ 为单位权中误差），故有

$$m_x^2 = \frac{p_1\mu^2 + p_2\mu^2 + \cdots + p_n\mu^2}{[p]^2} = \frac{\mu^2}{[p]}$$

$$m_x = \pm\mu\sqrt{\frac{1}{[p]}} \tag{5-32}$$

下面推导 μ 的计算公式。由 $n\mu^2 = p_1m_1^2 + p_2m_2^2 + \cdots + p_nm_n^2$ 可知,当 n 足够大时,m_i 可用相应观测值 l_i 的真误差 Δ_i 来代替,故

$$n\mu^2 = [pm^2] = [p\Delta\Delta]$$

由上式即可得单位权中误差 μ 的计算公式

$$\mu = \pm\sqrt{\frac{[p\Delta\Delta]}{n}} \tag{5-33}$$

代入(5-32)式中,可得

$$m_x = \pm\mu\sqrt{\frac{1}{[p]}} = \pm\sqrt{\frac{[p\Delta\Delta]}{n[p]}} \tag{5-34}$$

(5-34)式即为用真误差计算加权算术平均值的中误差的表达式。

实用中常用观测值的改正数 $v_i = x - l_i$ 来计算中误差 m_x,与(5-13)式类似,有

$$\mu = \pm\sqrt{\frac{[pvv]}{n-1}} \tag{5-35}$$

$$m_x = \pm\mu\sqrt{\frac{1}{[p]}} = \pm\sqrt{\frac{[pvv]}{(n-1)[p]}} \tag{5-36}$$

不等精度观测值的改正数 v_i,同样符合最小二乘原则。其数学表达式为

$$[pvv]_{\min} = p_1(x-l_1)^2 + p_2(x-l_2)^2 + \cdots + p_n(x-l_n)^2 \tag{5-37}$$

以 x 为自变量,对上式求一阶导数,并令其等于 0,即

$$\frac{\mathrm{d}[pvv]}{\mathrm{d}x} = 2[p(x-l)] = 0$$

上式整理可得到 $\quad x = \dfrac{[pl]}{[p]}$

此式即(5-31)式。

另外,不等精度观测值的改正值还满足下列条件:

$$[pv] = [p(x-l)] = [p]x - [pl] = 0 \tag{5-38}$$

(5-38)式可作计算校核用。

[例 5-8] 某水平角用 J_2 经纬仪分别进行了三组观测,每组观测的测回数不同(见表 5-4),试计算该水平角的加权平均值 x 及其中误差 m_x。

表 5-4 加权平均值及其中误差的计算

序号	测回数	观测值 l_i	权 p_i	v_i	p_iv_i	$p_iv_i^2$
1	3	35°32′29″.5	3	+5.0	+15.0	75.0
2	5	35°32′34″.3	5	+0.2	+1.0	0.2
3	8	35°32′36″.5	8	-2.0	-16.0	32.0
Σ			16		0	107.2

解 $x = \dfrac{[pl]}{[p]} = 35°32'34''.5$

$[pvv] = 107.2, n = 3$

$\mu = \pm\sqrt{\dfrac{[pvv]}{n-1}} = \pm 7''.4$

$m_x = \pm\mu\sqrt{\dfrac{1}{[p]}} = \pm 1''.8$

习题与研讨题 5

5-1 偶然误差和系统误差有什么不同?偶然误差有哪些特性?

5-2 用中误差作为衡量精度的标准,有什么优点?

5-3 某直线段丈量了四次,其结果为 124.387 m,124.375 m,124.391 m,124.385 m。计算其算术平均值、观测值中误差、算术平均值中误差和相对误差。

5-4 用 J6 级光学经纬仪对某水平角进行了五个测回观测,其角度为 132°18′12″,132°18′09″,132°18′18″,132°18′15″,132°18′06″。计算其算术平均值、观测值的中误差和算术平均值的中误差。

5-5 在一个三角形中,观测了两个内角 α 和 β,其中误差为 $m_\alpha = \pm 6''$,$m_\beta = \pm 8''$,求第三个角度 γ 的中误差 m_γ。

5-6 设在图上量得某一圆半径 R = 156.5 mm±0.5 mm,求圆周长及其中误差和圆面积及其中误差。

5-7 有一长方形,测得其边长为 25.000 m±0.005 m 和 20.000 m±0.004 m。求该长方形的面积及其中误差。

5-8 如图 5-3,从已知水准点 1、2、3 出发,分别沿三条路线测量结点 A 的高程。求 H_A 的最或然值及其中误差。(注:水准测量定权公式 $p_i = \dfrac{c}{L_i}$,其中 c 为任意正常数,L_i 为水准路线长度)

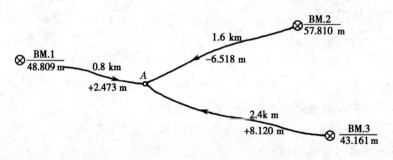

图 5-3　水准测量路线图

5-9 (研讨题)怎样区分测量工作中的误差和错误?其理论依据是什么?

5-10 (研讨题)为什么说观测值的算术平均值是最可靠值?尝试利用最小二乘法证明之。

5-11 (研讨题)在什么情况下采用中误差衡量测量的精度?在什么情况下则用相对误差?请说明理由。

5-12 (研讨题)测量误差是不可避免的,为什么?

5-13 (研讨题)简述最小二乘法的发展简史,并说明其科学作用和意义。

6 小地区控制测量

6.1 控制测量概述

在第 1 章中已经指出,测量工作必须遵循"从整体到局部,先控制后碎部"的原则,先建立控制网,然后根据控制网进行碎部测量或测设。控制网分为平面控制网和高程控制网,测定控

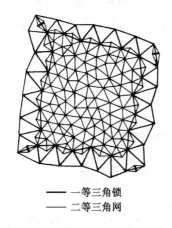
—— 一等三角锁
—— 二等三角网

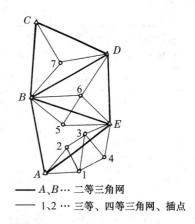
—— A、B… 二等三角网
—— 1、2 … 三等、四等三角网、插点

图 6-1 国家三角网

制点平面位置 (x,y) 的工作,称为平面控制测量,测定控制点高程(H) 的工作,称为高程控制测量。国家控制网是在全国范围内建立的控制网,它是全国各种比例尺测图的基本控制,并为确定地球的形状和大小提供研究资料。国家控制网是用精密测量仪器和方法依照施测精度按一、二、三、四等四个等级逐级控制建立的。

如图 6-1 所示,一等三角锁是国家平面控制网的骨干。二等三角网布设于一等三角锁环内,是国家平面控制网的全面基础。三、四等三角网为二等三角网的进一步加密。建立国家平面控制网,主要采用三角测量的方法。

图 6-2 是国家水准网布设示意图,一等水准网是国家高程控制网的骨干。二等水准网布设于一等水准网环内,是国家高程控制网的全面基础。三、四等水准网为国家高程控制网的进一步加密。建立国家高程控制网,采用精密水准测量的方法。

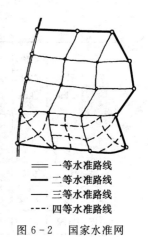
—— 一等水准路线
—— 二等水准路线
—— 三等水准路线
---- 四等水准路线

图 6-2 国家水准网

在城市或厂矿地区,一般应在上述国家控制点的基础上,根据测区的大小、城市规划和施

工测量的要求,布设不同等级的城市平面控制网,以供地形测图和施工放样使用。

依照《工程测量规范》(GB 50026—2007),平面控制网的主要技术要求如表6-1、表6-2、表6-3和表6-4所示。

表6-1 三角形网测量的主要技术要求

等级	平均边长/km	测角中误差/″	测边相对中误差	最弱边边长相对中误差	测回数 1″级仪器	测回数 2″级仪器	测回数 6″级仪器	三角形最大闭合差/″
二等	9	±1	≤1/250 000	≤1/120 000	12	—	—	±3.5
三等	4.5	±1.8	≤1/150 000	≤1/70 000	6	9	—	±7
四等	2	±2.5	≤1/100 000	≤1/40 000	4	6	—	±9
一级	1	±5	≤1/40 000	≤1/20 000	—	2	4	±15
二级	0.5	±10	≤1/20 000	≤1/10 000	—	1	2	±30

注:当测区测图的最大比例尺为1:1000时,一、二级网的平均边长可适当放长,但不应大于表中规定长度的2倍。

表6-2 卫星定位测量控制网的主要技术要求

等级	平均边长/km	固定误差 A /mm	比例误差系数 B /(mm/km)	约束点间的边长相对中误差	约束平差后最弱边相对中误差
二等	9	≤10	≤2	≤1/250 000	≤1/120 000
三等	4.5	≤10	≤5	≤1/150 000	≤1/70 000
四等	2	≤10	≤10	≤1/100 000	≤1/40 000
一级	1	≤10	≤20	≤1/40 000	≤1/20 000
二级	0.5	≤10	≤40	≤1/20 000	≤1/10 000

表6-3 导线测量的主要技术要求

等级	导线长度/km	平均边长/km	测角中误差/″	测距中误差/mm	测距相对中误差	测回数 DJ1	测回数 DJ2	测回数 DJ6	方位角闭合差/″	相对闭合差
三等	14	3	±1.8	±20	≤1/150 000	6	10	—	±3.6$\sqrt{n}$	≤1/55 000
四等	9	1.5	±2.5	±18	≤1/80 000	4	6	—	±5$\sqrt{n}$	≤1/35 000
一级	4	0.5	±5	±15	≤1/30 000	—	2	4	±10$\sqrt{n}$	≤1/15 000
二级	2.4	0.25	±8	±15	≤1/14 000	—	1	3	±16$\sqrt{n}$	≤1/10 000
三级	1.2	0.1	±12	±15	≤1/7 000	—	1	2	±24$\sqrt{n}$	≤1/5 000

注:1. 表中 n 为测站数。
2. 当测区测图的最大比例尺为1:1000时,一、二、三级导线的平均边长及总长可适当放长,但最大长度不应大于表中规定的2倍。

表 6-4　图根导线测量的主要技术要求

导线长度 /m	相对闭合差	测角中误差 /″		方位角闭合差 /″	
		一般	首级控制	一般	首级控制
$\leqslant \alpha \times M$	$\leqslant 1/(2\,000 \times \alpha)$	±30	±20	$±60\sqrt{n}$	$±40\sqrt{n}$

注：1. α 为比例系数，取值宜为 1；当采用 1∶500、1∶1 000 比例尺测图时，其值可在 1～2 之间选用。
　　2. M 为测图比例尺的分母；但对于工矿区现状图测量，不论测图比例尺大小，M 均应取值为 500。
　　3. 隐蔽或施测困难地区导线相对闭合差可放宽，但不应大于 $1/(1\,000 \times \alpha)$。

直接供地形测图使用的控制点，称为图根控制点，简称图根点，测定图根点位置的工作，称为图根控制测量。图根点的密度（包括高级点），取决于测图比例尺和地物、地貌的复杂程度，对于平坦开阔地区、困难地区或山区，其图根点的密度要求可参考国家有关规范。

一个城市或厂矿拟布设哪一级控制作为首级控制，主要应根据该城市或厂矿的规模大小来确定。中小城市一般以四等网作为首级控制网；面积在 15 km^2 以下的小城镇，则可用一级导线网作为首级控制；面积在 0.5 km^2 以下的测区，图根控制网可作为首级控制；厂区可布设建筑方格网。

城市或厂矿地区的高程控制分为二、三、四、五等水准测量和图根水准测量等几个等级，它是城市大比例尺测图及工程测量的高程控制，其主要技术要求如表 6-5 和表 6-6 所示。同样，应根据城市或厂矿的规模确定城市首级水准网的等级，然后再根据等级水准点测定图根点的高程。

表 6-5　水准测量的主要技术要求

等级	每千米高差全中误差 /mm	路线长度 /km	水准仪型号	水准尺	观测次数		往返较差、附合或环线闭合差	
					与已知点联测	附合或环线	平地 /mm	山地 /mm
二等	±2	—	DS1	铟瓦	往返各一次	往返各一次	$±4\sqrt{L}$	—
三等	±6	≤50	DS1	铟瓦	往返各一次	往一次	$±12\sqrt{L}$	$±4\sqrt{n}$
			DS3	双面		往返各一次		
四等	±10	≤16	DS3	双面	往返各一次	往一次	$±20\sqrt{L}$	$±6\sqrt{n}$
五等	±15	—	DS3	单面	往返各一次	往一次	$±30\sqrt{L}$	

注：1. 结点之间或结点与高级点之间，其路线的长度，不应大于表中规定的 0.7 倍。
　　2. L 为往返测段、附合或环线的水准路线长度（km）；n 为测站数。
　　3. 数字水准仪测量的技术要求和同等级的光学水准仪相同。

表 6-6　图根水准测量的主要技术要求

每千米高差全中误差 /mm	附合路线长度 /km	水准仪型号	视线长度 /m	观测次数		往返较差、附合或环线闭合差 /mm	
				附合或闭合路线	支水准路线	平地	山地
±20	≤5	DS3	≤100	往一次	往返各一次	$±40\sqrt{L}$	$±12\sqrt{n}$

注：1. L 为往返测段、附合或环线的水准路线的长度（km）；n 为测站数。
　　2. 当水准路线布设成支线时，其路线长度不应大于 2.5 km。

水准点间的距离，一般地区为 2～3 km，城市建筑区为 1～2 km，工业区小于 1 km。一个测区至少设立三个水准点。

本章主要讨论小地区(10 km² 以下)控制网建立的有关问题。下面将分别介绍用导线测量建立小地区平面控制网的方法和用三、四等水准测量及光电测距三角高程测量建立小地区高程控制网的方法。

6.2 直线定向

确定地面上两点之间的相对位置,仅知道两点之间的水平距离是不够的,还必须确定此直线与标准方向之间的关系。确定直线与标准方向之间的关系称为直线定向。

6.2.1 标准方向的种类

1) 真子午线

通过地球表面某点的真子午面的切线方向,称为该点真子午线方向。真子午线方向是用天文测量方法或用陀螺经纬仪测定的。

2) 磁子午线

磁子午线方向是在地球磁场的作用下,磁针自由静止时其轴线所指的方向。磁子午线方向可用罗盘仪测定。

3) 坐标纵轴(X 轴)

第1章已述及,我国采用高斯平面直角坐标系,每一 6°带或 3°带内都以该带的中央子午线的投影作为坐标纵轴。因此,在该带内直线定向,就用该带的坐标纵轴方向作为标准方向。如采用假定坐标系,则用假定的坐标纵轴(X 轴)作为标准方向。

6.2.2 表示直线方向的方法

测量工作中,常采用方位角来表示直线的方向。由标准方向的北端起,顺时针方向量到某直线的水平角度,称为该直线的方位角。角值为 0°~360°。

1) 真方位角 A

如图 6-3,若标准方向 PN 为真子午线方向,并用 A 表示真方位角,则 A_1、A_2 分别为直线 $P1$、$P2$ 的真方位角。

2) 磁方位角 A_m

若 PN 为磁子午线方向,则各角分别为相应直线的磁方位角,磁方位角用 A_m 表示。

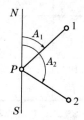

图 6-3 直线定向的方法

3) 坐标方位角 α

若 PN 为坐标纵轴方向,则各角分别为相应直线的坐标方位角,用 α 表示。

6.2.3 几种方位角之间的关系

1) 真方位角与磁方位角之间的关系

由于地磁南北极 $N'S'$ 与地球的南北极 NS 并不重合,因此,过地面上某点的真子午线方向与磁子午线方向常不重合,两者之间的夹角称为磁偏角,如图 6-4 中的 δ。磁针北端偏于真子午线以东称东偏,δ 为正,偏于真子午线以西称西偏,δ 为负。直线的真方位角与磁方位角之间可用下式进行换算:

$$A = A_m + \delta \tag{6-1}$$

式中的 δ 值,东偏取正值,西偏取负值。我国磁偏角的变化大约在 $-10°$ 到 $+6°$ 之间。

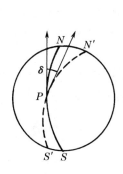
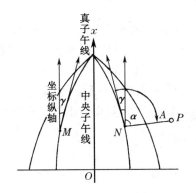

图 6-4　磁偏角 δ　　　　　图 6-5　子午线收敛角 γ

2) 真方位角与坐标方位角之间的关系

第 1 章中述及,中央子午线在高斯投影平面上是一条直线,作为该带的坐标纵轴,而其他子午线投影后为收敛于两极的曲线,如图 6-5 所示。图中地面点 M、N 等点的真子午线方向与中央子午线之间的角度,称为子午线收敛角,用 γ 表示。

对于某点的子午线收敛角 γ,可用下式计算:

$$\gamma = (L - L_0)\sin B \tag{6-2}$$

式中,L_0 为中央子午线的经度;L、B 为计算点的大地经度、纬度。
真方位角 A 与坐标方位角 α 之间的关系如图 6-5 所示,可用下式进行换算:

$$A = \alpha + \gamma \tag{6-3}$$

从图 6-5 和公式(6-2)中均可看出,子午线收敛角 γ 有正有负。在中央子午线以东地区,各点的坐标纵轴偏在真子午线的东边,γ 为正值;在中央子午线以西地区,γ 为负值。

3) 坐标方位角与磁方位角之间的关系

若已知某点的磁偏角 δ 与子午线收敛角 γ,则坐标方位角 α 与磁方位角 A_m 之间的换算可按下式进行:

$$\alpha = A_m + \delta - \gamma \tag{6-4}$$

6.2.4　正、反坐标方位角

测量工作中的直线都是具有一定方向的。如图 6-6,直线 AB 的点 A 是起点,点 B 是终点,直线 AB 的坐标方位角 α_{AB},称为直线 AB 的正坐标方位角,直线 BA 的坐标方位角 α_{BA},称为直线 AB 的反坐标方位角(是直线 BA 的正坐标方位角)。正、反坐标方位角相差 180°,即

$$\alpha_{AB} = \alpha_{BA} \pm 180°$$

由于地面各点的真(或磁)子午线收敛于两极,并不互相平行,致使直线的正、反真(或磁)方位角相差不等于180°,给测量计算带来不便。所以,测量工作中均采用坐标方位角进行直线定向。

6.2.5 坐标方位角的推算

为了整个测区坐标系统的统一,测量工作中并不直接测定每条边的坐标方位角,而是通过与已知点(其坐标及方位角为已知)的连测以及测量水平角,以推算出各边的坐标方位角。如图 6-7,B、A 为已知点,A-B 边的坐标方位角 α_{AB} 为已知,通过连测求得 A-B 边与 A-1 边的连接角为 β',测出了各点的右(或左)角 β_A、β_1、β_2 和 β_3,现在要推算 A-1、1-2、2-3 和 3-A 边的坐标方位角。所谓右(或左)角是指位于以编号顺序为前进方向的右(或左)侧边的角度。

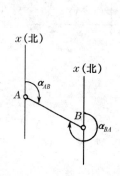
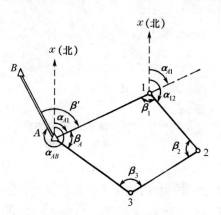

图 6-6　正、反坐标方位角　　　　图 6-7　坐标方位角的推算

由图 6-7 可以看出:
$$\alpha_{A1} = \alpha_{AB} + \beta'$$
$$\alpha_{12} = \alpha_{A1} + 180° - \beta_1^{右}$$
$$\alpha_{23} = \alpha_{12} + 180° - \beta_2^{右}$$
$$\alpha_{3A} = \alpha_{23} + 180° - \beta_3^{右}$$
$$\alpha_{A1} = \alpha_{3A} + 180° - \beta_A^{右}$$

将算得 α_{A1} 与原已知值进行比较,以检核计算中有无错误。推算过程中,如果 α 的推算值大于 360°,则应减去 360°;如果 α 的推算值小于 0°,则应加上 360°。

如果用左角推算坐标方位角,由图 6-7 可以看出:
$$\alpha_{12} = \alpha_{A1} + 180° + \beta_1^{左}$$
计算中如果 α 值大于 360°,应减去 360°。同理可得
$$\alpha_{23} = \alpha_{12} + 180° + \beta_2^{左}$$
从而可以写出推算坐标方位角的一般公式(前视边与后视边的方位角关系)为
$$\alpha_{前} = \alpha_{后} + 180° \pm \beta_{右}^{左} \tag{6-5}$$

(6-5)式中,β 为左角时取正号,β 为右角时取负号。

6.2.6 象限角

X 和 Y 坐标轴方向把一个圆周分成 Ⅰ、Ⅱ、Ⅲ、Ⅳ 四个象限,测量中规定,象限按顺时针编号(数学中的象限是按逆时针编号的)。某直线与 X 轴北南方向所夹的锐角(从 0°至 90°),再冠以象限符号称为该直线的象限角 R,如图 6-8 所示。根据象限角和坐标方位角的定义,可得到象限角和坐标方位角的关系,见表 6-7。

例如:某直线 AB 的坐标方位角 $\alpha_{AB} = 126°22'$,其象限角为南偏东 $(180° - 126°22') = 53°38'$,记为 $R_{AB} = SE53°38'$。

又如:某直线 CD 的象限角 $R_{CD} = NW33°48'$,则其坐标方位角应为:$\alpha_{CD} = 360° - 33°48' = 326°12'$。

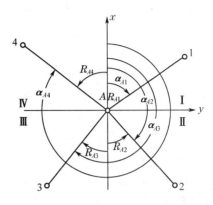

图 6-8 象限角与坐标方位角的关系

表 6-7 象限角与坐标方位角的关系

象　　限	象限角与坐标方位角的关系
Ⅰ	$\alpha = R$
Ⅱ	$\alpha = 180° - R$
Ⅲ	$\alpha = 180° + R$
Ⅳ	$\alpha = 360° - R$

6.2.7 用罗盘仪测定磁方位角

1) 罗盘仪的构造

罗盘仪的种类很多,其构造大同小异,主要部件有磁针、刻度盘和瞄准设备等,如图 6-9 所示。

2) 用罗盘仪测定直线的磁方位角

观测时,先将罗盘仪安置在直线的起点,对中,整平(罗盘盒内一般均设有水准器,指示仪器是否水平),旋松顶针螺旋,放下磁针,然后转动仪器,通过瞄准设备去瞄准直线另一端的标杆。待磁针静止后,读出磁针北端所指的读数,即为该直线的磁方位角。

目前,有些经纬仪配有罗针,用来测定磁方位角。罗针的构造与罗盘仪相似。观测时,先安置经纬仪于直线起点上,然后将罗针安置在经纬仪支架上。先利用罗针找到磁北方向,并拨动水平度盘位置变换轮,使经纬仪的水平度盘读数为零,然后瞄准直线另一端的标杆,此时,经纬仪的水平度盘读数,即为该直线的磁方位角。

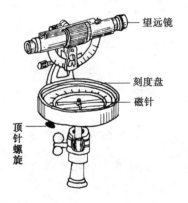

图 6-9 罗盘仪

罗盘仪在使用时,不要使铁质物体接近罗盘,以免影响磁针位置的正确性。在铁路附近及高压线铁塔下观测时,磁针读数会受很大影响,应该注意避免。测量结束后,必须旋紧顶针螺旋,将磁针升起,避免顶针磨损,以保护磁针的灵敏性。

6.3 坐标正算与坐标反算

平面控制网中,任意两点在平面直角坐标系中的相互位置关系有两种表示方法。

(1)直角坐标表示法——用两点间的坐标增量 Δx、Δy 来表示。

(2)极坐标表示法——用两点间连线的坐标方位角 α 和水平距离 D 来表示。

图 6-10 所示为两点间直角坐标和极坐标的关系。在平面控制网的内业计算中,常用到它们之间的换算。

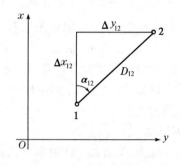

图 6-10 直角坐标与极坐标的关系

6.3.1 坐标正算(极坐标化为直角坐标)

将极坐标化为直角坐标又称坐标正算,即已知两点间的水平距离 D 和坐标方位角 α,计算两点间的坐标增量 Δx、Δy,其计算式为

$$\left.\begin{array}{l}\Delta x_{12} = x_2 - x_1 = D_{12} \cdot \cos\alpha_{12} \\ \Delta y_{12} = y_2 - y_1 = D_{12} \cdot \sin\alpha_{12}\end{array}\right\} \quad (6-6)$$

上式计算时,sin 和 cos 函数值有正、有负,因此算得的坐标增量同样有正、有负。坐标增量正、负号的规律见表 6-8。

表 6-8 坐标增量正、负号的规律

象　　限	方位角 α	Δx	Δy
Ⅰ	0°～90°	+	+
Ⅱ	90°～180°	−	+
Ⅲ	180°～270°	−	−
Ⅳ	270°～360°	+	−

6.3.2 坐标反算(直角坐标化为极坐标)

将直角坐标化为极坐标又称坐标反算,即已知两点的直角坐标(或坐标增量 Δx、Δy),计算两点间的水平距离 D 和坐标方位角 α。根据(6-6)式,得到

$$D_{12} = \sqrt{\Delta x_{12}^2 + \Delta y_{12}^2} \quad (6-7)$$

$$\alpha_{12} = \arctan\frac{\Delta y_{12}}{\Delta x_{12}} \quad (6-8)$$

需要特别说明的是,(6-8)式等式左边的坐标方位角,其值域为 0°至 360°,而等式右边的 arctan 函数,其值域为 −90°至 90°,两者是不一致的。故当按(6-8)式的反正切函数计算坐标方位角时,计算器上得到的是象限角值,因此,应根据坐标增量 Δx、Δy 的正、负号,按表 6-8 决定其所在象限,再按表 6-7 把象限角换算成相应的坐标方位角。

严格地说，(6-8)式应该写为

$$R_{12} = \left| \arctan \frac{y_2 - y_1}{x_2 - x_2} \right|$$

式中，R_{12} 表示该边的象限角值。实际应用时，应根据表 6-7 和表 6-8 将 R_{12} 换算为坐标方位角 α_{12}。

6.3.3 综合应用举例

如图 6-11 所示，A、B 为已知点，坐标值为 $x_A = 6\,048.26$ m，$y_A = 3\,231.51$ m；$x_B = 5\,802.63$ m，$y_B = 3\,420.77$ m。利用全站仪实地观测了水平角 $\beta = 98°25'36''$，水平距离 $D_{BC} = 51.28$ m，试计算 C 点的坐标值。

(1) 利用坐标反算，计算 α_{BA}

先计算坐标差 $\Delta x_{BA} = 245.63$ m，$\Delta y_{BA} = -189.26$ m，根据表 6-8 可知，α_{BA} 位于第 Ⅳ 象限，再按照 (6-8) 式和表 6-7 计算 α_{BA}，得

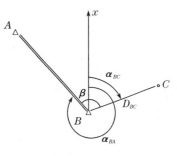

图 6-11　坐标计算

$$\alpha_{BA} = \arctan \frac{\Delta y_{BA}}{\Delta x_{BA}} = -37°36'52'' + 360° = 322°23'08''$$

(2) 计算 α_{BC}

从图 6-11 中，可以看出

$$\alpha_{BC} = \alpha_{BA} + \beta - 360° = 60°48'44''$$

(3) 利用坐标正算，计算 Δx_{BC} 和 Δy_{BC}

$$\Delta x_{BC} = D_{BC} \cdot \cos\alpha_{BC} = 25.01 \text{ m}$$

$$\Delta y_{BC} = D_{BC} \cdot \sin\alpha_{BC} = 44.77 \text{ m}$$

因此，$X_C = X_B + \Delta x_{BC} = 5\,827.64$ m；$Y_C = Y_B + \Delta y_{BC} = 3\,465.54$ m。

6.4　导线测量

6.4.1　导线布设形式

将测区内相邻控制点连成直线而构成的折线图形称为导线。构成导线的控制点称为导线点。导线测量就是依次测定各导线边的长度和各转折角值；再根据起算数据，推算各边的坐标方位角，从而求出各导线点的坐标。

导线测量是建立小地区平面控制网常用的一种方法。根据测区的具体情况，单一导线的布设有下列三种基本形式（见图 6-12）：

1) 闭合导线

以高级控制点 C、D 中的 C 点为起始点，并以 C-D 边的坐标方位角 α_{CD} 为起始坐标方位角，经过 4、5、6、7 点仍回到起始点 C 形成一个闭合多边形的导线称为闭合导线。

2) 附合导线

以高级控制点 A、B 中的 B 点为起始点，以 A-B 边的坐标方位角 α_{AB} 为起始坐标方位角，经

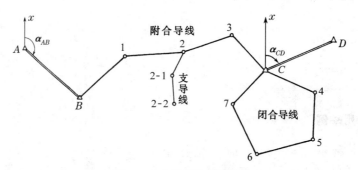

图 6-12 导线布设形式

过 1、2、3 点,附合到另外两个高级控制点 C、D 中的 C 点,并以 C-D 边的坐标方位角 α_{CD} 为终边坐标方位角,这样的导线称为附合导线。

3) 支导线

由已知点 2 出发延伸出去(如 2-1、2-2 两点)的导线称为支导线。由于支导线缺少对观测数据的检核,故其边数及总长都有限制。

用经纬仪测量转折角,用钢尺测定边长的导线,称为经纬仪导线;若用光电测距仪测定导线边长,则称为光电测距导线;以上两种方法,我们统称为测角量距导线。此外,还有无定向导线、实测坐标导线和 GPS RTK 导线等。下面详细介绍测角量距导线,而对其他导线仅作简单的介绍。

6.4.2 测角量距导线

1) 导线测量的外业工作

导线测量的外业工作包括踏勘选点及建立标志、量边、测角和连测,现分述如下:

(1) 踏勘选点及建立标志

在踏勘选点前,应调查收集测区已有地形图和高一级控制点的成果资料,把控制点展绘在地形图上,然后在地形图上拟定导线的布设方案,最后到野外去踏勘,实地核对、修改、落实点位。如果测区没有地形图资料,则需详细踏勘现场,根据已知控制点的分布、测区地形条件及测图和施工需要等具体情况,合理地选定导线点的位置。

实地选点时,应注意下列几点:

① 相邻点间通视良好,地势较平坦,便于测角和量距;

② 点位应选在土质坚实处,便于保存标志和安置仪器;

③ 视野开阔,便于施测碎部;

④ 导线各边的长度应大致相等,除特别情形外,对于二、三级导线,其边长应不大于 350 m,也不宜小于 50 m,平均边长参见表 6-3 和表 6-4;

⑤ 导线点应有足够的密度,且分布均匀,便于控制整个测区。

导线点选定后,要在每个点位上打一大木桩(图 6-13),桩顶钉一小钉,作为临时性标志;若导线点需要保存的时间较长,就要埋设混凝土桩(图 6-14),桩顶刻"十"字,作为永久性标志。导线点应统一编号。为了便于寻找,应量出导线点与附近固定而明显的地物点的距离,绘一草图,注明尺寸,称为"点之记",如图 6-15。

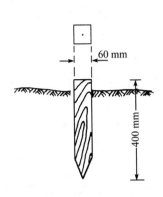
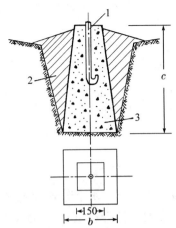

图 6-13 （临时）导线点的埋设

图 6-14 （永久）导线点的埋设
1—粗钢筋；2—回填土；3—混凝土；
b、c—视埋设深度而定

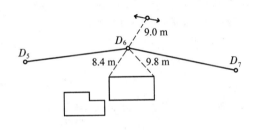

图 6-15 "点之记"

（2）量边

导线边长可用光电测距仪测定,测量时要同时观测竖直角,供倾斜改正之用。若用钢尺丈量,钢尺必须经过检定。对于一、二、三级导线,应按钢尺量距的精密方法（见4.1节）进行丈量。对于图根导线,用一般方法往返丈量,取其平均值,并要求其相对误差不大于1/3 000[注:《工程测量规范》(GB 50026—2007)5.2.7规定,首级控制测量取1/4 000,图根控制测量取1/3 000]。钢尺量距结束后,应进行尺长改正、温度改正和倾斜改正,三项改正后的结果作为最终成果。

（3）测角

用测回法施测导线左角（位于导线前进方向左侧的角）或右角（位于导线前进方向右侧的角）,一般在附合导线或支导线中,是测量导线的左角,在闭合导线中均测内角。若闭合导线按顺时针方向编号,则其右角就是内角。

不同等级的导线的测角主要技术要求已列入表6-3及表6-4。对于图根导线,一般用DJ6级光学经纬仪观测一个测回。若盘左、盘右测得角值的较差不超过40″[参看《工程测量规范》(GB 50026—2007)5.2.7],则取其平均值作为一测回成果。

测角时,为了便于瞄准,可用测钎、觇牌作为照准标志,也可在标志点上用仪器的脚架吊一垂球线作为照准标志。

（4）连测

如图6-16,导线与高级控制点连接,必须观测连接角β_B、β_1、连接边D_{B1},作为传递坐标方位角和传递坐标之用。如果附近无高级控制点,则应用罗盘仪施测导线起始边的磁方位角,并假定起始点的坐标作为起算数据。

参照第 3、4 章角度和距离测量的记录格式,做好导线测量的外业记录,并要妥善保存。

2) 导线内业计算准备工作

导线测量内业计算的目的就是求得各导线点的坐标。

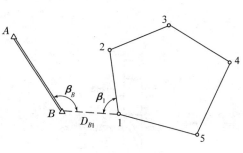

图 6-16 导线连测

计算之前,应注意以下几点:

(1) 应全面检查导线测量外业记录、数据是否齐全,有无记错、算错,成果是否符合精度要求,起算数据是否准确。

(2) 绘制导线略图,把各项数据标注于图上相应位置,如图 6-17 所示。

(3) 确定内业计算中数字取位的要求。内业计算中数字的取位,对于四等以下各级导线,角值取至秒,边长及坐标取至毫米(mm)。对于图根导线,角值取至秒,边长和坐标取至厘米(cm)。

3) 闭合导线坐标计算

现以图 6-17 中的实测数据为例,说明闭合导线坐标计算的步骤:

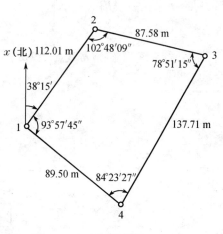

图 6-17 闭合导线实测数据

(1) 准备工作

将校核过的外业观测数据及起算数据填入"闭合导线坐标计算表"(表 6-9)中,起算数据用双线标明。

(2) 角度闭合差的计算与调整

n 边形闭合导线内角和的理论值为

$$\Sigma \beta_{\text{理}} = (n-2) \times 180° \tag{6-9}$$

由于观测角度不可避免地含有误差,致使实测的内角之和 $\Sigma\beta_{\text{测}}$ 不等于理论值 $\Sigma\beta_{\text{理}}$,而产生角度闭合差 f_β,其计算式为

$$f_\beta = \Sigma\beta_{\text{测}} - \Sigma\beta_{\text{理}} \tag{6-10}$$

各级导线角度闭合差的容许值 $f_{\beta\text{容}}$,见表 6-3 及表 6-4,f_β 超过 $f_{\beta\text{容}}$,则说明所测角度不符合要求,应重新检测角度。若 f_β 不超过 $f_{\beta\text{容}}$,可将角度闭合差反符号平均分配到各观测角度中。改正后之内角和应为 $(n-2) \times 180°$,本例应为 360°,以作计算校核。

(3) 推算各边的坐标方位角

根据起始边的已知坐标方位角及改正后的水平角,按下列公式推算其他各前视导线边的坐标方位角:

$$\alpha_{\text{前}} = \alpha_{\text{后}} + 180° + \beta_{\text{左}} \tag{6-11}$$

或

$$\alpha_{\text{前}} = \alpha_{\text{后}} + 180° - \beta_{\text{右}} \tag{6-12}$$

本例观测右角,按(6-12)式推算出导线各边的坐标方位角,列入表6-9的第(4)栏。在推算过程中必须注意:

① 如果推算出的 $\alpha_{前} > 360°$,则应减去 $360°$;
② 如果推算出的 $\alpha_{前} < 0°$,则应加上 $360°$;
③ 闭合导线各边坐标方位角的推算,直至最后推算出的起始边坐标方位角,它应与原有的起始边已知坐标方位角值相等,否则应重新检查计算。

(4) 坐标增量的计算及其闭合差的调整

① 坐标增量的计算

如图 6-18,设点 1 的坐标 (x_1, y_1) 和 1-2 边的坐标方位角 α_{12} 均为已知,水平距离 D_{12} 也已测得,则点 2 的坐标为

$$x_2 = x_1 + \Delta x_{12}$$
$$y_2 = y_1 + \Delta y_{12}$$

式中,Δx_{12}、Δy_{12} 称为坐标增量,也就是直线两端点的坐标值之差。

上式说明,欲求待定点的坐标,必须先求出坐标增量。根据图 6-18 中的几何关系,可写出坐标增量的计算公式(即坐标正算公式):

$$\left. \begin{array}{l} \Delta x_{12} = D_{12} \cdot \cos\alpha_{12} \\ \Delta y_{12} = D_{12} \cdot \sin\alpha_{12} \end{array} \right\} \quad (6-13)$$

式中,Δx 及 Δy 的正负号由 $\cos\alpha$ 及 $\sin\alpha$ 的正负号决定。

本例按(6-13)式所算得的坐标增量,填入表 6-9 中的第(6)、(7)两栏中。

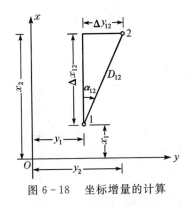

图 6-18 坐标增量的计算

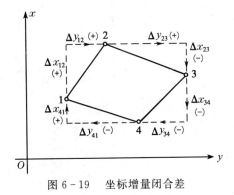

图 6-19 坐标增量闭合差

② 坐标增量闭合差的计算与调整

从图 6-19 中可以看出,闭合导线纵、横坐标增量代数和的理论值应为零,即

$$\left. \begin{array}{l} \Sigma\Delta x_{理} = 0 \\ \Sigma\Delta y_{理} = 0 \end{array} \right\} \quad (6-14)$$

实际上由于量边的误差,往往使 $\Sigma\Delta x_{测}$、$\Sigma\Delta y_{测}$ 不等于零,而产生纵坐标增量闭合差 f_x 与横坐标增量闭合差 f_y,即

$$\left. \begin{array}{l} f_x = \Sigma\Delta x_{测} - \Sigma\Delta x_{理} \\ f_y = \Sigma\Delta y_{测} - \Sigma\Delta y_{理} \end{array} \right\} \quad (6-15)$$

从图 6-20 明显看出,由于 f_x、f_y 的存在,使导线不能闭合,1-1' 之长度 f_D 称为导线全长闭合差,并用下式计算:

表 6-9 闭合导线坐标计算表

点号	角度观测值 ° ′ ″	改正后角度 ° ′ ″	方位角 ° ′ ″	水平距离 m	坐标增量 Δx/m	坐标增量 Δy/m	改正后坐标增量 Δx/m	改正后坐标增量 Δy/m	坐标 x/m	坐标 y/m
(1)	(2)	(3)	(4)	(5)	(6)	(7)	(8)	(9)	(10)	(11)
1			38°15′00″	112.01	+3 87.96	−1 69.34	87.99	69.33	200.00	500.00
2	102°48′09″ −9″	102°48′00″	115°27′00″	87.58	+2 −37.64	0 79.08	−37.62	79.08	287.99	569.33
3	78°51′15″ −9″	78°51′06″	216°35′54″	137.71	+4 −110.56	−1 −82.10	−110.52	−82.11	250.37	648.41
4	84°23′27″ −9″	84°23′18″	312°12′36″	89.50	+2 60.13	−1 −66.29	60.15	−66.30	139.85	566.30
1	93°57′45″ −9″	93°57′36″	38°15′00″						200.00	500.00
2										
∑	360°00′36″	360°00′00″		426.80	−0.11	+0.03	0.00	0.00		

$\sum D = 426.80 \text{ m}$

$f_\beta = \sum \beta - (n-2)180° = +36″$

$f_{\beta 容} = \pm 40″\sqrt{n} = \pm 80″$

$f_\beta \leqslant f_{\beta 容}$ （合格）

$f_x = \sum \Delta x = -0.11 \text{ m}$ $f_y = \sum \Delta y = +0.03 \text{ m}$

$f = \sqrt{f_x^2 + f_y^2} = 0.114 \text{ m}$

$K = \dfrac{f}{\sum D} = \dfrac{1}{3\,700} < \dfrac{1}{2\,000}$ （符合精度要求）

$$f_D = \sqrt{f_x^2 + f_y^2} \qquad (6-16)$$

仅从 f_D 值的大小还不能说明导线测量的精度是否满足要求,故应当将 f_D 与导线全长 ΣD 相比,以分子为 1 的分数来表示导线全长相对闭合差,即

$$K = \frac{f_D}{\Sigma D} = \frac{1}{\Sigma D/f_D} \qquad (6-17)$$

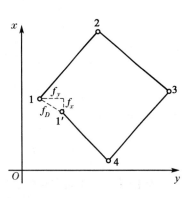

图 6-20　导线全长闭合差

即以导线全长相对闭合差 K 来衡量导线测量的精度较为合理,K 的分母值越大,精度越高。不同等级的导线全长相对闭合差的容许值 $K_{容}$ 见表 6-3 和表 6-4。若 K 超过 $K_{容}$,则说明成果不合格,此时应首先检查内业计算有无错误,必要时重测导线边长。若 K 不超过 $K_{容}$,则说明成果符合精度要求,可以进行调整,将 f_x、f_y 反其符号按边长成正比分配到各边的纵、横坐标增量中去。以 v_{xi}、v_{yi} 分别表示第 i 边的纵、横坐标增量改正数,即

$$\left. \begin{array}{l} v_{xi} = -\dfrac{f_x}{\Sigma D} \cdot D_i \\ v_{yi} = -\dfrac{f_y}{\Sigma D} \cdot D_i \end{array} \right\} \qquad (6-18)$$

纵、横坐标增量改正数之和应满足下式:

$$\left. \begin{array}{l} \Sigma v_x = -f_x \\ \Sigma v_y = -f_y \end{array} \right\} \qquad (6-19)$$

计算出的各边坐标增量改正数(取位到 cm)填入表 6-9 中的第(6)、(7)两栏坐标增量计算值的右上方(如 +3,-1 等)。

各边坐标增量值加改正数,即得各边改正后坐标增量,填入表 6-9 中的第(8)、(9)两栏。改正后纵、横坐标增量的代数和应分别为零,以作计算校核。

(5) 计算各导线点的坐标

根据起点 1 的已知坐标(本例为假定值:$x_1 = 200.00$ m,$y_1 = 500.00$ m) 及改正后各边坐标增量,用下式依次推算 2、3、4 各点的坐标:

$$\left. \begin{array}{l} x_{前} = x_{后} + \Delta x_{改正} \\ y_{前} = y_{后} + \Delta y_{改正} \end{array} \right\} \qquad (6-20)$$

算得的坐标值填入表 6-9 中的第(10)、(11)两栏。最后还应推算起点 1 的坐标,其值应与原有的已知数值相等,以作校核。

4) 附合导线坐标计算

附合导线的坐标计算步骤与闭合导线相同,角度闭合差与坐标增量闭合差的计算公式和调整原则也与闭合导线相同,即(6-10) 式和(6-15) 式:

$$f_\beta = \Sigma \beta_{测} - \Sigma \beta_{理}$$
$$f_x = \Sigma \Delta x_{测} - \Sigma \Delta x_{理}$$
$$f_y = \Sigma \Delta y_{测} - \Sigma \Delta y_{理}$$

但对于附合导线,闭合差计算公式中的 $\Sigma \beta_{理}$、$\Sigma \Delta x_{理}$、$\Sigma \Delta y_{理}$ 与闭合导线不同。下面着重介绍其不同点。

(1) 角度闭合差中$\Sigma\beta_{理}$的计算

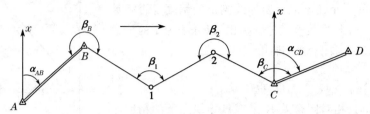

图 6-21 附合导线图

设有附合导线如图 6-21 所示,已知起始边 A-B 的坐标方位角α_{AB}和终边 C-D 的坐标方位角α_{CD}。观测所有左角(包括连接角β_B和β_C),由(6-11)式有

$$\alpha_{B1} = \alpha_{AB} - 180° + \beta_B$$
$$\alpha_{12} = \alpha_{B1} - 180° + \beta_1$$
$$\alpha_{2C} = \alpha_{12} - 180° + \beta_2$$
$$\alpha_{CD} = \alpha_{2C} - 180° + \beta_C$$

将以上各式左、右分别相加,得

$$\alpha_{CD} = \alpha_{AB} - 4 \times 180° + \Sigma\beta_{左}$$

写成一般公式为

$$\alpha_{终} = \alpha_{始} - n \times 180° + \Sigma\beta_{左} \tag{6-21}$$

式中,n 为水平角观测个数。满足上式的$\Sigma\beta_{左}$即为其理论值。将上式整理可得

$$\Sigma\beta_{左理} = \alpha_{终} - \alpha_{始} + n \times 180° \tag{6-22}$$

若观测右角,同样可得(请读者自行推导)

$$\Sigma\beta_{右理} = \alpha_{始} - \alpha_{终} + n \times 180° \tag{6-23}$$

(2) 坐标增量闭合差中$\Sigma\Delta x_{理}$、$\Sigma\Delta y_{理}$的计算

对图 6-21 的附合导线,有

$$\Delta x_{B1} = x_1 - x_B$$
$$\Delta x_{12} = x_2 - x_1$$
$$\Delta x_{2C} = x_C - x_2$$

将以上各式左、右分别相加,得 $\Sigma\Delta x = x_C - x_B$

写成一般公式为

$$\Sigma\Delta x_{理} = x_{终} - x_{始} \tag{6-24}$$

同样可得

$$\Sigma\Delta y_{理} = y_{终} - y_{始} \tag{6-25}$$

即附合导线的坐标增量代数和的理论值应等于终、始两点的已知坐标值之差。

附合导线的导线全长闭合差、全长相对闭合差和容许相对闭合差的计算,以及增量闭合差的调整等,均与闭合导线相同。

附合导线坐标计算的全过程见表 6-10 的算例。

5) 支导线的坐标计算

支导线中没有多余观测值,因此也没有闭合差产生,导线转折角和计算的坐标增量均不需要进行改正。

表 6-10 附合导线坐标计算表

点号	角度观测值(左角) ° ′ ″	改正后角度 ° ′ ″	方位角 (4) ° ′ ″	水平距离 m (5)	坐标增量 Δx/m (6)	坐标增量 Δy/m (7)	改正后坐标增量 Δx/m (8)	改正后坐标增量 Δy/m (9)	坐标 x/m (10)	坐标 y/m (11)
(1)	(2)	(3)								
A			45°00′12″							
B	239°29′15″ −6	239°29′09″	104°29′21″	187.62	+3 −46.94	−3 181.65	−46.91	181.62	921.32	102.75
1	157°44′39″ −6	157°44′33″	82°13′54″	158.79	+3 21.46	−2 157.33	21.49	157.31	874.41	284.37
2	204°49′51″ −6	204°49′45″	107°03′39″	129.33	+2 −37.94	−2 123.64	−37.92	123.62	895.90	441.68
C	149°41′15″ −6	149°41′09″	76°44′48″						857.98	565.30
D										
Σ	751°45′00″	751°44′36″		475.74	−63.42	462.62	−63.34	462.55		

$f_{f容} = \pm 40''\sqrt{n} = \pm 80''$

$\Sigma\beta_{理} = \alpha_{终} - \alpha_{始} + n \times 180° = 715°44′36''$

$f_\beta = \Sigma\beta - \Sigma\beta_{理} = +24''$

$f_\beta \leq f_{f容}$ （合格）

$\Sigma D = 475.74$ m

$\Sigma\Delta x_{理} = -63.34$ m $\Sigma\Delta y_{理} = 462.55$ m

$f_x = \Sigma\Delta x - (x_{终} - x_{始}) = -0.08$ m $f_y = \Sigma\Delta y - (y_{终} - y_{始}) = +0.07$ m

$f = \sqrt{f_x^2 + f_y^2} = 0.107$ m

$K = \dfrac{f}{\Sigma D} = \dfrac{1}{4400} < \dfrac{1}{2000}$ （符合精度要求）

支导线的计算步骤如下：
(1) 根据观测的转折角推算各边坐标方位角；
(2) 根据各边坐标方位角和边长计算坐标增量；
(3) 根据各边的坐标增量推算各点的坐标。

以上各计算步骤的计算方法同闭合导线。

6.4.3 无定向导线

1) 无定向导线布设

单一导线可布设为闭合导线、附合导线和支导线等形式。在首级控制网许可的条件下，尽可能布设单一的附合导线或闭合导线，如果上一级控制点被破坏，难以满足要求，且很难找出两个互为通视的控制点时，可考虑布设无定向导线，如图6-22所示，A、B为已知控制点（互不通视），坐标为X_A、Y_A；X_B、Y_B。无定向导线的外业实施过程与测角量距导线相同，如图6-22，用全站仪施测图示转折角β_1，β_2，…，边长D_1，D_2，…。

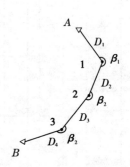

图 6-22 无定向导线

2) 无定向导线坐标计算

假设图6-22中D_1导线边的坐标方位角$\alpha_{A1} = 90°$（也可按实际情况选取），根据支导线计算坐标方法，可逐一求取各导线点（包括已知点B）的一套假设坐标为x_1'、y_1'；x_2'、y_2'；…；x_i'、y_i'及x_B'、y_B'，并可算得

$$\left. \begin{array}{l} \alpha_{AB} = \arctan \dfrac{y_B - y_A}{x_B - x_A}, \quad D_{AB} = \sqrt{(x_B - x_A)^2 + (y_B - y_A)^2} \\ \alpha_{AB}' = \arctan \dfrac{y_B' - y_A}{x_B' - x_A}, \quad D_{AB}' = \sqrt{(x_B' - x_A)^2 + (y_B' - y_A)^2} \end{array} \right\} \quad (6-26)$$

由此可计算两个已知控制点A、B在真坐标系中的坐标方位角α_{AB}和闭合边D_{AB}相对于假设坐标系中假设坐标方位角α_{AB}'和闭合边D_{AB}'的旋转角α及长度比M分别为

$$\left. \begin{array}{l} \alpha = \alpha_{AB} - \alpha_{AB}' \\ M = \dfrac{D_{AB}}{D_{AB}'} \end{array} \right\} \quad (6-27)$$

经推导与整理，可直接计算各导线点在真坐标系中的坐标值为

$$\left. \begin{array}{l} x_i = x_A + M \cdot \cos\alpha (x_i' - x_A) - M \cdot \sin\alpha (y_i' - y_A) \\ y_i = y_A + M \cdot \cos\alpha (y_i' - y_A) - M \cdot \sin\alpha (x_i' - x_A) \end{array} \right\} \quad (6-28)$$

6.4.4 实测坐标导线

测角量距导线测量的一般过程为先测角、量距，然后平差计算，从而计算出各导线点坐标。由于全站仪具有直接测定坐标的功能，故导线测量可直接采用全站仪实测坐标导线。

1) 外业实施过程

如图6-23所示的全站仪单一导线，A、B、C为已知控制点，其坐标为x_A、y_A；x_B、y_B；x_C、

y_C。1、2 为待测导线点,现使用全站仪先后安置在 B、1、2 等测站上,按全站仪坐标测量功能程序操作,分别实测出 1、2 及 C 点的坐标观测值为 x_1'、y_1';x_2'、y_2';x_C'、y_C'。

图 6-23 全站仪单一图根导线

2) 外业施测成果检验

由于存在测量误差,当从已知控制点 B 连续测量至已知控制点 C 时,实测的 C 点坐标 x_C'、y_C' 与已知 x_C、y_C 不相同,故产生坐标闭合差为

$$\left.\begin{array}{l}\delta x_C = x_C' - x_C \\ \delta y_C = y_C' - y_C\end{array}\right\} \tag{6-29}$$

同时,也导致已知控制点 B 与 C 连线闭合边 $B\text{-}C$ 方向的旋转,产生旋转角为

$$\alpha = \alpha_{BC} - \alpha_{BC}' = \arctan\frac{y_C - y_B}{x_C - x_B} - \arctan\frac{y_C' - y_B}{x_C' - x_B} \tag{6-30}$$

参照"测角量距导线测量"外业观测成果检验的思路,可以认为两已知控制点闭合边 $B\text{-}C$ 旋转角 α 类似于导线方位角闭合差 f_β,坐标闭合差 δ_x、δ_y 类似于导线坐标增量闭合差 f_x、f_y,故对它们的检验如下:

$$\left.\begin{array}{l}\alpha \leqslant f_{\beta\text{容}} \\ k = \dfrac{f}{\sum\limits_1^n D_i'} \leqslant k_\text{容}\end{array}\right\} \tag{6-31}$$

式中,$f = \sqrt{\delta x_C^2 + \delta y_C^2}$;$\sum\limits_1^n D_i'$ 为导线各边长 D_i' 总和,D_i' 可由导线点实测坐标反算。

当满足 α、k 要求后,认为外业施测成果合格,可以进行内业平差计算。

3) 内业数据处理与坐标计算

先按下式计算闭合边 BC 的长度比 M:

$$M = \frac{D_{BC}}{D_{BC}'} = \frac{\sqrt{(x_C - x_B)^2 + (y_C - y_B)^2}}{\sqrt{(x_C' - x_B)^2 + (y_C' - y_B)^2}} \tag{6-32}$$

参照无定向导线坐标计算的原理,对照图 6-23,可直接得出由导线各点坐标观测值 x_i'、y_i' 计算导线各点坐标平差值 x_i、y_i 为

$$\left.\begin{array}{l}x_i = x_B + M \cdot \cos\alpha (x_i' - x_B) - M \cdot \sin\alpha (y_i' - y_B) \\ y_i = y_B + M \cdot \cos\alpha (y_i' - y_B) + M \cdot \sin\alpha (x_i' - x_B)\end{array}\right\} \tag{6-33}$$

式中,x_B、y_B 为已知控制点 B 的坐标;x_i'、y_i' 为各导线点实测坐标;M 为长度比;α 为旋转角,由 (6-30) 式求取。

4) 工程实例

如图 6-23 某单一图根导线,用全站仪实测导线点坐标观测值如下:$x_1' = 874.373$ m,$y_1' = 284.401$ m;$x_2' = 895.827$ m,$y_2' = 441.735$ m;$x_C' = 857.872$ m,$y_C' = 565.370$ m。已

知 B、C 点的坐标为 $x_B = 921.320$ m, $y_B = 102.750$ m; $x_C = 857.980$ m, $y_C = 565.300$ m; $\alpha_{AB} = 45°00'12''$

计算过程如下：

按照(6-29)式和(6-30)式计算 δx、δy 和 α：

$$\delta x = -0.108 \text{ m}, \delta y = +0.070 \text{ m}, \alpha = \alpha_{BC} - \alpha_{BC}' = 97°47'51'' - 97°48'34'' = -43''$$

由(6-32)式计算 M：

$$M = \frac{D_{BC}}{D_{BC}'} = \frac{466.867}{466.951} = 0.99982$$

已知：$f_{\beta容} = \pm 40''\sqrt{n} = \pm 40\sqrt{3} = \pm 69''$ (此处 n 为导线边数), $k_{容} = \frac{1}{2000}$，检验如下：

$$\alpha \leqslant f_{\beta容}$$

$$k = \frac{f}{\sum_{1}^{n} D_i'} = \frac{0.129}{D_1' + D_2' + D_3'} = \frac{0.129}{475.74} = \frac{1}{3700} \leqslant K_{容}$$

故外业观测成果合格，可以进行内业平差计算。

由(6-33)式计算导线点坐标平差值为 $x_1 = 874.420$ m, $y_1 = 284.378$ m; $x_2 = 895.903$ m, $y_2 = 441.679$ m。

由于实测导线点坐标可以充分发挥全站仪的功能，布设方便，已知控制点数量可以减少，且平差计算十分简便，因此，应用此方法是十分有效和方便的。

6.4.5 GPS RTK 导线

1) 概述

随着全球定位系统(GPS)技术的快速发展(GPS 测量原理可参看第 12 章第 12.6 节)，RTK(Real Time Kinematic)测量技术也日趋成熟。RTK 测量技术因其精度高、实时性和高效性，在测绘中已得到广泛应用。

RTK 的基本思想是：在基准站上设置一台 GPS 接收机，对所有可见 GPS 卫星进行连续观测，并将其观测数据通过无线电传输设备，实时地发送给用户观测站。用户站上，GPS 接收机在接收 GPS 卫星信号的同时，通过无线电接收设备，接收基准站传输的观测数据，然后根据相对定位原理，实时地解算整周模糊度未知数并计算显示用户站的三维坐标及其精度。

RTK 测量系统一般由以下三部分组成：GPS 接收设备(包括基准站接收机和流动站接收机)、数据链、软件系统。基准站包括 GPS 接收机、GPS 天线、无线电通信发射系统、供 GPS 接收机和无线电台使用的电源及基准站控制器等部分。流动站包括 GPS 接收机、GPS 天线、无线电通信接听系统、供 GPS 接收机和无线电使用的电源及流动站控制器等部分。

各种传统的控制测量大多采用边角网、导线网的方法施测，不仅费工时，要求点间通视，而且精度分布不均匀，在外作业时不了解精度如何。RTK 技术打破了传统布网方案，点与点之间不要求通视；RTK 做控制测量的速度快，并能实时了解定位精度，因而人们除了高精度的控制测量采用 GPS 静态相对定位外，其他控制测量均采用 RTK 形式。根据生产单位的大量实践表明，用 RTK 进行控制测量能够达到厘米级精度，一般都在 $1 \sim 2$ cm 以内，完全可以满足图根控制测量精度要求。

2) RTK 控制测量作业流程

(1) 收集资料

首先收集测区的控制点资料,包括坐标系及控制点是属常规控制网还是 GPS 网;外业踏勘,视其控制点是否适合作为基准点。

根据已知资料,选择基准点应满足下列条件:

① 应有正确的已知坐标。

② 地势较高且交通方便,四周通视条件好,较为开阔,有利于卫星信号的接收和数据链的发射。为了提高 GPS 测量数据的可靠性,选点时,最好选在电磁波干扰比较少的地方,以保证数据传输的可靠性。

③ 周围不产生多路径效应的影响及没有其他干扰源,以防数据链丢失。

(2) 求定测区转换参数

GPS-RTK 测量是在 WGS-84 坐标系中进行的,而各种工程测量和定位是在地方或国家坐标系中进行的,它们之间存在坐标转换问题。GPS 静态测量时,坐标转换是在事后处理时进行的,而 GPS-RTK 是用于实时测量,要求及时给出地方坐标或国家坐标,因此,首先必须求出测区的转换参数。

计算测区的转换参数,需要已知点至少三个以上,且分别有 WGS-84 地心坐标、国家坐标或地方坐标;该点最好选在测区四周及中心,均匀分布,能有效地控制测区。为了检验转换参数的精度和可靠性,最好能选三个以上的点利用最小二乘法求解转换参数。

(3) 基准点的安置和测定

首先将测区坐标系间的转换参数输入到基准站 GPS 接收机实时动态差分的软件系统中;然后将 GPS 接收机安置在基准点上,打开接收机,输入基准点地方坐标(或国家坐标)和天线高,GPS 接收机通过转换参数将基准点的地方坐标(或国家坐标)转换成 WGS-84 坐标;基准站同时连续接收可视卫星信息,并通过数据发射电台将其测站坐标、观测值、卫星跟踪状态及接收机工作状态发送出去。流动站 GPS 接收机在跟踪卫星信号的同时,接收来自基准站的数据,进行处理后获得该点的 WGS-84 坐标;再通过测区转换参数将 WGS-84 坐标转换为地方坐标(或国家坐标),并实时显示。

(4) 流动站观测

GPS-RTK 流动站观测按快速静态测量模式进行,将 GPS 流动站安置在待测点,静止地进行观测。在观测过程中,GPS 流动站在接收卫星信号的同时,通过内置电台接收基准站传输的观测数据,根据相对定位原理,将载波相位观测值实时进行差分处理,得到流动站和基准站的坐标差:Δx、Δy、Δz,坐标差加上基准站坐标,得到流动站的 WGS-84 坐标。通过点校正求得的坐标转换参数实时转换得出流动站的三维坐标及相应精度。当解算载波相位的整周模糊度未知数得到固定解,解算结果的变化趋于稳定,且其精度满足设计要求(平面:±2 cm,高程:±3 cm)时,便将解算结果存入电子手簿,结束该站点的观测。

此过程一般需进行 3～5 min。

3) RTK 的限制

(1) 卫星信号问题

在城市高楼密集区或其他卫星接收不好的地方,有无法初始化的情况,或得不出固定解。

(2) 数据传送问题

在城市地区,由于高楼大厦的阻挡或其他无线电波的干扰,流动站经常接收不到基准站发射的信息,使得 RTK 作业无法进行。

(3) 距离问题

RTK 测量的精度随着基准站与流动站的距离的增长,精度会逐步降低。所以实际作业时,基准站和流动站之间的距离有一定的限制,一般不宜超过 10 km。

上述因素影响了 RTK 在城市测量中应用,在城市遮蔽地方,仍需采用常规测量方法。

6.5 交会测量

6.5.1 角度前方交会法

当导线点的密度不能满足工程施工或大比例尺测图要求,而需加密的点又不多时,可用角度前方交会法加密控制点。

如图 6-24,A、B、C 为三个已知点,P 为待定点,在三个已知点上观测了水平角 α_1、β_1、α_2、β_2。可用三角形 Ⅰ、Ⅱ 分两组解算 P 点的坐标。

下面仅以 Ⅰ 组三角形(图 6-25)为例,介绍 P 点坐标的计算方法。

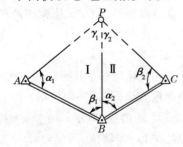

图 6-24 角度前方交会法　　　图 6-25 角度前方交会坐标推算

1) 计算公式

从图 6-25 可见

$$x_P - x_A = D_{AP} \cdot \cos\alpha_{AP} = \frac{D_{AB} \cdot \sin\beta}{\sin(\alpha + \beta)} \cdot \cos(\alpha_{AB} - \alpha)$$

上式整理可得

$$x_P = \frac{x_A \cot\beta + x_B \cot\alpha - y_A + y_B}{\cot\alpha + \cot\beta} \tag{6-34a}$$

同理可得

$$y_P = \frac{y_A \cot\beta + y_B \cot\alpha + x_A - x_B}{\cot\alpha + \cot\beta} \tag{6-34b}$$

2) 计算实例

按(6-34)式计算图 6-24 P 点坐标的实例数据列入表 6-11。

表中系由三角形 Ⅰ、Ⅱ 两组计算 P 点坐标,若其较差符合表 6-12 的规定时,则取两组结果的平均值,作为 P 点的最后坐标。

表 6-11　角度前方交会坐标计算表

野外点位略图 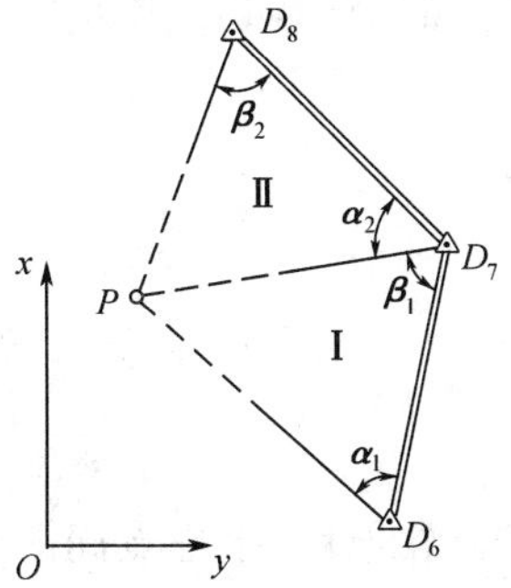	已知数据	点号	x/m	y/m
		D_6	116.942	683.295
		D_7	522.909	794.647
		D_8	781.305	435.018
	观测数据	Ⅰ组	$\alpha_1 = 59°10'42''$	
			$\beta_1 = 56°32'54''$	
		Ⅱ组	$\alpha_2 = 53°48'45''$	
			$\beta_2 = 57°33'33''$	
计算结果	(1) 由Ⅰ组计算得：$x_P' = 398.151$ m，$y_P' = 413.249$ m (2) 由Ⅱ组计算得：$x_P'' = 398.127$ m，$y_P'' = 413.215$ m (3) 两组点位较差：$\Delta_P = \sqrt{\Delta x_P^2 + \Delta y_P^2} = 0.042$ m < 限差 (4) P 点最后坐标为：$x_P = 398.139$ m，$y_P = 413.232$ m			

注：在计算过程中，三角函数值应取七位小数。

表 6-12　加密点两组点位较差限差表

测图比例尺	1∶500	1∶1 000	1∶2 000	1∶5 000
两组点位较差/m	0.1	0.2	0.4	0.8

为了提高交会点的精度，在选定 P 点时，应尽可能使交会角 γ 不大于 150°或不小于 30°，最好接近于 90°。

在应用(6-34)式时，已知点和待求点必须按 A、B、P 逆时针方向编号，在 A 点观测角编号为 α，在 B 点观测角编号为 β。

这里顺便指出，如果不能在一个已知点(例如 A 点)安置仪器(可参看习题 6-14 中的图 6-31)，而在一个已知点 B 及待求点 P 上观测了两个角度 β 和 γ，则同样可以计算 P 点的坐标，这就是角度侧方交会法，此时只要先计算出 A 点的 α 角，即可应用(6-34)式求解 x_P 与 y_P。

6.5.2　全站仪自由设站法

全站仪自由设站法是一种非常方便的补充图根控制点(测站点)的常用方法，其实质是边角后方交会法。作业时，选择通视良好的需要增设图根控制点的地方，安置全站仪，瞄准多个已知控制点(至少 2 个)测边和测角，用边角后方交会法或间接平差原理，解算增设的图根点(测站点)的坐标。此法方便，并且有较高的精度。

如图 6-26 所示，A、B 为两已知控制点，P 为待测图根点(测站)，在 P 点安置全站仪，分别测定平距 D_1、D_2，并测定夹角 γ。全站仪有内置程序，可自动解算出 P 点坐标。

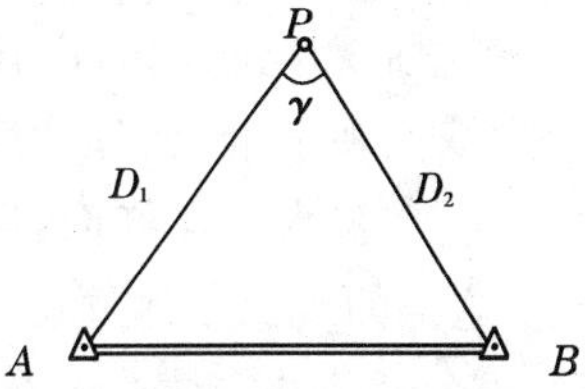

对于全站仪自由设站法，待测点(测站点)坐标的精度，不仅与测距、测角精度有直接关系，而且很大程度上取决于构成的图

图 6-26　全站仪自由设站法

形,图形不同(如 γ 角的变化)将影响测站点的精度,故在实际测量中应注意选择已知控制点。一般情况下,应尽可能使 $\gamma > 40°$。

使用全站仪可以很方便地按自由设站法得到测站点的坐标,其操作步骤读者可参阅仪器说明书的有关内容。

6.6 三、四等水准测量

6.6.1 三、四等水准测量的主要技术要求

三、四等水准路线一般沿道路布设,尽量避开土质松软地段,水准点间的距离一般为 2～4 km,在城市建筑区为 1～2 km。

水准点应选在地基稳固,能长久保存和便于观测的地方。

依照《工程测量规范》(GB 50026—2007),三、四等水准测量的主要技术要求见表 6-5,在观测中,对每一测站的技术要求如表 6-13 所示。

表 6-13 三、四等水准测量测站技术要求

等级	水准仪型号	视线长度 /m	视线高度 /m	前后视距离差 /m	前后视距累积差 /m	红黑面读数差(尺常数误差) /mm	红黑面所测高差之差 /mm
三等	DS3	≤75	≥0.3	≤3	≤6	≤2	≤3
四等	DS3	≤100	≥0.2	≤5	≤10	≤3	≤5

注:1. 三、四等水准采用变动仪器高度观测单面水准尺时,所测两次高差较差,应与黑面、红面所测高差之差的要求相同。
  2. 数字水准仪观测,不受基、辅分划或黑、红面读数较差指标的限制,但测站两次观测的高差较差,应满足表中相应等级基、辅分划或黑、红面所测高差较差的限值。

6.6.2 三、四等水准测量的方法

1) 观测方法

三、四等水准测量的观测应在通视良好、望远镜成像清晰稳定的情况下进行。若用普通 DS3 水准仪观测,则每次读数前都应精平(使符合水准气泡居中);如果使用自动安平水准仪,则无须精平(测量原理详见第 2 章),工作效率可大为提高。以下介绍用双面水准尺法在一个测站的观测程序:

① 后视水准尺黑面,读取上、下视距丝和中丝读数,记入记录表(表 6-14)中(1)、(2)、(3);

② 前视水准尺黑面,读取上、下视距丝和中丝读数,记入记录表中(4)、(5)、(6);

③ 前视水准尺红面,读取中丝读数,记入记录表中(7);

④ 后视水准尺红面,读取中丝读数,记入记录表中(8)。

这样的观测顺序简称为"后-前-前-后",其优点是可以减弱仪器下沉误差的影响。概括起来,每个测站共需读取 8 个读数,并立即进行测站计算与检核,满足三、四等水准测量的有关限差要求后(见表 6-13)方可迁站。

表 6-14 四等水准测量记录

日期： 年 月 日

观测者： 记录者： 校核者：

测站编号	点 号 视距差 $d/\sum d$	后尺	上丝 下丝 视距	前尺	上丝 下丝 视距	方向	中丝读数 黑面	中丝读数 红面	黑+K-红 /mm	平均高差 /m	高 程 /m
		(1)		(4)		后	(3)	(8)	(14)	(18)	
		(2)		(5)		前	(6)	(7)	(13)		
	(11)/(12)	(9)		(10)		后-前	(15)	(16)	(17)		
1	BM.1~TP.1	1 329		1 173		后	1 080	5 767	0	+0.147 5	17.438
		0 831		0 693		前	0 933	5 719	+1		
	+1.8/+1.8	49.8		48.0		后-前	+0.147	+0.048	-1		17.585 5
2	TP.1~TP.2	2 018		2 467		后	1 779	6 567	-1	-0.443 5	
		1 540		1 978		前	2 223	6 910	0		
	-1.1/+0.7	47.8		48.9		后-前	-0.444	-0.343	-1		17.142

注：表中所示的(1)、(2)、…、(18)表示读数、记录和计算的顺序。

2) 测站计算与检核

① 视距计算与检核

根据前、后视的上、下视距丝读数计算前、后视的视距：

后视距离： (9) = 100×{(1)-(2)}

前视距离： (10) = 100×{(4)-(5)}

计算前、后视距离差(11)：(11) = (9)-(10)

计算前、后视距离累积差(12)：(12) = 上站(12)+本站(11)

以上计算得前、后视距，视距差及视距累积差均应满足表 6-13 中的要求。

② 尺常数 K 检核

尺常数为同一水准尺黑面与红面读数差。尺常数误差计算式为

$$(13) = (6) + K_i - (7)$$
$$(14) = (3) + K_i - (8)$$

K_i 为双面水准尺的红面分划与黑面分划的零点差（A 尺：$K_1 = 4\,687$ mm；B 尺：$K_2 = 4\,787$ mm）。对于三等水准测量，尺常数误差不得超过 2 mm；对于四等水准测量，不得超过 3 mm。

③ 高差计算与检核

按前、后视水准尺红、黑面中丝读数分别计算该站高差：

黑面高差： (15) = (3)-(6)

红面高差： (16) = (8)-(7)

红黑面高差之误差： (17) = (14)-(13)

对于三等水准测量，(17)不得超过 3 mm；对于四等水准测量，不得超过 5 mm。

红黑面高差之差在容许范围以内时取其平均值，作为该站的观测高差：

$$(18) = \{(15) + [(16) \pm 100 \text{ mm}]\}/2$$

上式计算时,当(15)＞(16),100 mm 前取正号计算;当(15)＜(16),100 mm 前取负号计算。总之,平均高差(18)应与黑面高差(15)很接近。

④ 每页水准测量记录计算校核

每页水准测量记录应作总的计算校核：

高差校核：$\sum(3) - \sum(6) = \sum(15)$

$\sum(8) - \sum(7) = \sum(16)$

$\sum(15) + \sum(16) = 2\sum(18)$ （偶数站）

或 $\sum(15) + \sum(16) = 2\sum(18) \pm 100$ mm （奇数站）

视距差校核：$\sum(9) - \sum(10) =$ 本页末站(12) - 前页末站(12)

本页总视距：$\sum(9) + \sum(10)$

6.6.3　三、四等水准测量的成果整理

三、四等水准测量的闭合线路或附合线路的成果整理首先应按表 6-5 的规定,检验测段（两水准点之间的线路）往返测高差不符值（往、返测高差之差）及附合线路或闭合线路的高差闭合差。如果在容许范围以内,则测段高差取往、返测的平均值,线路的高差闭合差则反其符号按测段的长度成正比例进行分配（见第 2 章第 2.3.4 节）。

6.7　光电测距三角高程测量

当地形高低起伏较大不便于水准测量时,由于光电测距仪和全站仪的普及,可以用光电测距三角高程测量的方法测定两点间的高差,从而推算各点的高程。

依照《工程测量规范》(GB 50026—2007),光电测距三角高程的主要技术要求见表 6-15。

表 6-15　图根电磁波测距三角高程的主要技术要求

每千米高差全中误差/mm	附合路线长度/km	仪器精度等级	中丝法测回数	指标差较差/″	垂直角较差/″	对向观测高差较差/mm	附合或环形闭合差/mm
±20	≤5	6″级仪器	2	25	25	$\pm 80\sqrt{D}$	$\pm 40\sqrt{\sum D}$

注：D 为电磁波测距边的长度(km)。

6.7.1　三角高程测量的计算公式

如图 6-27 所示,已知 A 点的高程 H_A,要测定 B 点的高程 H_B,可安置全站仪（或经纬仪配合测距仪）于 A 点,量取仪器高 i_A；在 B 点安置棱镜,量取其高度称为棱镜高 v_B；用全站仪中丝瞄准棱镜中心,测定竖直角 α。再测定 AB 两点间的水平距离 D（注：全站仪可直接测量平距）,则 AB 两点间的高差计算式为

$$h_{AB} = D\tan\alpha + i_A - v_B \quad (6-35)$$

如果用经纬仪配合测距仪测定两点间的斜距 D' 及

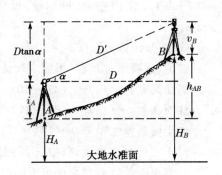

图 6-27　三角高程测量原理

竖直角 α，则 AB 两点间的高差计算式为

$$h_{AB}=D'\sin\alpha+i_A-v_B \tag{6-36}$$

以上两式中，α 为仰角时 $\tan\alpha$ 或 $\sin\alpha$ 为正，俯角时为负。求得高差 h_{AB} 以后，按下式计算 B 点的高程：

$$H_B=H_A+h_{AB} \tag{6-37}$$

在三角高程测量公式 (6-35)、(6-36) 的推导中，假设大地水准面是平面(见图 6-27)，但事实上大地水准面是一曲面，在第 1 章第 1.4 节中已介绍了水准面曲率对高差测量的影响，因此由三角高程测量公式 (6-35)、(6-36) 计算的高差应进行地球曲率影响的改正，称为球差改正 f_1，如图 6-28 所示。按 (1-4) 式，得

$$f_1=\Delta h=\frac{D^2}{2R} \tag{6-38}$$

式中，R 为地球平均曲率半径，一般取 $R=6\,371$ km。另外，由于视线受大气垂直折光影响而成为一条向上凸的曲线，使视线的切线方向向上抬高，测得竖直角偏大，如图 6-28 所示。因此还应进行大气折光影响的改正，称为气差改正 f_2，f_2 恒为负值。

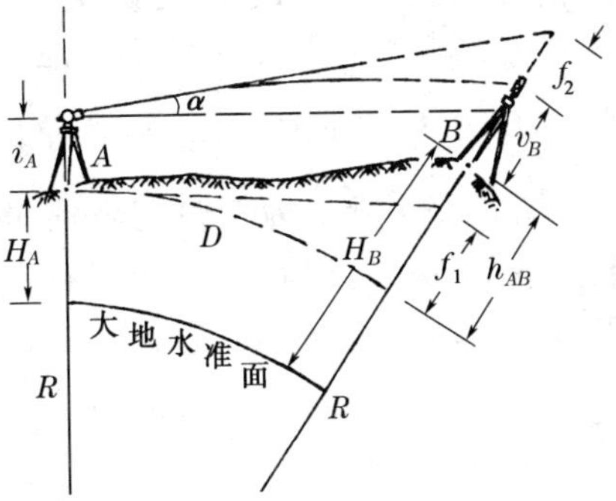

气差改正 f_2 的计算公式为

$$f_2=-k\cdot\frac{D^2}{2R} \tag{6-39}$$

式中，k 为大气垂直折光系数。球差改正和气差改正合称为球气差改正 f，则 f 应为

$$f=f_1+f_2=(1-k)\cdot\frac{D^2}{2R} \tag{6-40}$$

图 6-28 地球曲率及大气折光影响

大气垂直折光系数 k 随气温、气压、日照、时间、地面情况和视线高度等因素而改变，一般取其平均值，令 $k=0.14$。在表 6-16 中列出了水平距离 $D=100\sim1\,000$ m 的球气差改正值 f，由于 $f_1>f_2$，故 f 恒为正值。

考虑球气差改正时，三角高程测量的高差计算公式为

$$h_{AB}=D\tan\alpha+i_A-v_B+f \tag{6-41}$$

$$h_{AB}=D'\sin\alpha+i_A-v_B+f \tag{6-42}$$

由于折光系数的不定性，使球气差改正中的气差改正具有较大的误差。但是如果在两点间进行对向观测，即测定 h_{AB} 及 h_{BA} 而取其平均值，则由于 f_2 在短时间内不会改变，而高差 h_{BA} 必须反其符号与 h_{AB} 取平均，因此，f_2 可以抵消，因为 f_1 是常数，因此，f_1 也可以抵消，故 f 的误差也就不起作用，所以作为高程控制点进行三角高程测量时必须进行对向观测。

表 6-16 三角高程测量地球曲率和大气折光改正 ($k=0.14$)

D/m	f/mm	D/m	f/mm	D/m	f/mm	D/m	f/mm
100	1	350	8	600	24	850	49
170	2	400	11	650	29	900	55
200	3	450	14	700	33	950	61
250	4	500	17	750	38	975	64
300	6	550	20	800	43	1 000	67

6.7.2 三角高程测量的观测与计算

1) 三角高程测量的观测

在测站上安置经纬仪(或全站仪),量取仪器高 i,在目标点上安置棱镜,量取棱镜高 v。i 和 v 用小钢卷尺量两次取平均,读数至 1 mm。

用经纬仪望远镜中丝瞄准目标,将竖盘水准管气泡居中,读取竖盘读数,竖直角观测的测回数及限差规定见表 6-15。然后用测距仪(或全站仪)测定两点间斜距 D'(或平距 D)。

2) 三角高程测量的计算

三角高程测量的往测或返测高差按(6-41)式或(6-42)式计算。由对向观测所求得往、返测高差(经球气差改正)之差 $f_{\Delta h}$ 的容许值为

$$f_{\Delta h 容}=\pm 80\sqrt{D} \quad (\text{mm}) \tag{6-43}$$

式中,D 为两点间平距,以 km 为单位(参看表 6-15)。

图 6-29 所示为三角高程测量实测数据略图,在 A、B、C 三点间进行三角高程测量,构成闭合线路,已知 A 点的高程为 56.432 m,已知数据及观测数据注明于图上,在表 6-17 中进行高差计算。对向观测高差较差均满足规范要求。

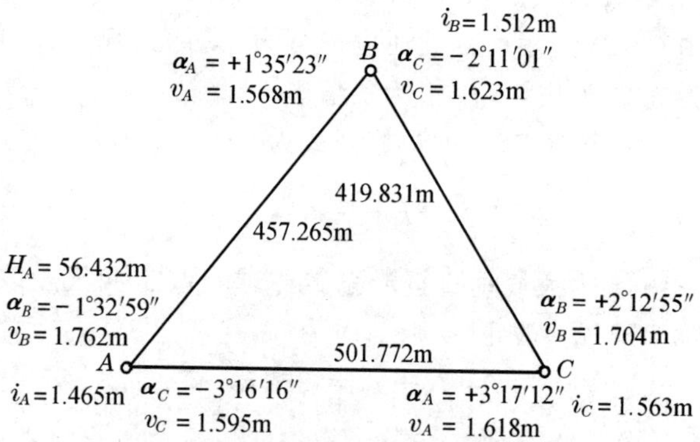

由对向观测所求得高差平均值,计算闭合环线或附合线路的高差闭合差的容许值为

$$f_{h容}=\pm 40\sqrt{\sum D} \quad (\text{mm}) \tag{6-44}$$

式中,D 以 km 为单位(参看表 6-15)。

本例的三角高程测量闭合线路的高差闭合差计算、高差调整及高程计算在表 6-18 中进行。高差闭合差按两点间的距离成正比反号分配。

图 6-29 三角高程测量实测数据略图

表 6-17 三角高程测量高差计算 (单位:m)

测 站 点		A	B	B	C	C	A
目 标 点		B	A	C	B	A	C
水平距离	D	457.265	457.265	419.831	419.831	501.772	501.772
竖直角	α	$-1°32'59''$	$+1°35'23''$	$-2°11'01''$	$+2°12'55''$	$+3°17'12''$	$-3°16'16''$
测站仪器高	i	1.465	1.512	1.512	1.563	1.563	1.465
目标棱镜高	v	1.762	1.568	1.623	1.704	1.618	1.595
球气差改正	f	0.014	0.014	0.012	0.012	0.017	0.017
单向高差	h	-12.654	$+12.648$	-16.107	$+16.111$	$+28.777$	-28.791
平均高差	$\bar{h}$	-12.651		-16.109		$+28.784$	

表 6-18 三角高程测量成果整理

点号	水平距离/m	观测高差/m	改正值/m	改正后高差/m	高程/m
A					56.432
	457.265	−12.651	−0.008	−12.659	
B					43.773
	419.831	−16.109	−0.007	−16.116	
C					27.657
	501.772	+28.784	−0.009	+28.775	
A					56.432
∑	1 378.868	+0.024	−0.024	0.000	
备注	$f_h = +0.024$ m, $\sum D = 1.378$ km $f_{h容} = \pm 40\sqrt{\sum D} = \pm 47$ mm, $f_h \leqslant f_{h容}$ （合格）				

习题与研讨题 6

6-1 象限角与坐标方位角有何不同？如何进行换算？

6-2 何谓坐标正算？何谓坐标反算？写出相应的计算公式。

6-3 测得 AB 的磁方位角为 $60°45'$，查得当地磁偏角 δ 为 $-4°03'$，子午线收敛角 γ 为 $+1°16'$，请先作示意图，再求 AB 的真方位角 A 和坐标方位角 α。

6-4 什么叫控制点？什么叫控制测量？

6-5 什么叫碎部点？什么叫碎部测量？

6-6 选择测图控制点（导线点）应注意哪些问题？

6-7 何谓连接角、连接边？它们有何用处？

6-8 如图 6-30 所示闭合导线，已知 $\alpha_{12} = 342°45'00''$，$X_1 = 550.00$ m，$Y_1 = 600.00$ m。角度观测值为：$\beta_1 = 95°23'30''$，$\beta_2 = 139°05'00''$，$\beta_3 = 94°15'54''$，$\beta_4 = 88°36'36''$，$\beta_5 = 122°39'30''$；水平距离观测值为：$D_{12} = 103.85$ m，$D_{23} = 114.57$ m，$D_{34} = 162.46$ m，$D_{45} = 133.54$ m，$D_{51} = 123.68$ m。试计算闭合导线各点的坐标平差值。
提示：$f_{\beta容} = \pm 40''\sqrt{n}$，$K_容 = 1/2\,000$。

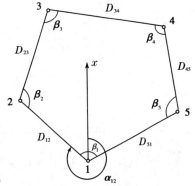

图 6-30 闭合导线测量图

6-9 附合导线 $AB123PQ$ 中 A、B、P、Q 为高级点，已知 $\alpha_{AB} = 48°48'48''$，$x_B = 1\,438.38$ m，$y_B = 4\,973.66$ m，$\alpha_{PQ} = 331°25'24''$，$x_P = 1\,660.84$ m，$y_P = 5\,296.85$ m；测得导线左角 $\angle B = 271°36'36''$，$\angle 1 = 94°18'18''$，$\angle 2 = 101°06'06''$，$\angle 3 = 267°24'24''$，$\angle P = 88°12'12''$。测得导线边长：$D_{B1} = 118.14$ m，$D_{12} = 172.36$ m，$D_{23} = 142.74$ m，$D_{3P} = 185.69$ m。计算 1、2、3 点的坐标平差值。

6-10 已知 A 点高程 $H_A = 182.232$ m，在 A 点观测 B 点得竖直角为 $18°36'48''$，量得 A 点仪器高为 1.452 m，B 点棱镜高 1.673 m。在 B 点观测 A 点得竖直角为 $-18°34'42''$，B 点仪器高为 1.466 m，A 点棱镜高为 1.615 m，已知 $D_{AB} = 486.751$ m，试求 h_{AB} 和 H_B。

6-11 图 6-31 为角度侧方交会图，用表 6-19 所列数据计算 P 点坐标。

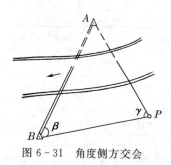

图 6-31 角度侧方交会

表 6-19 侧方交会数据

点号	x/m	y/m
A	848.871	360.966
B	373.196	247.145
观测数据	$\beta = 49°02'36''$	$\gamma = 82°12'12''$

6-12 整理表 6-20 中的四等水准测量观测数据，并计算出 BM.2 的高程。

表 6-20 四等水准测量记录整理（$K_1 = 4.687$ m, $K_2 = 4.787$ m）

测站编号	点号 视距差 $d/\sum d$	后尺 上丝 下丝 视距	前尺 上丝 下丝 视距	方向	中丝读数 黑面	中丝读数 红面	黑+K−红 /mm	平均高差 /m	高程 /m
1	BM.1～TP.1	1 979	0 738	后	1 718	6 405	0	+1.241	$H_1 =$ 21.404
		1 457	0 214	前	0 476	5 265	−2		
	−0.2/−0.2	52.2	52.4	后−前	+1.242	+1.140	+2		
2	TP.1～TP.2	2 739	0 965	后	2 461	7 247			
		2 183	0 401	前	0 683	5 370			
	/			后−前					
3	TP.2～TP.3	1 918	1 870	后	1 604	6 291			
		1 290	1 226	前	1 548	6 336			
	/			后−前					
4	TP.3～BM.2	1 088	2 388	后	0 742	5 528			
		0 396	1 708	前	2 048	6 736			
	/			后−前					$H_2 =$
检查计算	$\sum D_a =$ $\sum D_b =$ $\sum d =$			$\sum 后视 =$ $\sum 前视 =$ $\sum 后视 − \sum 前视 =$	$\sum h =$ $\sum h_{平均} =$ $2\sum h_{平均} =$				

6-13 （研讨题）在导线计算中，角度闭合差的调整原则是什么？坐标增量闭合差的调整原则是什么？

6-14 （研讨题）支导线在使用时为何受到限制？怎样限制？

6-15 （研讨题）简要说明附合导线和闭合导线在内业计算上的不同点。

6-16 （研讨题）小地区平面控制测量可采用全站仪导线测量和 GPS RTK 导线测量，请分析这两种方法的优缺点。

6-17 （研讨题）在三角高程测量中，取对向观测高差的平均值，可消除球气差的影响，为何在计算对向观测高差的较差时，还必须加入球气差的改正？

7 地形图的测绘

7.1 地形图的基本知识

地面上天然或人工形成的各种固定物体,如河流、森林、房屋、道路和农田等称为地物;地表面的高低起伏形态,如高山、丘陵、平原、洼地等称为地貌。地物和地貌总称为地形。

测量工作要遵循"先控制后碎部"的原则,因此,对于地形图的测绘,应先根据测图目的及测区的具体情况建立平面及高程控制,然后根据控制点进行地物和地貌的测绘。通过实地施测,将地面上各种地物的平面位置按一定比例尺,用规定的符号缩绘在图纸上,这种图称为平面图;如果是既表示出各种地物的平面位置,又用等高线表示出地貌的图,则称为地形图。图 7-1 为 1:2 000 比例尺的地形图示意图。

7.1.1 地形图的比例尺

1) 比例尺的表示方法

图上一段直线的长度与地面上相应线段的实地水平长度之比,称为该图的比例尺。比例尺的表示方法分为数字比例尺和图示比例尺两种。

(1) 数字比例尺

数字比例尺是用分子为 1,分母为整数的分数表示。设图上一段直线长度为 d,相应实地的水平长度为 D,则该图比例尺为

$$\frac{d}{D} = \frac{1}{M} \tag{7-1}$$

式中,M 为比例尺分母。M 越小,此分数值越大,则比例尺就越大。数字比例尺也可以写成 1:500、1:1 000 等。

(2) 图示比例尺

直线比例尺是最常见的图示比例尺。图 7-2 为 1:1 000 的直线比例尺,取 2 cm 为基本单位,每基本单位所代表的实地长度为 20 m。图示比例尺标注在图纸的下方,便于用分规直接在图上量取直线段的水平距离,且可以抵消图纸伸缩的影响。

2) 地形图按比例尺的分类

通常把 1:500、1:1 000、1:2 000、1:5 000、1:10 000 比例尺的地形图称为大比例尺图;1:2.5 万、1:5 万、1:10 万比例尺的地形图称为中比例尺图;1:20 万、1:50 万、1:100 万比例尺的地形图称为小比例尺图。

比例尺为 1:500 和 1:1 000 的地形图一般用平板仪、经纬仪或全站仪测绘,这两种比例尺地形图常用于城市分区详细规划、工程施工设计等。比例尺为 1:2 000、1:5 000 和 1:10 000

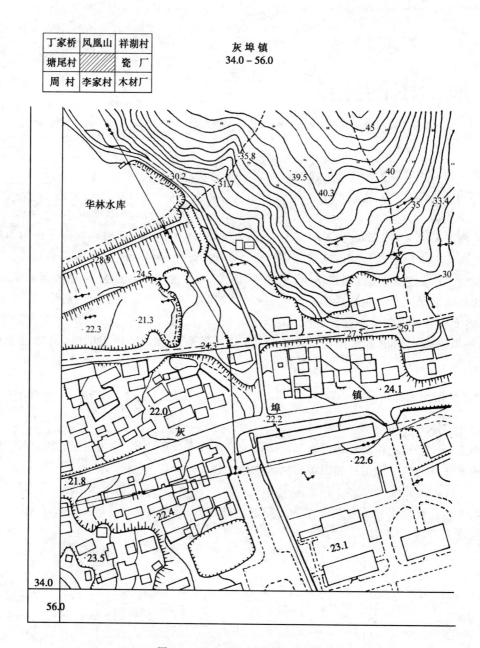

图 7-1　1∶2 000 地形图示意图

的地形图一般用更大比例尺的图缩制,大面积的大比例尺测图也可以用航空摄影测量方法成图。1∶2 000 地形图常用于城市详细规划及工程项目初步设计,1∶5 000 和 1∶10 000 的地形图则用于城市总体规划、厂址选择、区域布置、方案比较等。

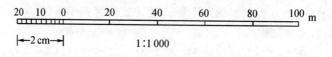

图 7-2　直线比例尺

中比例尺地形图系国家的基本图,由国家测绘部门负责测绘,目前均用航空摄影测量方法成图。小比例尺地形图一般由中比例尺图缩小编绘而成。

3) 比例尺精度

相当于图上 0.1 mm 的实地水平距离称为比例尺精度。在图上,人们正常眼睛能分辨的最小距离为 0.1 mm,因此一般在实地测图时,就只需达到图上 0.1 mm 的正确性。显然,比例尺越大,其比例尺精度也越高。不同比例尺图的比例尺精度见表 7-1 所示。

表 7-1 比例尺精度

比例尺	1:500	1:1 000	1:2 000	1:5 000	1:10 000
比例尺精度	0.05 m	0.1 m	0.2 m	0.5 m	1.0 m

比例尺精度的概念,对测图和用图有重要的指导意义。首先,根据比例尺精度可以确定在测图时距离测量应准确到什么程度。例如在 1:2 000 测图时,比例尺精度为 0.2 m,故实地量距只需取到 0.2 m,因为若量得再精确,在图上也无法表示出来。其次,当设计规定需在图上能量出的实地最短长度时,根据比例尺精度可以确定合理的测图比例尺。例如某项工程建设,要求在图上能反映地面上 10 cm 的精度,则所选图的比例尺就不能小于 1:1 000。图的比例尺愈大,测绘工作量会成倍地增加,所以应该按城市规划和工程建设、施工的实际需要合理选择图的比例尺。

7.1.2 地形图的分幅与编号

各种比例尺的地形图应进行统一的分幅和编号,以便进行测图、管理和使用。地形图的分幅方法分为两类,一类是按经纬线分幅的梯形分幅法,另一类是按坐标格网分幅的矩形分幅法。

1) 梯形分幅与编号

(1) 1:100 万比例尺图的分幅与编号

按国际上的规定,1:100 万的世界地图实行统一的分幅和编号。即自赤道向北或向南分别按纬差 4°分成横列,各列依次用 $A, B, \cdots, V$ 表示。自经度 180°开始起算,自西向东按经差 6°分成纵行,各行依次用 $1, 2, \cdots, 60$ 表示。每一幅图的编号由其所在的"横列-纵行"的代号组成。例如某地的经度为东经 117°46′45″,纬度为北纬 39°44′15″,则其所在的 1:100 万比例尺图的图号为 J-50(见图 7-3)。

(2) 现行的国家基本比例尺地形图分幅和编号

为便于计算机管理和检索,2012 年国家质量监督检验检疫总局发布了新的《国家基本比例尺地形图分幅和编号》(GB/T 13989—2012) 国家标准,自 2012 年 10 月 1 日起实施。

① 1:100 万~1:5 000 比例尺地形图分幅和编号

新标准仍以 1:100 万比例尺地形图为基础,1:100 万比例尺地形图的分幅经、纬差不变,但由过去的纵行、横列改为横行、纵列,它们的编号由其所在的行号(字符码)与列号(数字码)组合而成,如北京所在的 1:100 万地形图的图号为 J50。

1:50 万~1:5 000 地形图的分幅全部由 1:100 万地形图逐次加密划分而成,编号均以 1:100 万比例尺地形图为基础,采用行列编号方法,由其所在 1:100 万比例尺地形图的图号、比例尺代码和图幅的行号、列号共十位码组成,参见图 7-4。编码长度相同,编码系列统一为一

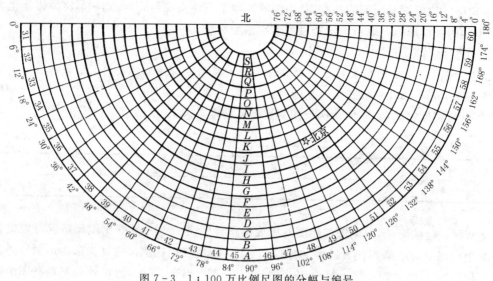

图 7-3 1:100 万比例尺图的分幅与编号

个根部,便于计算机处理。

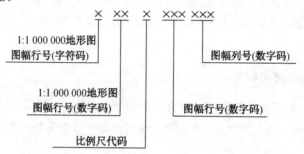

图 7-4 1:50 万～1:5 000 地形图图号的构成

各种比例尺代码见表 7-2。新的国家基本比例尺地形图分幅编号关系见表 7-3。1:100 万～1:5 000 地形图的行、列编号见图 7-5。

表 7-2 比例尺代码表

比例尺	1:500 000	1:250 000	1:100 000	1:50 000	1:25 000	1:10 000	1:5 000
代码	B	C	D	E	F	G	H

表 7-3 现行的国家基本比例尺地形图分幅编号关系表

比例尺		1:100 万	1:50 万	1:25 万	1:10 万	1:5 万	1:2.5 万	1:1 万	1:5 000
图幅范围	经差	6°	3°	1°30′	30′	15′	7′30″	3′45″	1′52.5″
	纬差	4°	2°	1°	20′	10′	5′	2′30″	1′15″
行列数量关系	行数	1	2	4	12	24	48	96	192
	列数	1	2	4	12	24	48	96	192

续表

比例尺	1∶100万	1∶50万	1∶25万	1∶10万	1∶5万	1∶2.5万	1∶1万	1∶5000
图幅数量关系	1	4	16	144	576	2 304	9 216	36 864
		1	4	36	144	576	2 304	9 216
			1	9	36	144	576	2 304
				1	4	16	64	256
					1	4	16	64
						1	4	16
							1	4

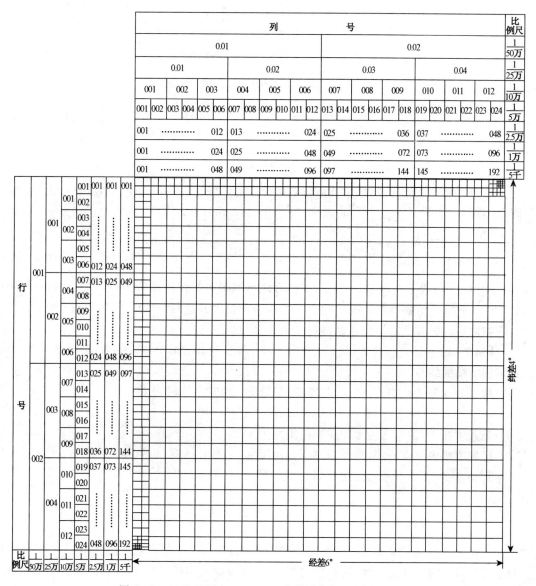

图 7-5 1∶100万～1∶5000地形图的行、列编号

[**例7-1**] 图7-6为1:25万比例尺地形图,写出斜线所示图幅的编号(图号)。

解 1:100万比例尺地形图的图幅编号为J50,1:25万比例尺地形图的代码为C,则斜线所示图幅的图号为J50C003003。

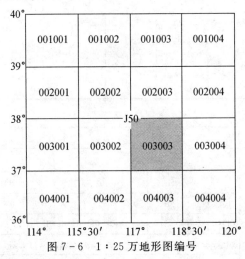

图7-6 1:25万地形图编号

② 编号的应用

已知图幅内某点的经、纬度或图幅西南图廓点的经、纬度,可按下式计算1:100万地形图图幅编号:

$$
\begin{aligned}
a &= [\phi/4°] + 1 \\
b &= [\lambda/6°] + 31
\end{aligned} \tag{7-2}
$$

式中:[ ]表示商取整;a为1:100万地形图图幅所在纬度带字符码对应的数字码;b为1:100万地形图图幅所在经度带的数字码;λ为图幅内某点的经度或图幅西南图廓点的经度;ϕ为图幅内某点的纬度或图幅西南图廓点的纬度。

[**例7-2**] 某点经度为(东经)113°39′25″,纬度为(北纬)34°45′38″,计算其所在1:100万地形图图幅的编号。

解 由(7-2)式得,$a = [34°45′38″/4°] + 1 = 9$(字符码为I)

$$b = [113°39′25″/6°] + 31 = 49$$

该点所在1:100万地形图图幅的编号为I49。

已知图幅内某点的经、纬度或图幅西南图廓点的经、纬度,也可按(7-3)式计算所求比例尺地形图在1:100万地形图图号后的行、列号:

$$
\begin{aligned}
c &= 4°/\Delta\phi - [(\phi/4°)/\Delta\phi] \\
d &= [(\lambda/6°)/\Delta\lambda] + 1
\end{aligned} \tag{7-3}
$$

式中:( )表示商取余;[ ]表示商取整;c表示所求比例尺地形图在1:100万地形图图号后的行号;d表示所求比例尺地形图在1:100万地形图图号后的列号;λ表示图幅内某点的经度或图幅西南图廓点的经度;ϕ表示图幅内某点的纬度或图幅西南图廓点的纬度;$\Delta\lambda$表示所求比例尺地形图分幅的经差;$\Delta\phi$表示所求比例尺地形图分幅的纬差。

[**例7-3**] 某点经度为(东经)113°39′25″,纬度为(北纬)34°45′38″,计算其所在1:1万地

形图图幅的编号。

解 1∶1 万地形图纬差：$\Delta\phi = 2'30''$，经差：$\Delta\lambda = 3'45''$

由(7-3)式得：$c = 4°/2'30'' - [(34°45'38''/4°)/2'30''] = 96 - 66 = 30(030)$

$$d = [(113°39'25''/6°)/3'45''] + 1 = 90 + 1 = 91(091)$$

该点所在 1∶1 万地形图图幅的编号为 I49G030091。

已知图号可计算该图幅西南图廓点的经、纬度。可按(7-4)式计算图幅西南图廓点的经、纬度：

$$\lambda = (b - 31) \times 6° + (d - 1) \times \Delta\lambda$$
$$\phi = (a - 1) \times 4° + \left(\frac{4°}{\Delta\phi} - c\right) \times \Delta\phi \tag{7-4}$$

式中，有关符号规定同(7-2)式和(7-3)式。

在同一幅 1∶100 万比例尺地形图图幅内可进行不同比例尺地形图的行列关系换算，即由较小比例尺地形图的行、列号计算所含各较大比例尺地形图的行、列号。或由较大比例尺地形图的行、列号计算它隶属于较小比例尺地形图的行、列号。相应的计算公式及算例见《国家基本比例尺地形图分幅和编号》(GB/T 13989—2012)。

[例 7-4] 某地形图图幅的编号为 I49D005012，试求该地形图图幅西南图廓点的经、纬度。

解 由图号可知，该地形图所在 1∶100 万地形图的图幅行号 I 对应数字码 $a = 9$，列号 $b = 49$；比例尺代码 D 表示该地形图比例尺为 1∶10 万；其相应经差 $\Delta\lambda = 30'$，纬差 $\Delta\phi = 20'$；在 1∶100 万地形图编号后的行、列号对应为 $c = 5, d = 12$。将以上数据代入(7-4)式，求得西南图廓点的经、纬度为

$$\lambda = (49 - 31) \times 6° + (12 - 1) \times 30' = 108° + 330' = 113°30'$$
$$\phi = (9 - 1) \times 4° + \left(\frac{4°}{20'} - 5\right) \times 20' = 32° + 140' = 34°20'$$

2) 矩形分幅与编号

大比例尺地形图大多采用矩形分幅法，它是按统一的直角坐标格网划分的。图幅大小如表 7-4 所示。

表 7-4 几种大比例尺图的图幅大小

比例尺	图幅大小 /(cm×cm)	实地面积 /km²	1∶5 000 图幅内的分幅数
1∶5 000	40×40	4	1
1∶2 000	50×50	1	4
1∶1 000	50×50	0.25	16
1∶500	50×50	0.062 5	64

采用矩形分幅时，大比例尺地形图的编号一般采用图幅西南角坐标千米数编号法。如图 7-1，其西南角的坐标 $x = 34.0$ km，$y = 56.0$ km，所以其编号为"34.0—56.0"。编号时，比例尺为 1∶500 地形图，坐标值取至 0.01 km，而 1∶1 000、1∶2 000 地形图取至 0.1 km。

对于面积较大的某些工矿企业和城镇，经常测绘有几种不同比例尺的地形图。地形图的编

号往往是以1∶5 000比例尺图为基础进行的。例如,某1∶5 000图幅西南角的坐标值 $x = 32$ km,$y = 56$ km,则其图幅编号为"32-56"(见图7-5)。这个图号将作为该图幅中的其他较大比例尺所有图幅的基本图号。如图7-7,在1∶5 000图号的末尾分别加上罗马数字Ⅰ、Ⅱ、Ⅲ、Ⅳ,就是1∶2 000比例尺图幅的编号,如图7-7中的甲图幅,其编号为"32-56-Ⅰ"。同样,在1∶2 000图幅编号的末尾分别再加上Ⅰ、Ⅱ、Ⅲ、Ⅳ,就是1∶1 000图幅的编号,如图7-7中的乙图幅,其编号为"32-56-Ⅳ-Ⅱ"。在1∶1 000比例尺的图号末尾再加上Ⅰ、Ⅱ、Ⅲ、Ⅳ,就是1∶500图幅的编号,如图7-7中的丙图幅,其编号为"32-56-Ⅳ-Ⅲ-Ⅲ"。

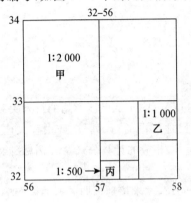
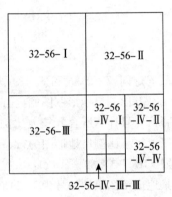

图7-7 矩形分幅与编号

7.1.3 地形图的图框外注记

1) 图名和图号

图名是用本图内最著名的地名或最大的村庄或最突出的地物、地貌等的名称来命名的。除图名之外还要注明图号,图号是根据统一的分幅进行编号的。图号、图名注记在北图廓上方的中央。

2) 接图表

接图表是用来说明本图幅与相邻图幅的关系。如图7-8的图廓左上方所示,中间一格画有斜线的代表本图幅,四邻分别注明相应的图名(或图号),按照接图表就可以找到相邻的图幅。

3) 比例尺

在每幅图的南图框外的中央均注有测图的数字比例尺。

4) 坐标格网

图7-8中的方格网为平面直角坐标格网,

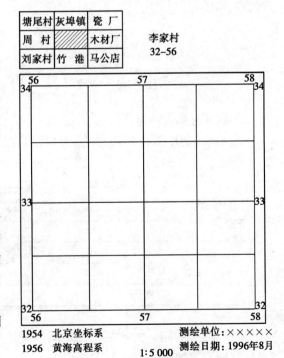

图7-8 地形图的图廓

其间隔通常是图上 10 cm。在图廓四周均标有格网的坐标值。对于中、小比例尺地形图,在其图廓内还绘有经纬线格网,由经纬线格网可以确定各点的地理坐标。

5) 三北方向线关系图

在许多中、小比例尺图的南图廓线右下方,还绘有真子午线 N、磁子午线 N' 和纵坐标轴 X 这三者之间的角度关系图,称为三北方向线。如图 7-9,从图中可看出,磁偏角 $\delta = -1°58'$(西偏),子午线收敛角 $\gamma = -0°22'$(纵坐标轴 X 位于真子午线 N 以西)。利用该关系图,可根据图上任一方向的坐标方位角计算出该方向的真方位角和磁方位角。

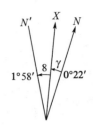

图 7-9　三北方向线关系图

6) 坡度比例尺

坡度比例尺是一种在地形图上量测地面坡度和倾角的图解工具。如图 7-10 所示,它是按如下关系制成的:

$$i = \tan\alpha = \frac{h}{d \cdot M} \quad (7-5)$$

式中,i 为地面坡度;α 为地面倾角;h 为等高距;d 为相邻等高线平距;M 为比例尺分母。使用坡度比例尺时,用分规卡出图上相邻等高线的平距后,在坡度比例尺上使分规的一针尖对准底线,另一针尖对准曲线,即可在尺上读出地面坡度 i(百分比值)及地面倾角 α(度数)。

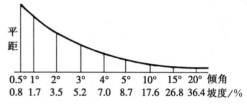

图 7-10　坡度比例尺

此外,地形图图廓的左下方一般应标注坐标系统和高程系统,右下方标注测绘单位和测绘日期等。

7.1.4　地物符号

地面上的地物和地貌,应按国家测绘总局颁发的《国家基本比例尺地形图图式第 1 部分:1∶500、1∶1 000、1∶2 000 地形图图式》(GB/T 20257.1—2007)中规定的符号描绘于图上。其中地物符号有下列几种:

1) 比例符号

地物的形状和大小均按测图比例尺缩小,并用规定的符号描绘在图纸上,这种符号称为比例符号。如湖泊、稻田和房屋等,都采用比例符号绘制。

表 7-5 中,从 1 号到 6 号都是比例符号。

2) 非比例符号

有些地物,如导线点、水准点和消火栓等,轮廓较小,无法将其形状和大小按比例缩绘到图上,而采用相应的规定符号表示在该地物的中心位置上,这种符号称为非比例符号。表 7-5 中,从 14 号到 19 号都为非比例符号。非比例符号均按直立方向描绘,即与南图廓垂直。

非比例符号的中心位置与该地物实地的中心位置关系,随各种不同的地物而异,在测图和用图时应注意下列几点:

① 规则的几何图形符号,如圆形、正方形、三角形等,以图形几何中心点为实地地物的中心位置;

表 7-5 地物符号

编号	符号名称	图例	编号	符号名称	图例
1	坚固房屋 4-房屋层数	坚4　┼　1.6	12	沟渠 1—有堤岸的 2—一般的 3—有沟堑的	0.3
2	普通房屋 2-房屋层数	2　┼　1.5			
3	台阶	0.6　1.0　1.0	13	公路	0.3　沥:砾 0.3
4	花圃	1.5　1.5　10.0	14	三角点 凤凰山-点名 394.468-高程	凤凰山／394.468　3.0
5	草地	2.0　1.0　10.0	15	图根点 1—埋石的 2—不埋石的	1　2.0　N16/84.46　2　1.5　D25/62.74　2.5
6	旱地	1.0　2.0　10.0	16	水准点	2.0　Ⅱ京石5／32.804
7	高压线	4.0	17	旗杆	1.6　1.0　4.0　1.0
8	低压线	4.0	18	消火栓	1.6　1.6　4.0
9	电杆	1.0　○	19	路灯	2.5　1.0
10	砖、石及混凝土围墙	10.0　10.0　0.6	20	等高线 1—首曲线 2—计曲线 3—间曲线	0.15　87　1　0.3　85　2　0.15　6.0　3　1.0
11	栅栏、栏杆	1.0　10.0	21	高程点及其注记	0.5 •158.3　65.6

② 底部为直角形的符号,如独立树、路标等,以符号的直角顶点为实地地物的中心位置;
③ 宽底符号,如烟囱、岗亭等,以符号底部中心为实地地物的中心位置;
④ 几种图形组合符号,如路灯、消火栓等,以符号下方图形的几何中心为实地地物的中心位置;
⑤ 下方无底线的符号,如山洞、窑洞等,以符号下方两端点连线的中心为实地地物的中心位置。

3) 半比例符号

地物的长度可按比例尺缩绘,而宽度不按比例尺缩小表示的符号称为半比例符号。用半比例符号表示的地物常常是一些带状延伸地物,如铁路、公路、通信线、管道、垣栅等。表 7-5 中,从 7 号到 13 号都是半比例符号。这种符号的中心线一般表示其实地地物的中心位置,但是城墙和垣栅等,地物中心位置在其符号的底线上。

4) 地物注记

对地物加以说明的文字、数字或特有符号,称为地物注记。诸如城镇、学校、河流、道路的名称,桥梁的长、宽及载重量,江河的流向、流速及深度,道路的去向,森林、果树的类别等,都以文字或特定符号加以说明。

7.1.5 地貌符号 —— 等高线

1) 典型地貌的名称

地貌是指地表面的高低起伏形态,是地形图要表示的重要信息之一。地貌的基本形态可以归纳为几种典型地貌:① 山丘;② 洼地;③ 山脊;④ 山谷;⑤ 鞍部;⑥ 绝壁等(见图 7-12)。

凸起而高于四周的高地称为山丘,凹入而低于四周的低地称为洼地,山坡上隆起的凸棱称为山脊,山脊上的最高棱线称为山脊线,两山坡之间的凹部称为山谷,山谷中最低点的连线称为山谷线,近于垂直的山坡称为绝壁,上部凸出、下部凹入的绝壁称为悬崖,相邻两个山头之间的最低处形状为马鞍状的地形称为鞍部,它的位置是两个山脊线和两个山谷线交会之处。

2) 等高线的概念

测量工作中常用等高线来表示地貌。等高线是地面上高程相同的相邻各点所连接而成的闭合曲线。水面静止的池塘的水边线,实际上就是一条闭合的等高线。如图 7-11,设有一座位于平静湖水中的小山丘,山顶被湖水淹没时的水面高程为 80 m。然后水位下降 5 m,露出山头,此时水面与山坡就有一条交线,而且是闭合曲线,曲线上各点的高程是相等的,这就是高程为 75 m 的等高线。随后水位又下降 5 m,山坡与水面又有一条交线,这就是高程为 70 m 的等高线。依此类推,水位每降落 5 m,水面就与

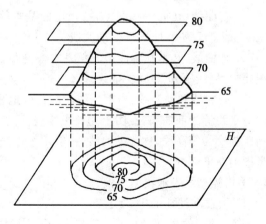

图 7-11 等高线

地表面相交留下一条等高线,从而得到一组相邻高差为 5 m 的等高线。设想把这组实地上的等高线沿铅垂线方向投影到水平面 H 上,并按规定的比例尺缩绘到图纸上,就得到用等高线表示该山丘地貌的等高线图。

3) 等高距和等高线平距

相邻等高线之间的高差称为等高距,常以 h 表示。在同一幅地形图上,等高距 h 是相同的。图 7-11 中的等高距为 5 m。相邻等高线之间的水平距离(图上)称为等高线平距,常以 d 表示(注:实地平距为 $D=d \cdot M$)。h 与 D 的比值就是地面坡度 i(化成百分比形式),即

$$i = \frac{h}{d \cdot M} \times 100\% \qquad (7-6)$$

式中,M 为比例尺分母。坡度 i 一般以百分率表示,向上为正,向下为负,例如 $i=+5\%$、$i=-2\%$。因为同一张地形图内等高距 h 是相同的,所以地面坡度与等高线平距 d 的大小有关。由公式(7-6)可知,等高线平距越小,地面坡度就越大;平距越大,则坡度越小;平距相等,则坡度相同。因此,可以根据地形图上等高线的疏、密来判定地面坡度的缓、陡。

用等高线表示地貌,等高距越小,显示地貌就越详细;等高距越大,显示地貌就越简略。但是,当等高距过小时,图上的等高线过于密集,将会影响图面的清晰醒目。因此,在测绘地形图时,基本等高距的大小是根据测图比例尺与测区地形情况来确定的[参见表 7-6,依照《工程测量规范》(GB 50026—2007)]。

表 7-6 地形图的基本等高距 h (单位:m)

比例尺	地 形 类 别			
	平 地	丘 陵	山 地	高 山
1:500	0.5	0.5	1.0	1.0
1:1 000	0.5	1.0	1.0	2.0
1:2 000	1.0	2.0	2.0	2.0
1:5 000	2.0	5.0	5.0	5.0

4) 等高线的分类

(1) 首曲线:在同一幅图上,按规定的基本等高距描绘的等高线称为首曲线,也称基本等高线。它是宽度为 0.15 mm 的细实线。

(2) 计曲线:凡是高程能被 5 倍基本等高距整除的等高线,称为计曲线。为了读图方便,计曲线要加粗(线宽 0.3 mm)描绘。

(3) 间曲线和助曲线:当首曲线不能很好地显示地貌的特征时,按二分之一基本等高距描绘的等高线称为间曲线,在图上用长虚线表示。有时为显示局部地貌的需要,按四分之一基本等高距描绘的等高线,称为助曲线,一般用短虚线表示。间曲线和助曲线可不闭合(见图 7-12 地形图的左下部分)。

5) 用等高线表示典型地貌

(1) 山丘和洼地的等高线

图 7-12 中的①处为山丘的等高线,图 7-12 中的②处为洼地的等高线。它们投影到水平面上都是一组闭合曲线,从高程注记中可以区分这些等高线所表示的是山丘还是洼地,也可通过等高线上的示坡线(图 7-12b 左上部分垂直于等高线的短线)来区分,示坡线的方向指向低处。

(2) 山脊和山谷的等高线

山脊的等高线是一组凸向低处的曲线(图 7-12 中的③处),各条曲线方向改变处的连接线(图中点划线)即为山脊线。山谷的等高线为一组凸向高处的曲线(图 7-12 中的④处),各条曲

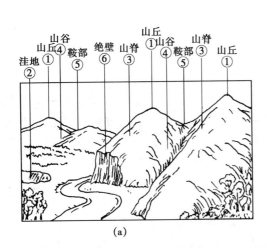 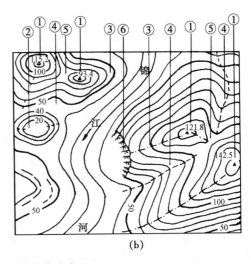

图 7-12 综合地貌及其等高线表示

线方向改变处的连接线（图中虚线）称为山谷线。山脊和山谷的两侧为山坡，山坡近似于一个倾斜平面，因此山坡的等高线近似于一组平行线。

山脊线又称为分水线，山谷线又称为集水线。在地区规划及建筑工程设计时经常要考虑到地面的水流方向、分水线、集水线等问题，因此，山脊线和山谷线在地形图测绘和地形图应用中具有重要的意义。

(3) 鞍部的等高线

典型的鞍部是在相对的两个山脊和山谷的会聚处（图 7-12 中的 ⑤ 处）。它的左右两侧的等高线是相对称的两组山脊线和两组山谷线。鞍部在山区道路的选线中是一个关节点，越岭道路常须经过鞍部。

(4) 绝壁和悬崖符号

绝壁和悬崖都是由于地壳产生断裂运动而形成的。绝壁有比较高的陡峭岩壁，等高线非常密集，因此在地形图上要用特殊符号来表示绝壁（图 7-12 中的 ⑥ 处）。悬崖是近乎直立而下部凹入的绝壁，若干等高线投影到地形图上会相交（图 7-13），俯视时隐蔽的等高线用虚线表示。

6) 等高线的特性

为了掌握用等高线表示地貌时的规律性，现将等高线的特性归纳如下：

(1) 同一条等高线上各点的高程都相同；

(2) 等高线是闭合的曲线，如果不在本幅图内闭合，则必在图外闭合；

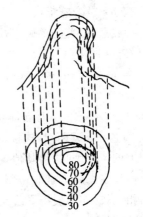

图 7-13 悬崖的等高线

(3) 除在悬崖和绝壁处外，等高线在图上不能相交，也不能重合；

(4) 等高线的平距小，表示坡度陡，平距大表示坡度缓，平距相同表示坡度相等；

(5) 等高线与山脊线、山谷线成正交。

7.2 测图前的准备工作

7.2.1 图根控制测量及其数据处理

图根点是直接提供测图使用的平面或高程控制点。测图前应先进行现场踏勘并选好图根点的位置,然后进行图根平面控制和图根高程控制测量。图根控制的测量方法和内业数据处理方法已在第 6 章中作了介绍。图根点的密度应根据测图比例尺和地形条件而定,平坦开阔地区的图根点密度应符合国家测量规范要求。

7.2.2 展绘控制点

(1) 图纸的选用

地形图测绘应选用质地较好的图纸,如聚酯薄膜、普通优质绘图纸等。聚酯薄膜是一面打毛的半透明图纸,其厚度约为 0.07~0.1 mm,伸缩率很小,且坚韧耐湿,沾污后可洗,在图纸上着墨后,可直接复晒蓝图。但聚酯薄膜图纸易燃,有折痕后不能消除,在测图、使用、保管时要多加注意。

(2) 绘制坐标格网

在绘图纸上,首先要精确地绘制直角坐标方格网,每个方格为 10 cm×10 cm,格网线的宽度为 0.15 mm。绘制方格网一般可使用直角坐标仪、坐标格网尺或绘图仪,也可以用长直尺按对角线法绘制方格网。此外,测绘用品商店还有印刷好坐标格网的聚酯薄膜图纸出售。

在坐标格网绘好以后,必须进行以下几项检查:各方格的角点应在一条直线上,偏离不应大于 0.2 mm;各个方格的边长应为 100 mm,容许误差为 ±0.2 mm;各个方格的对角线长度应为 141.4 mm,容许误差为 ±0.3 mm。若误差超过容许值,必须重新绘制。

(3) 展绘控制点

展点时,首先要确定控制点(导线点)所在的方格。如图 7-14 所示(设比例尺为 1∶1000),导线点 1 的坐标为:$x_1 = 624.32$ m,$y_1 = 686.18$ m,由坐标值确定其位置应在 $klmn$ 方格内。然后从 k 向 n 方向、从 l 向 m 方向各量取 86.18 m,得出 a、b 两点,同样再从 k 和 n 点向上量取 24.32 m,可得出 c、d 两点,连接 ab 和 cd,其交点即为导线点 1 在图上的位置。同法将其他各导线点展绘在图纸上。最后用比例尺在图纸上量取相邻导线点之间的距离和已知的距离相比较,作为展绘导线点的检核,其最大误差在图纸上应不超过 ±0.3 mm,否则导线点应重新展绘。经检查无误,按图式规定绘出导线点符号,并注上点号和高程,这样就完成了测图前的准备工作。

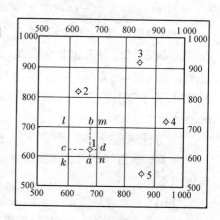

图 7-14 导线点的展绘

7.2.3 碎部点的测定方法

碎部测量就是测定碎部点(地形特征点)的平面位置和高程。下面分别介绍碎部点的选择和碎部点位的测定方法。

1）碎部点的选择

（1）地物点的选择及地物轮廓线的形成

地物测绘的质量和速度在很大程度上取决于立尺员能否正确合理地选择地物特征点。地物特征点主要是其轮廓线的转折点，如房角点、道路边线的转折点以及河岸线的转折点等。主要的特征点应独立测定，一些次要的特征点可以用量距、交会、推平行线等几何作图方法绘出。

一般规定，凡主要建筑物轮廓线的凹凸长度在图上大于0.4 mm时，都要表示出来。例如对于1∶1000测图，主要地物轮廓凹凸大于0.4 m时应在图上表示出来。

以下按1∶500和1∶1000比例尺测图的要求提出一些取点原则：

① 对于房屋，可只测定其主要房角点（至少三个），然后量取其有关的数据，按其几何关系用作图方法画出其轮廓线；

② 对于圆形建筑物，可测定其中心位置并量其半径后作图绘出；或在其外廓测定三点，然后用作图法定出圆心而作圆；

③ 对于公路，应实测两侧边线，而大路或小路可只测其一侧的边线，另一侧边线可按量得的路宽绘出；对于道路转折处的圆曲线边线，应至少测定三点（起点、终点和中点）；

④ 围墙应实测其特征点，按半比例符号绘出其外围的实际位置。

（2）地貌特征点的选择

地貌特征点就是地面坡度及方向变化点。地貌碎部点应选在最能反映地貌特征的山顶、鞍部、山脊（线）、山谷（线）、山坡、山脚等坡度变化及方向变化处。根据这些特征点的高程勾绘等高线，即可将地貌在图上表示出来。为了能真实地表示实地情况，在地面平坦或坡度无显著变化地区，碎部点（地形点）的间距和测碎部点的最大视距应符合国家有关规范要求。

2）碎部点平面位置的测定方法

（1）极坐标法

极坐标法是测定碎部点位最常用的一种方法。如图7-15所示，测站点为A，定向点为B，通过观测水平角β_1和水平距离D_1就可确定碎部点1的位置，同样，由观测值(β_2, D_2)又可测定点2的位置。这种定位方法即为极坐标法。

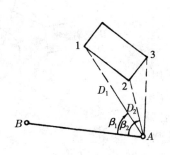

图7-15 极坐标法测绘地物

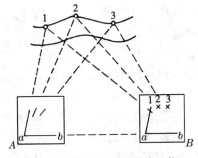

图7-16 方向交会法测绘地物

对于已测定的地物点应该连接起来的要随测随连，例如房屋的轮廓线1-2、2-3等，以便将图上测得的地物与地面上的实体相对照。这样，测图时如有错误或遗漏，就可以及时发现，并及时予以修正或补测。

(2) 方向交会法

当地物点距离较远,或遇河流、水田等障碍不便丈量距离时,可以用方向交会法来测定。如图 7-16 所示,设欲测绘河对岸的特征点 1、2、3 等,自 A、B 两控制点对河对岸的点 1、2、3 等量距不方便,这时可先将仪器安置在 A 点,经过对点、整平和定向以后,测定 1、2、3 各点的方向,并在图板上画出其方向线,然后再将仪器安置在 B 点,按同样方法再测定 1、2、3 点的方向,在图板上画出方向线,则其相应方向线的交会点,即为 1、2、3 点在图板上的位置。

(3) 距离交会法

在测完主要房屋后,再测定隐蔽在建筑群内的一些次要的地物点,特别是这些点与测站不通视时,可按距离交会法测绘这些点的位置。如图 7-17 所示,图中 P、Q 为已测绘好的地物点,如欲测定 1、2 点的位置,具体测法如下:

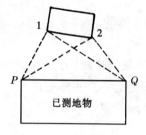

图 7-17　距离交会法测绘地物

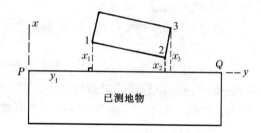

图 7-18　直角坐标法测绘地物

用皮尺量出水平距离 P1、P2 和 Q1、Q2,然后按测图比例尺算出图上相应的长度。在图上以 P 为圆心,用两脚规按 P1 长度为半径作圆弧,再在图上以 Q 为圆心,用 Q1 长度为半径作圆弧,两圆弧相交可得点 1;再按同法交会出点 2。连接图上的 1、2 两点即得地物一条边的位置。如果再量出房屋宽度,就可以在图上用推平行线的方法而绘出该地物。

(4) 直角坐标法

如图 7-18 所示,P、Q 为已测建筑物的两房角点,以 PQ 方向为 y 轴,找出地物点在 PQ 方向上的垂足,用皮尺丈量 y_1 及其垂直方向的支距 x_1,便可定出点 1,同法可以定出 2、3 等点。与测站点不通视的次要地物靠近某主要地物,且在支距 x 很短的情况下,适合采用直角坐标法来测绘。

(5) 方向距离交会法

与测站点通视但量距不方便的次要地物点,可以利用方向距离交会法来测绘。方向仍从测站点出发来测定,而距离是从图上已测定的地物点出发来量取,按比例尺缩小后,用分规卡出这段距离,从该点出发与方向线相交,即得欲测定的地物点。这种方法称为方向距离交会法。

如图 7-19 所示,P 为已测定的地物点,现要测定点 1、2 的位置,从测站点 A 瞄准点 1、2,画出方向线,从 P 点出发量取水平距离 D_{P1} 与 D_{P2},按比例求得图上的长度,即可通过距离与方向交会得出点 1、2 的图上位置。

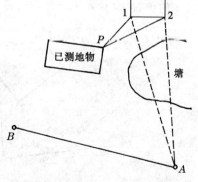

图 7-19　方向距离交会法测绘地物

7.3 测图方法简介

测图常用的仪器有大平板仪、经纬仪(见第 3 章)、光电测距仪(见第 4 章)和全站仪(见第 12 章)等,测图方法有大平板仪测图、经纬仪测绘法、光电测距仪测绘法、小平板仪与经纬仪联合测图法、全站仪测图法和野外采集数据机助成图等。这里主要介绍平板测图法和经纬仪测绘法。

7.3.1 平板测图方法

1) 平板仪的构造

大平板仪简称平板仪,由平板、照准仪和若干附件组成,如图 7-20 所示。平板部分由图板、基座和三脚架组成。基座用中心螺旋安装在三脚架上,放松中心螺旋,平板可在脚架头上作小范围移动。基座下部有脚螺旋可以整平图板。另外装有制动和微动螺旋,控制图板在水平方向的转动。平板仪的附件有:对点器——使平板上的点和相应的地面点安置在同一铅垂线上;定向罗盘——用于平板仪的近似定向;圆水准器——用以整平图板。图 7-21 为平板仪对点和定向工作示意图。

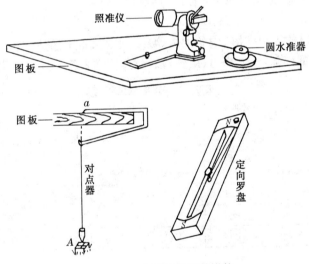

图 7-20 大平板仪及其附件

由于对点、整平和定向会相互影响,故安置平板仪一般应先大致定向、整平,然后再精确对点、整平和定向。

2) 平板仪测图

平板仪测量是一些工程单位用于测绘大比例尺地形图的一种常用的方法。平板仪是在野外直接测绘地形图的一种仪器,它可以同时测定地面点的平面位置和高程。在平板仪测量中,水平角用图解法测定,水平距离用皮尺测量或视距测量,因此平板仪测量又称图解测量。

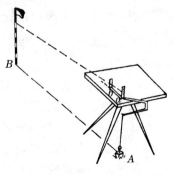

图 7-21 平板仪的对点和定向

7.3.2 经纬仪测绘法

经纬仪测绘法的实质是按极坐标法定点进行测图,观测时先将经纬仪安置在测站上,绘图板安置于测站旁,用经纬仪测定碎部点的方向与已知方向之间的夹角、测站点至碎部点的距离和碎部点的高程。然后根据测定数据用量角器和比例尺把碎部点的位置展绘在图纸上,并在点的右侧注明其高程,再对照实地情况描绘地形。此法操作简单、灵活,适用于各类地区的地形图测绘。

1)操作步骤

经纬仪测绘法的具体操作步骤如下:

(1)安置仪器:如图7-22所示,安置仪器于测站点(控制点)A上,量取仪器高i,填入手簿(表7-7)。

(2)定向:后视另一控制点B,置水平度盘读数为$0°00'00''$。

(3)立尺:立尺员依次将标尺立在地物、地貌特征点上。立标尺前,立尺员应弄清实测范围和实地情况,选定立尺点,并与观测员、绘图员共同商定跑尺路线。

(4)观测:转动照准部,瞄准点1的标尺,读取视距间隔l,中丝读数v,竖盘读数L及水平角β。

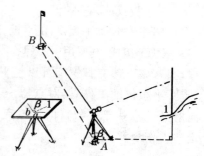

图7-22 经纬仪测绘法

(5)记录:将测得的视距间隔、中丝读数、竖盘读数及水平角依次填入手簿,如表7-7所示。对于有特殊作用的碎部点,如房角、山头、鞍部等,应在备注中加以说明。

表7-7 碎部测量手簿

测站点:A　　定向点:B　　$H_A = 56.43$ m　　$i_A = 1.46$ m　　$x = 0''$

点号	视距间隔 l/m	中丝读数 v/m	竖盘读数 L	竖直角 α	高差 h/m	水平角 β	平距 D/m	高程 H/m	备注
1	0.281	1.460	93°28′	−3°28′	−1.70	102°00′	28.00	54.73	山脚
2	0.414	1.460	74°26′	15°34′	10.70	129°25′	38.42	67.13	山顶
...	...	...	...	...	...	...	...	...	...
50	0.378	2.460	91°14′	−1°14′	−1.81	286°35′	37.78	54.62	电杆

(6)计算:先由竖盘读数L计算竖直角$\alpha=90°-L$,按4.2节所述视距测量方法用计算器计算出碎部点的水平距离和高程。平距公式:$D=kl\cos^2\alpha$;高差公式:$h=\frac{1}{2}kl\sin2\alpha+i-v$。

(7)展绘碎部点:用细针将量角器的圆心插在图纸上测站点a处,转动量角器,将量角器上等于β角值(碎部点1为102°00′)的刻划线对准起始方向线ab(图7-23),此时量角器的零方向便是碎部点1的方向,然后用测图比例尺按测得的水平距离在该方向上定出点1的位置,并在点的右侧注明其高程。

同法,测出其余各碎部点的平面位置与高程,绘于图上,并随测随绘等高线和地物。

为了检查测图质量,仪器搬到下一测站时,应先观测前站所测的某些明显碎部点,以检查由两个测站测得该点的平面位置和高程是否相符。如相差较大,则应查明原因,纠正错误,再继续进行测绘。

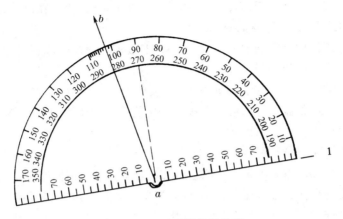

图 7-23 地形测量量角器

若测区面积较大,可分成若干图幅,分别测绘,最后拼接成全区地形图。为了相邻图幅的拼接,每幅图应测出图廓外 10 mm。

2) 测图注意事项

在测图过程中,应注意以下事项:

(1) 立尺人员在跑点前,应先与观测员和绘图员商定跑尺路线;立尺时,应将标尺竖直,并随时观察立尺点周围情况,弄清碎部点之间的关系,地形复杂时还需绘出草图,以协助绘图人员做好绘图工作。

(2) 为方便绘图员工作,观测员在观测时,应先读取水平角,再读取视距尺的三丝读数和竖盘读数;在读取竖盘读数时,要注意检查竖盘指标水准管气泡是否居中;读数时,水平角估读至 5′,竖盘读数估读至 1′ 即可;每观测 20～30 个碎部点后,应重新瞄准起始方向检查其变化情况,经纬仪测绘法起始方向水平度盘读数偏差不得超过 3′。

(3) 绘图人员要注意图面正确、整洁,注记清晰,并做到随测点,随展绘,随检查。

(4) 当每站工作结束后,应进行检查,在确认地物、地貌无测错或漏测时,方可迁站。

7.3.3 全站仪测绘法

全站仪测绘地形图与经纬仪测绘法基本相同,所不同的是用全站仪光电测距来代替经纬仪视距法。

7.3.4 野外采集数据机助成图

利用全站仪或经纬仪配合测距仪在野外对地形特征点进行实测,以获取观测数据,再将观测数据输入到计算机,由计算机进行数据处理,最后由绘图仪绘制地形图。这种方法简称为数字测图(详见第 12 章第 12.5 节)。

传统白纸测图模式是用仪器测得点的坐标和高程,经计算后由绘图员将该点展绘在图纸上,通过向跑尺员了解点的实际属性(是房屋、道路、田地等地物点还是山头、鞍部、悬崖等地貌点)及点位的连接关系,用规定的图式符号将地物或地貌描绘出来。数字测图与之相比,也必须给出测点的三维坐标、测点的属性及测点间的连接关系这三类信息,经计算机软件的自动处理(自动识别、检索、绘点、调用图式符号、连接等),即可自动绘出地形图。

数字测图与传统白纸测图相比较,其优越性相当明显,具体表现在以下几个方面:

(1) 数字测图使测图的精度得到提高

我们把传统白纸测图法得到的图上 0.1 mm 的长度所代表的实际距离称为比例尺精度,但由于测量的原因和绘图时的限制,再加上图经过蓝晒、搁置、变形,真正到用户手上时实际误差可达图上 0.3 mm,对于 1:1000 的地形图来讲,实际误差就有 20～30 cm。数字测图则不同,它是将全站仪等高精度仪器测得的数据直接自动传输到计算机内进行计算、处理、成图,原始测量数据的精度毫无损失。

(2) 数字测图使测图和用图趋于自动化

传统白纸测图主要是由人工来进行测量、记录、计算、绘图;用图时也是由人工在图上进行量测和计算所需要的坐标、高程、面积、土方量等资料。而数字测图则采用计算机自动记录、解算、成图、绘图;用图时在数字地图上直接获取所需的资料。因此,数字测图不仅降低了劳动强度,使效率得到提高,而且还使得在测图和用图时出错的概率大大降低,绘得的地形图也更加精确、规范和美观。

(3) 数字测图使用图趋于数字化

由于数字测图的成果是数字地图,它在传输、处理、使用和多用户共享上都很方便;而且在供 CAD 设计、GIS 建库方面,在可分层管理出各类专题图以及在对改扩建后或地籍、房地产变更后的局部修测、更新等方面都极具优越性。这也使得数字地图不仅在测绘部门运用更加方便,还使它在政府、交通、旅游、房地产、医疗、消防等多个部门得到更充分的应用,也赋予了它新的生命力和更高的自身价值。

由于这些优越性的存在,使得数字测图必将成为地形测绘的主流并逐步代替传统的白纸测图方法。这也标志着地形测绘科技的一个新时期、新阶段的到来。

7.3.5 测站点的增设

在测图过程中,由于地物分布的复杂性,往往会发现已有的图根控制点还不够用。此时可以用支点法、自由设站法等方法临时增设(加密)一些测站点。

(1) 支点法

在现场选定需要增设的测站点,用极坐标法测定其在图上的位置,称为支点法。由于测站点的精度必须高于一般地物点,因此规定:增设支点前必须对仪器(经纬仪、平板仪、全站仪等)重新检查定向,支点的边长不宜超过测站定向边的边长,支点边长要进行往返丈量或两次测定,其差数不应大于 1/200。对于增设测站点的高程,则可以根据已知高程的图根点用水准仪或经纬仪视距法测定,其往返高差的较差不得超过 1/7 等高距。

(2) 自由设站法

全站仪自由设站法是一种非常方便的补充测站点(图根控制点)的常用方法,其实质是边角后方交会法,其测量原理请参看第 6 章第 6.5.2 节。作业时,选择通视良好的需要增设图根控制点的地方,安置全站仪,瞄准多个已知控制点(至少 2 个)测边和测角,用边角后方交会法或间接平差原理,解算增设的图根点(测站点)的坐标。此法方便,并且具有较高的精度。

7.4 地形图的绘制

在外业工作中,当碎部点展绘在图上后,就可对照实际地形随时描绘地物和等高线。如果测区较大,由多幅图拼接而成,还应及时对各图幅衔接处进行拼接检查,最后再进行图的清绘与整饰。

1) 地物描绘

地物要按地形图图式规定的符号表示。房屋轮廓需用直线连接起来,而道路、河流的弯曲部分则是逐点连成光滑的曲线。对于不能按比例描绘的地物,用相应的非比例符号表示。

2) 等高线勾绘

在地形图上为了既能详细地表示地貌的变化情况,又不使等高线过密而影响地形图的清晰,等高线必须按规定的间隔(称为基本等高距)进行勾绘。对于不同的比例尺和不同的地形,基本等高距的规定见表 7-6。

勾绘等高线时,首先用铅笔轻轻描绘出山脊线、山谷线等地性线,再根据碎部点的高程勾绘等高线。不能用等高线表示的地貌,如绝壁、悬崖、冲沟等,应按图式规定的符号表示。由于碎部点是选在地面坡度变化处,因此相邻点之间可视为均匀坡度。这样可在两相邻碎部点的连线上,按平距与高差成比例的关系,可用解析法、图解法或目估法内插出两点间各条等高线通过的位置。

图 7-24 是根据地形点的高程,用内插法求得整米高程点,然后用光滑曲线连接等高点,勾绘而成的局部等高线地形图。勾绘等高线应在测图现场进行,至少应将计曲线勾绘好,以控制等高线走向,以便与实地地形相对照,如有错误或遗漏可以当场发现并及时纠正。

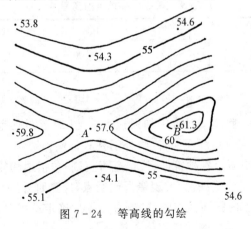

图 7-24 等高线的勾绘

7.5 地形图的拼接

1) 相邻图幅的拼接

由于测量和绘图误差的存在,分幅测图在相邻图幅的连接处,地物轮廓线和等高线都不会完全吻合,如图 7-25 所示。为了图的拼接,规范规定每幅图的图边应测出图幅以外 10 mm,使相邻图幅有一条重叠带,以便于拼接检查。对于聚酯薄膜图纸,由于是半透明的,故只需把两张图纸的坐标格网对齐,就可以检查接边处的地物和等高线的偏差情况。如果测图用的是图画纸,则须用透明纸条将其中一幅图的图边地物等描下来,然后与另一幅图进行拼接检查。

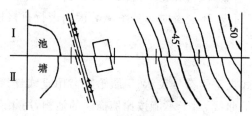

图 7-25　地形图的拼接

图的接边误差不应大于规定的碎部点平面、高程中误差的 $2\sqrt{2}$ 倍。在大比例尺测图中,关于碎部点的平面位置和按等高线插求高程的中误差如表 7-8 和表 7-9 所规定[依照《工程测量规范》(GB 50026—2007)]。图的拼接误差小于限差时可以平均配赋(即在两幅图上各改正一半),改正时应保持地物、地貌相互位置和走向的正确性。拼接误差超限时,应到实地检查后再改正。

表 7-8　地物点点位中误差

地区分类	点位中误差/mm(图上)
城镇建筑区、工矿区	0.6
一般地区	0.8
水域	1.5

表 7-9　等高线插求点的高程中误差

地形分类	平地	丘陵地	山地	高山地
高程中误差(h 为等高距)	$\frac{1}{3}h$	$\frac{1}{2}h$	$\frac{2}{3}h$	$1h$

2) 地形图的检查

为了确保地形图质量,除施测过程中加强检查外,在地形图测完后,必须对成图质量作一次全面检查。地形图的检查包括图面检查、野外巡视和设站检查。

(1) 图面检查:检查图面上各种符号、注记是否正确,包括地物轮廓线有无矛盾、等高线是否清楚、名称注记有否弄错或遗漏。如发现错误或疑点,应到野外进行实地检查修改。

(2) 野外巡视:根据室内图面检查的情况,有计划地确定巡视路线,进行实地对照查看。野外巡视中发现的问题,应当场在图上进行修正或补充。

(3) 设站检查:根据室内检查和巡视检查发现的问题,到野外设站检查,除对发现的问题进行修正和补测外,还要对本测站所测地形进行检查,看所测地形图是否符合要求,如果发现点位的误差超限,应按正确的观测结果修正。

3) 地形图的整饰

地形图经过上述拼接、检查和修正后,还应进行清绘和整饰,使图面更为清晰、美观,然后作为地形图原图保存。地形图整饰的次序是先图框内、后图框外,先注记、后符号,先地物、后地貌(等高线注记和地物应断开)。图上的注记、地物符号、等高线等均应按规定的地形图图式进行描绘和书写。

最后,在图框外应按图式要求写出图名、图号、接图表、比例尺、坐标系统及高程系统、施测单位、测绘者及测绘日期等。

习题与研讨题 7

7-1　地物符号有几种?各有何特点?

7-2　何谓等高线?在同一幅图上,等高距、等高线平距与地面坡度三者之间的关系如何?

7-3　等高线有哪些基本特性?

7-4　测图前有哪些准备工作?控制点展绘后,怎样检查其正确性?

7-5　根据碎部测量记录表 7-10 中的数据,计算各碎部点的水平距离及高程。

表 7-10　碎部测量记录

测站点:A　　定向点:B　　$H_A = 42.95$ m　　$i_A = 1.48$ m　　$x = 0''$

点号	视距间隔 l/m	中丝读数 v/m	竖盘读数 L	竖直角 $\alpha = 90° - L$	高差 h/m	水平角 β	平距 D/m	高程 H/m	备注
1	0.552	1.480	83°36′			48°05′			
2	0.409	1.780	87°51′			56°25′			
3	0.324	1.480	93°45′			247°50′			
4	0.675	2.480	98°12′			261°35′			

7-6　简述经纬仪测绘法在一个测站测绘地形图的工作步骤。

7-7　为了确保地形图质量,应采取哪些主要措施?

7-8　根据图 7-26 上各碎部点的平面位置和高程,试勾绘等高距为 1 m 的等高线。图中点划线表示山脊线,虚线表示山谷线。

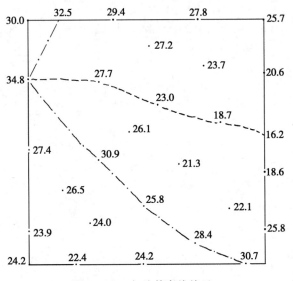

图 7-26　勾绘等高线练习

7-9　A 点位于东经 118°46′,北纬 32°03′,试按新的国家标准写出 A 点所在的 1:100 万和 1:1 万地形图的图号。

7-10　已知某地形图的图幅编号为 H49H002003,试求该地形图图幅西南图廓点的经、纬度。

7-11　(研讨题)什么是比例尺精度？它在测绘工程中有何作用？

7-12　(研讨题)国家基本比例尺地形图图幅和编号按现行的新国家标准进行分幅和编号有哪些优点？请说明理由。

7-13　(研讨题)简述数字化测图的基本思想及作业过程。

8 地形图的应用

地形图是具有丰富的地形信息量的载体,它不仅包含有自然地理要素,也包含有社会、政治、经济等人文地理要素。在地形图上,可以直接确定点的概略坐标、点与点之间的水平距离和直线间的夹角、确定直线的方位;既能利用地形图进行实地定向,或确定点的高程和两点间高差;也能从地形图上计算出面积和体积;还可以从图上决定设计对象的施工数据。无论是国土整治、资源勘查、土地利用及规划,还是工程设计、军事指挥等,都离不开地形图。

地形图也是工程建设必不可少的基础性资料。所以,在每一项新的工程建设之前,都要先进行地形测量工作,以获得规定比例尺的现状地形图。同时还要收集有关的各种比例尺地形图和资料,使得可能从历史到现状的结合上,从整体到局部的联系上,从自然地理因素到人文地理因素的分析上去进行研究。

8.1 地形图的识读

为了正确地应用地形图,首先必须识读地形图,在对地形图有了初步了解后再进行详细的地形分析。

1) 一般性的识读

(1) 图外注记识读

首先要了解这幅图的编号和图名,图的比例尺,图的方向以及采用什么坐标系统和高程系统。这样就可以确定图幅所在的位置,图幅所包括的面积和长宽等等。

对于小于 1∶10 000 的地形图,一般采用国家统一规定的高斯平面直角坐标系(1980 年国家坐标系),城市地形图一般采用城市坐标系,工程项目总平面图大多采用施工坐标系。自 1956 年起,我国统一规定以黄海平均海水面作为高程起算面,所以绝大多数地形图都属于这个高程系统。我国自 1987 年启用"1985 国家高程基准",全国均以新的水准原点高程为准。但也有若干老的地形图和有关资料,使用的是其他高程系或假定高程系,如长江中下游一带常使用吴淞高程系,为避免工程上应用的混淆,在使用地形图时应严加区别。通常,地形图所使用的坐标系统和高程系统均用文字注明于地形图的左下角。

对地形图的测绘时间和图的类别要了解清楚,地形图反映的是测绘时的现状,因此要知道图纸的测绘时间,对于未能在图纸上反映的地面上的新变化,应组织力量予以修测与补测,以免影响设计工作。

(2) 地物识读

要知道地形图使用的是哪一种图例,要熟悉一些常用的地物符号,了解符号和注记的确切含义。根据地物符号,了解主要地物的分布情况,如村庄名称、公路走向、河流分布、地面植被、农田、山村等。如图 8-1 为黄村的地形图,房屋东侧有一条公路,向南过一座小桥,桥下为双清河,河水流向是由西向东,图的西半部分有一些土坎。

(3) 地貌识读

要正确理解等高线的特性,根据等高线,了解图内的地貌情况,首先要知道等高距是多少,然后根据等高线的疏密判断地面坡度及地形走势。

由图 8-1 中可以看出:整个地形西高东低,逐渐向东平缓,北边有一小山头,等高距为 5 m。

2) 地形分析

地形分析的目的,是在满足各项建设对用地要求的前提下,能充分合理地利用原有地形。

在城市建设中,城市与地形的关系十分密切。地形与国防、卫生、给排水和美感方面也有很大的关系,同时也给城市建设和管理提出了一系列新的课题。由于生产和人口高度集中引起的用地紧张以及城市设计和建设水平的提高,对城市用地的地形分析就显得日益重要。

地形分析就是对地形基本特征的分析,包括地形的长度、宽度、线段和地段的坡度等。

(1) 按自然地形和各项建设工程对地面坡度的要求,在地形图上根据等高距和等高线平距,计算出地面坡度。地面坡度分为 2% 以下,2%～5%,5%～8%,8% 以上等四类,分别用不同的符号表示在图上(如图 8-2),同时计算出各类坡度区域的面积。

(2) 根据自然地形画出分水线、集水线和地表面流水方向,从而确定汇水面积和考虑排水方式。

(3) 画出冲沟、沼泽、漫滩、滑坡地段,以便结合水文和地质条件来考虑该地区的适用情况。

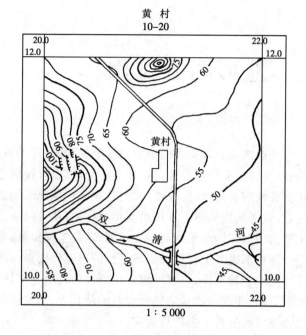

图 8-1 地形图识读

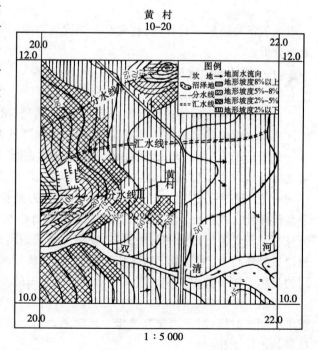

图 8-2 地形分析

8.2 地形图应用的基本内容

在工程建设规划设计时,往往要用解析法或图解法在地形图上求出任意点的坐标和高程,确定两点之间的距离、方向和坡度,利用地形图绘制断面图等等,这就是用图的基本内容。

8.2.1 确定图上点的坐标

图 8-3 为 1∶500 比例尺地形图,欲求 A 点的坐标,可先作坐标格网的平行线,并分别与格网的纵横线相交于 e、f 和 g、h,再用直尺量出 ag、ae 图上长度,设比例尺分母为 M,则 A 点坐标为

$$\left.\begin{array}{l} x_A = x_a + ag \cdot M \\ y_A = y_a + ae \cdot M \end{array}\right\} \quad (8-1)$$

若精度要求较高,则应考虑图纸伸缩变形的影响,此时还应量出 ab、ad 的图上长度,则 A 点坐标为

$$\left.\begin{array}{l} x_A = x_a + \dfrac{ag}{ab} \cdot l \\ y_A = y_a + \dfrac{ae}{ad} \cdot l \end{array}\right\} \quad (8-2)$$

式中,l 为理论长度 10 cm 所代表的实地长度;x_a、y_a 为 a 点的坐标。

8.2.2 确定两点间的水平距离

如图 8-3,欲确定 AB 间的水平距离,可用如下两种方法求得:

1) 直接量测(图解法)

用卡规在图上直接卡出线段长度,再与图示比例尺比量,即可得其水平距离。也可以用刻有毫米的直尺量取图上长度 d_{AB} 并按比例尺(M 为比例尺分母)换算为实地水平距离,即

$$D_{AB} = d_{AB} \cdot M \quad (8-3)$$

或用比例尺直接量取直线长度。

2) 解析法

按(8-2)式,先求出 A、B 两点的坐标,再根据 A、B 两点坐标由公式计算:

$$D_{AB} = \sqrt{(x_B - x_A)^2 + (y_B - y_A)^2} \quad (8-4)$$

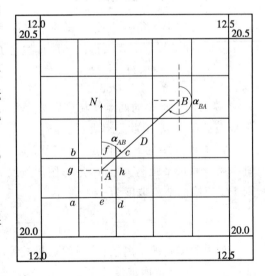

图 8-3 地形图的应用

8.2.3 确定两点间直线的坐标方位角

1) 图解法

如图 8-3,欲求 AB 坐标方位角 α_{AB},可过 A 点作格网平行线,指向北方向,用量角器直接

量取北方向与直线 AB 的夹角，即得 $α_{AB}$ 值。

若要量得准确一些，可再从 B 点作一格网平行线，用量角器量出 $α_{BA}$，取 $α_{AB}$ 和 $α_{BA}$ 的平均值作为最后结果，即

$$α_{AB} = \frac{1}{2}(α_{AB} + α_{BA} ± 180°) \quad (8-5)$$

2）解析法

按（8-2）式，先求出 A、B 两点的坐标，然后按下式计算 AB 的坐标方位角 $α_{AB}$，即

$$α_{AB} = \arctan\frac{y_B - y_A}{x_B - x_A} = \arctan\frac{\Delta y_{AB}}{\Delta x_{AB}} \quad (8-6)$$

与第 6 章（6-8）式一样，应用（8-6）式进行计算时，也要注意坐标方位角 $α_{AB}$ 的象限问题。当直线较长时，解析法可取得较好的结果。

8.2.4 确定点的高程

如图 8-4，若 A 点恰好位于某等高线上，则等高线的高程即是 A 点的高程。若 M 点位于两等高线之间，则可过 M 点画一直线，此直线应正交于等高线，交两相邻等高线于 P、Q 两点，分别量出 PM 和 PQ 的长度，则 M 点的高程按下式比例内插求得：

$$H_M = H_P + \frac{PM}{PQ} \cdot h \quad (8-7)$$

式中，h 为等高距；H_P 为通过 P 点的等高线高程。

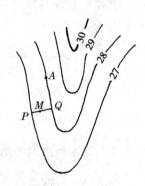

图 8-4 确定点的高程

8.2.5 确定两点间直线的坡度

在地形图上求得两点间直线的水平距离 D_{AB} 及其两点间高差 h_{AB} 后，则可根据下式求得该 AB 直线之坡度 i_{AB}，即

$$i_{AB} = \frac{H_B - H_A}{D_{AB}} = \frac{h_{AB}}{d \cdot M} × 100\% \quad (8-8)$$

式中，d 为图上量得的两点间相应距离；M 为地形图比例尺的分母。i 有正负号，正号表示上坡，负号表示下坡，常用百分率表示。

如图 8-4 中的 P、Q 两点，其高差 $h_{PQ} = +1\,\text{m}$，图上量得两点间水平距离为 1 cm，地形图比例尺为 1:1 000，则 PQ 直线的地面坡度为

$$i_{PQ} = \frac{h_{PQ}}{d \cdot M} = \frac{+1}{0.01 × 1\,000} = +10\%$$

如果两点间的距离较长，中间通过疏密不等的等高线，则上式所求地面坡度为两点间的平均坡度，或两点在空间连线的坡度。

8.2.6 按规定的坡度选定等坡路线

如图 8-5，要从 A 向山顶 B 选一条公路的路线。已知等高线的基本等高距为 h = 5 m，规定坡度 $i_{AB} = 5\%$，

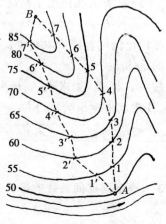

图 8-5 选定等坡路线

则路线通过相邻等高线的平距应该是 $D = h/i_{AB} = 5/5\% = 100 \text{ m}$。在 1:10 000 图上平距应为 1 cm,用分规以 A 为圆心,1 cm 为半径,作圆弧交 55 m 等高线于 1 或 1'。再以 1 或 1' 为圆心,按同样的半径交 60 m 等高线于 2 或 2'。同法可得一系列交点,直到 B。把相邻点连接,即得两条符合设计要求的路线的大致方向。然后通过实地踏勘,综合考虑选出一条较理想的公路路线。

由图中可以看出,$A-1'-2'-3'\cdots$ 线路的线形,不如 $A-1-2-3\cdots$ 线路线形好。

8.2.7 绘制已知方向纵断面图

如图 8-6,绘制折线 AB 断面。将折线与图上等高线交点用 1、2、3… 标明;将一毫米方格纸放在地形图的下方,在纸上画一直线 PQ 作为断面图的横坐标轴,代表水平距离,而纵坐标轴 AH 代表高程;将地形图上折线与等高线相交的各点,按水平距离的比例尺转绘到 PQ 线上,再从 PQ 线上这些点作垂线,按规定的高程比例尺(一般为距离比例尺的 10 倍或 20 倍)确定这些点的相应高度,最后用平滑曲线连接这些高程点,即得 AB 折线的断面图。

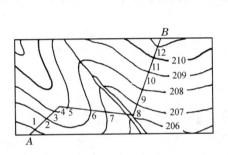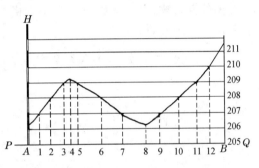

图 8-6 绘制纵断面图

8.2.8 确定汇水面积的边界线

当在山谷或河流修建大坝、架设桥梁或敷设涵洞时,都要知道有多大面积的雨水汇集在这里,这个面积称为汇水面积。

汇水面积的边界是根据等高线的分水线(山脊线)来确定的。如图 8-7,通过山谷,在 MN 处要修建水库的水坝,就须确定该处的汇水面积,即由图中分水线(点划线)AB、BC、CD、DE、EF 与 FA 线段所围成的面积;再根据该地区的降雨量就可确定流经 MN 处的水流量。这是设计桥梁、涵洞或水坝容量的重要数据。

图 8-7 确定汇水面积边界线

8.3 地形图上面积的量算

在规划设计中,往往需要测定某一地区或某一图形的面积。例如,林场面积调查,农田水利灌溉面积,土地面积规划,工业厂区面积计算等。

设图上面积为 $P_图$,则 $P_实 = P_图 \cdot M^2$,式中 $P_实$ 为实地面积,M 为比例尺分母。设图上面积为 10 mm²,比例尺为 1:2 000,则实地面积 $P_实 = 10 \times 2\,000^2 \div 10^6 = 40 \text{ m}^2$。求算图上某区域

的面积 $P_图$，一般有以下几种方法。

8.3.1 用图解法量测面积

1) 几何图形计算法

如图 8-8 是一个不规则的图形，可将平面图上描绘的区域分成三角形、梯形或平行四边形等最简单规则的图形，用直尺量出面积计算的元素，根据三角形、梯形等图形面积计算公式计算其面积，则各图形面积之和就是所要求的面积。

计算面积的一切数据，都是用图解法取自图上，因受图解精度的限制，此法测定面积的相对误差大约为 1/100。

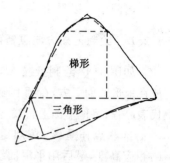

图 8-8 几何图形计算法

2) 透明方格纸法

将透明方格纸覆盖在图形上，然后数出该图形包含的整方格数和不完整的方格数。先计算出每一个小方格的面积，这样就可以很快算出整个图形的面积。

如图 8-9，先数整格数 n_1，再数不完整的方格数 n_2，则总方格数约为 $n_1 + \frac{1}{2} n_2$，然后计算其总面积 P。则

$$P = \left(n_1 + \frac{1}{2} n_2\right) \cdot S$$

式中，S 为一个小方格的面积。不完整方格数 n_2 宜大于 30 个。

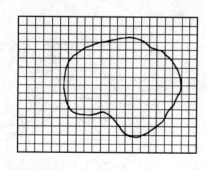

图 8-9 透明方格纸法

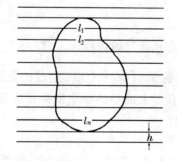

图 8-10 平行线法

3) 平行线法

先在透明纸上画出间隔相等的平行线，如图 8-10 所示。为了计算方便，间隔距离取整数为好。

将绘有平行线的透明纸覆盖在图形上，旋转平行线，使两条平行线与图形边缘相切，则相邻两平行线间截割的图形面积可全部看成是梯形，梯形的高为平行线间距 h，图形截割各平行线的长度为 $l_1, l_2, \cdots, l_n$，则各梯形面积分别为

$$P_1 = \frac{1}{2} \times h \cdot (0 + l_1)$$

$$P_2 = \frac{1}{2} \times h \cdot (l_1 + l_2)$$

$$\vdots$$

$$P_n = \frac{1}{2} \times h \cdot (l_{n-1} + l_n)$$

$$P_{n+1} = \frac{1}{2} \times h \cdot (l_n + 0)$$

则总面积 P 为

$$P = P_1 + P_2 + \cdots + P_n + P_{n+1} = h \cdot \sum_{i=1}^{n} l_i \tag{8-9}$$

8.3.2 用解析法计算面积

解析法的优点是能以较高的精度测定面积。如果图形为任意多边形，且各顶点的坐标已在图上量出或已在实地测定，则可利用各点坐标以解析法计算面积。

如图 8-11 所示，点 1、2、3、4 为地块界址，各点坐标为已知。多边形地块 1234 的面积为 P，即

$$P = \frac{1}{2}(x_1 + x_2)(y_2 - y_1) + \frac{1}{2}(x_2 + x_3)(y_3 - y_2) - \frac{1}{2}(x_1 + x_4)(y_4 - y_1) - \frac{1}{2}(x_3 + x_4)(y_3 - y_4)$$

整理后得

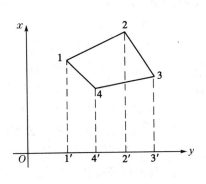

图 8-11 坐标解析法

$$\left. \begin{array}{l} P = \dfrac{1}{2}[x_1(y_2 - y_4) + x_2(y_3 - y_1) + x_3(y_4 - y_2) + x_4(y_1 - y_3)] \\ P = \dfrac{1}{2}[y_1(x_4 - x_2) + y_2(x_1 - x_3) + y_3(x_2 - x_4) + y_4(x_3 - x_1)] \end{array} \right\} \tag{8-10}$$

推广至 n 边形，则

$$P = \frac{1}{2} \sum_{k=1}^{n} x_k (y_{k+1} - y_{k-1}) \tag{8-11}$$

或

$$P = \frac{1}{2} \sum_{k=1}^{n} y_k (x_{k-1} - x_{k+1}) \tag{8-12}$$

应用上面两个公式计算出两个结果，可相互检核。使用公式(8-11)和公式(8-12)时，当 $k=1$ 时，$k-1=n$，而当 $k=n$ 时，$k+1=1$。应用此公式时，应注意点号不要混乱，还应当注意到点号是按顺时针编号的，若逆时针编号，计算面积值不变，仅符号相反。

如图 8-11，在 1:1 000 比例尺地形图上量取四边形 1、2、3、4 各顶点坐标分别为：$x_1 = 100.05$ m，$y_1 = 40.18$ m；$x_2 = 140.42$ m，$y_2 = 100.26$ m；$x_3 = 80.51$ m，$y_3 = 140.08$ m；$x_4 = 70.16$ m，$y_4 = 70.84$ m。试用坐标解析法计算四边形面积 P（取至 0.01 m^2）。

按图 8-11 顺时针编号，应用(8-11)式计算面积 P 为

$$P = \frac{1}{2} \sum_{k=1}^{4} x_k (y_{k+1} - y_{k-1}) = \frac{1}{2}[x_1(y_2 - y_4) + x_2(y_3 - y_1) + x_3(y_4 - y_2) + x_4(y_1 - y_3)]$$
$$= 3\,796.92 \text{ m}^2$$

同理,应用(8-12)式计算面积 P 为

$$P = \frac{1}{2}\sum_{k=1}^{4} y_k(x_{k-1} - x_{k+1}) = 3\,796.92 \text{ m}^2$$

应用(8-11)式和(8-12)式计算结果应一致。

8.3.3 求积仪法量测面积

求积仪是一种测定图形面积的仪器,它的优点是量测速度快,操作简便,能测定任意形状的图形面积,故得到广泛的应用。以下介绍动极式电子求积仪及其测量面积的方法。

电子求积仪是采用集成电路制造的一种新型求积仪,其性能优越,可靠性好,操作简便。图 8-12 是日本索佳公司生产的 KP-90N 型电子求积仪。

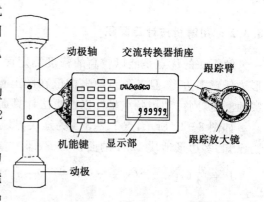

图 8-12 KP-90N 型电子求积仪

KP-90N 型电子求积仪,内藏有专用程序的微型计算机系统,数字显示所测面积,用机能键能简单地对单位、比例尺进行设定和面积换算。脉冲计数显示,显示数据可达 6 位,最大累加面积可达 10 m²(比例尺为 1∶1 时),电源采用内藏形式,不用外接电源。

1) KP-90N 型电子求积仪的构造

KP-90N 电子求积仪的组成部分包括机能键、显示部(8 位液晶显示器)、动极轴及动极、跟踪臂、跟踪放大镜(放大镜中央刻有十字丝)、积分车(位于主机腹部)、编码器、交流转换器插座等。机能键及显示部参见图 8-13。现将各键功能简介如下:

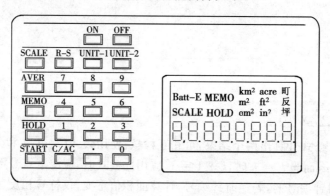

图 8-13 机能键及显示部

ON :电源键(开)。

OFF :电源键(关)。

0 ~ 9 :数字键。

START :启动键。在测量开始及在测量中再启动时使用。

$\boxed{\text{MEMO}}$：存储键。在按下 $\boxed{\text{START}}$ 键测量后存储，主要用于重复测量取平均值。

$\boxed{\text{HOLD}}$：固定键。在测量面积时固定测量值（脉冲计数），若有设定单位时，则测定值从脉冲变为所设定单位的面积值，它主要用于累加测量。

$\boxed{\text{AVER}}$：平均值键，测量结束键。

$\boxed{\text{UNIT}-1}$：单位键 1。每按一次都在米制、英制、日制三者间转换。

$\boxed{\text{UNIT}-2}$：单位键 2。如在米制状态下，在 km^2、m^2、cm^2、脉冲计数（P/C）四个单位间顺次转换。

$\boxed{\text{SCALE}}$：比例尺键。选用数字键设定图形的比例尺，然后按下此键，比例尺 $\left[X^2, \left(\frac{1}{X}\right)^2, X \cdot Y, \frac{1}{X} \cdot \frac{1}{Y}\right]$ 即被设定，显示符号"SCALE"。

$\boxed{\text{R-S}}$：比例尺确认键。配合 $\boxed{\text{SCALE}}$ 键使用。

$\boxed{\text{C/AC}}$：清除或全清除键。在按下 $\boxed{\text{AVER}}$ 键后，再按此键，显示窗清除为 0，连续按两次，则所有存储全部被清除。

2）KP-90N 型求积仪的使用

如图 8-14 所示，量测一不规则图形的面积，具体操作步骤如下：

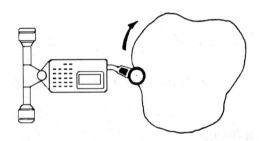

图 8-14　KP-90N 电子求积仪使用

① 打开电源

按下 $\boxed{\text{ON}}$ 键，显示窗立即显示。

② 设定单位

用 $\boxed{\text{UNIT}-1}$ 键及 $\boxed{\text{UNIT}-2}$ 键设定。

③ 设定比例尺

用数字键设定比例尺分母，按 $\boxed{\text{SCALE}}$ 键，再按 $\boxed{\text{R-S}}$ 键即可。若纵横比例尺不同时，如某些纵断面的图形，设横比例尺 1∶X，纵比例尺 1∶Y 时，按键顺序为 X，$\boxed{\text{SCALE}}$，Y，$\boxed{\text{SCALE}}$，$\boxed{\text{R-S}}$ 即可。

④ 面积测定

将跟踪放大镜十字丝中心，瞄准图形上一起点，按 $\boxed{\text{START}}$ 键即可开始，对一图形重复测量两次取平均值，见表 8-1。

表 8-1 KP-90N 型电子求积仪计算过程

键操作	符号显示	操作内容
START	cm² 0.	蜂鸣器发生音响,开始测量
第一次测量	cm² 5401.	脉冲计数表示
MEMO	MEMO cm² 540.1.	符号 MEMO 显示,从脉冲计数变为面积值,第一次测定值 540.1 cm² 被存储
START	MEMO cm² 0.	第二次测量开始,蜂鸣器发出音响,数字显示变为 0
第二次测量	MEMO cm² 5399.	脉冲计数表示
MEMO	MEMO cm² 539.9.	从脉冲计数变为面积值,第二次测定值 539.9 cm² 被存储
AVER	MEMO cm² 540.	重复两次的平均值是 540 cm²

工作结束后按 OFF 键关机。

8.4 地形图上土方量的计算

在建筑设计与施工中,往往要对场地进行平整并计算填挖土石方量,通常可利用地形图进行,现介绍如下:

8.4.1 方格法——设计水平场地

此法适用于地形起伏不大或地形比较有规律的地区,如图 8-15 为一块待平整的场地,其比例尺为 1/1 000,等高距为 0.5 m,要求在划定范围内将其平整为某一设计高程的平地,以满足填、挖方平衡的要求。

1) 打方格网

在拟平整的范围内打上方格,方格大小可根据地形复杂程度或地形图比例尺的大小、精度要求而定。为了方便计算,方格的边长一般取为实地 10 m、20 m 或 50 m 等。各方格顶点的地面高程根据等高线内插求得,注记于相应点的右上方(如图 8-15 所示),本例是取边长为 20 m 的方格。

2) 计算设计高程

把每一方格四个顶点的高程加起来除以 4,得到每一方格的平均高程。再把每一方格的平均高程加起来除以方格格数,即得设计高程为

$$H_0 = \frac{\overline{H}_1 + \overline{H}_2 + \cdots + \overline{H}_n}{n} = \frac{1}{n} \cdot \sum_{i=1}^{n} \overline{H}_i \tag{8-13}$$

式中,$\overline{H}_i$ 为每一方格的平均高程;n 为方格总数。

为了计算方便,我们从设计高程的计算可以分析出:角点 A_1、A_4、B_5、E_1、E_5 的高程在计算

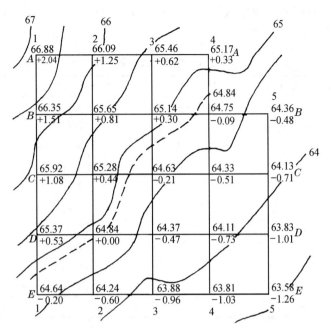

图 8-15 方格法土方量计算

中只用了一次,边点 $A_2,A_3,B_1,C_1,D_1\cdots$ 的高程在计算中用过二次,拐点 B_4 的高程在计算中用了三次,其他的中间点 $B_2,B_3,C_2,C_3\cdots$ 的高程在计算中用过四次,这样,计算设计高程的公式可以写成

$$H_0=(\sum H_{角}+2\sum H_{边}+3\sum H_{拐}+4\sum H_{中})/4n \tag{8-14}$$

式中,n 为方格总数。

用公式(8-14)对图 8-15 进行计算,其设计高程为 64.84 m,在图 8-15 上用虚线描出 64.84 m 的等高线,这就是填挖分界线,或称为零线。

3) 计算方格顶点的填挖高度

根据设计高程 H_0 和方格顶点的地面高程 H_i,计算每一方格顶点的挖、填高度 h_i 为

$$h_i=H_i-H_0 \tag{8-15}$$

将计算好的挖、填高度标注在相应方格顶点的右下方,"+"号为挖,"-"号为填。

4) 计算填、挖土方量(近似方法一)

填、挖土方量(角点土方量 $V_{角}$,边点土方量 $V_{边}$,拐点土方量 $V_{拐}$,中点土方量 $V_{中}$)分别按下式计算:

$$\left.\begin{array}{l}V_{角}=h_{角}\times\dfrac{1}{4}P_{格}\\[4pt]V_{边}=h_{边}\times\dfrac{2}{4}P_{格}\\[4pt]V_{拐}=h_{拐}\times\dfrac{3}{4}P_{格}\\[4pt]V_{中}=h_{中}\times\dfrac{4}{4}P_{格}\end{array}\right\} \tag{8-16}$$

式中,h 为各方格顶点的填、挖高度;$P_{格}$ 为每一方格内的实地面积;V 为填挖土方量。

由图 8-15 可知,挖方方格顶点有 11 个,填方方格顶点有 13 个,分别列表(表 8-2 和表 8-3)计算(每格实地面积为 400 m²)。

表 8-2 挖方土方量计算表

点号	挖深/m	点的性质	所代表面积/m²	土方量/m³
A_1	+2.04	角	100	204
A_2	+1.25	边	200	250
A_3	+0.62	边	200	124
A_4	+0.33	角	100	33
B_1	+1.51	边	200	302
B_2	+0.81	中	400	324
B_3	+0.30	中	400	120
C_1	+1.08	边	200	216
C_2	+0.44	中	400	176
D_1	+0.53	边	200	106
			∑:	1 855 m³

表 8-3 填方土方量计算表

点号	填高/m	点的性质	所代表面积/m²	土方量/m³
B_4	−0.09	拐	300	−27
B_5	−0.48	角	100	−48
C_3	−0.21	中	400	−84
C_4	−0.51	中	400	−204
C_5	−0.71	边	200	−142
D_3	−0.47	中	400	−188
D_4	−0.73	中	400	−292
D_5	−1.01	边	200	−202
E_1	−0.20	角	100	−20
E_2	−0.60	边	200	−120
E_3	0.96	边	200	−192
E_4	−1.03	边	200	−206
E_5	−1.26	角	100	−126
			∑:	−1 851 m³

由本例列表计算可知:挖方总量为 1 855 m³,填方总量为 1 851 m³,两者基本相等,满足"填、挖方平衡"的要求。

5) 计算填、挖土方量(近似方法二)

场地平整方格法土方量计算也可以直接根据各方格四个角点的填、挖高度 h_i 的正、负号不同,选择下列四种形式之一,分别代入有关公式计算每个方格的填、挖方量,然后再按填、挖方量汇总,求得整个场地的总填、挖方量。

近似方法二计算过程如下：

(1) 方格四个角点均为填方（$-h_i$）或均为挖方（$+h_i$）时，则全填、全挖方量为

$$V_{填(挖)} = \frac{h_1+h_2+h_3+h_4}{4} \cdot a^2 \tag{8-17}$$

式中，h_1、h_2、h_3、h_4 为方格四个角点的填、挖高度 h_i 的绝对值(m)；a 为方格实地边长(m)。

(2) 方格中相邻两个角点为填方，另外相邻两个角点为挖方（如图 8-16a），则该方格填方和挖方量分别为

$$\left. \begin{aligned} V_{填} &= \frac{(h_1+h_3)^2}{4(h_1+h_2+h_3+h_4)} \cdot a^2 \\ V_{挖} &= \frac{(h_2+h_4)^2}{4(h_1+h_2+h_3+h_4)} \cdot a^2 \end{aligned} \right\} \tag{8-18}$$

(3) 方格中有三个角点为填方，一个角点为挖方（如图 8-16b），则该方格填方和挖方量分别为

$$\left. \begin{aligned} V_{填} &= \frac{2h_2+2h_3+h_4-h_1}{6} \cdot a^2 \\ V_{挖} &= \frac{h_1^3}{6(h_1+h_2)(h_1+h_3)} \cdot a^2 \end{aligned} \right\} \tag{8-19}$$

如果方格中有三个角点为挖方，一个角点为填方，则(8-19)式上、下计算公式等号右边算式对调。

(4) 方格中相对两个角点为连通的填方，另外相对两个角点为独立的挖方（如图 8-16c），则该方格填方和挖方量分别为

$$\left. \begin{aligned} V_{填} &= \frac{2h_1+2h_4-h_2-h_3}{6} \cdot a^2 \\ V_{挖} &= \frac{h_2^3}{(h_2+h_1)(h_2+h_4)} + \frac{h_3^3}{(h_3+h_1)(h_3+h_4)} \cdot \frac{a^2}{6} \end{aligned} \right\} \tag{8-20}$$

如果方格中相对两个角点为连通挖方，另外相对两个角点为独立的填方，则(8-20)式上、下计算式等号右边算式对调。

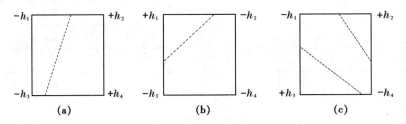

图 8-16　方格法计算填挖方

现以图 8-17 所示场地为例，应用上述计算公式进行场地填方量和挖方量计算，该场地地形图比例尺为 1:1 000，等高距为 1 m，方格实地边长 $a=20$ m，由地形图上等高线内插法求得场地范围内各方格顶点的地面高程 H_i（注在方格角点上方，单位为 m）。

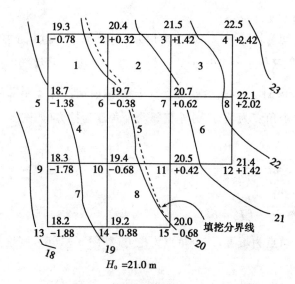

图 8-17 方格法量算填挖土石方

根据场地填、挖方量平衡原则,由(8-14)式求得场地设计高程 H_0 为 20.08 m。再由 (8-15)式分别计算各方格顶点的相应的填、挖高度 h_i(m),注在各方格角点下方,"+"为挖深, "-"为填高。

根据各方格四个角点填(挖)高度 h_i 的正负号情况,对照图 8-17,应用(8-17)式、(8-18)式 和(8-19)式分别计算各方格的填方土方量和挖方土方量(取位至 1 m³),计算结果见 表 8-4。

表 8-4 填挖土方量计算表

方格号	挖方量/m³	填方量/m³
1	3	225
2	195	5
3	648	0
4	0	422
5	52	53
6	448	0
7	0	522
8	9	132
合计	1 355	1 359

本例计算结果填方与挖方基本平衡。这种计算方法也是近似的。目前,场地平整土方量计算方法较多,利用计算机程序进行计算,并考虑到土的可松性影响,将使计算结果更趋合理,读者可参阅参考文献[16]。

8.4.2 图解法——设计倾斜场地

当地形起伏较大,为了场地平整和排水需要,往往设计成一定坡度的倾斜场地,以利于各项建设需要。

1) 确定填挖分界线

如图 8-18,在 $AA'B'B$ 范围内由北向南设计一坡度为 -5% 的倾斜场地,AA' 边设计高程为 67 m。该图的比例尺为 1∶1 000,等高距为 1 m。根据 5% 的坡度计算高差为 1 m 时的图上平距 d 为

$$d = \left| \frac{h}{i \cdot M} \right| = \frac{1}{5\% \times 1\,000} = \frac{1}{50} = 0.02 \text{ m} = 2 \text{ cm}$$

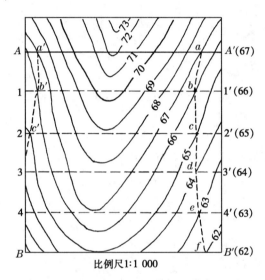

图 8-18 倾斜场地设计等高线的确定

在图上作 AA' 的平行线,每平行线间距为 2 cm,分别为 1-1′,2-2′…(如图 8-18),其相应高程分别为 66 m,65 m,64 m…,这些就是场地设计的等高线。

设计等高线与原地面相同高程的等高线的交点就是不填不挖点,将这些点连成虚线,此虚线就是填挖分界线(图上有 a、b、c、d、e、f 和 a'、b'、c' 两条虚线,这是因为该图上的等高线为一个山脊,故填方在图上虚线的两侧)。

2) 计算土方量——断面法

(1) 绘制断面图

根据各设计等高线和图上原有等高线,就可以绘出各断面的断面图,此断面图以各设计等高线高度为高程起点。如图 8-19 所示,设计等高线与地表面所围成的部分即为填挖面积,"+" 表示挖方,"−" 表示填方。

(2) 用求积仪或其他方式,量出各断面填挖方的面积。

(3) 计算各相邻断面间的填挖土方量。该土方量可以近似地认为由两个相邻断面的面积取平均值,再乘以它们之间的距离。

如图 8-19,A-A' 与 1-1′ 之间的土方量(挖方与填方分别计算)可按下式计算:

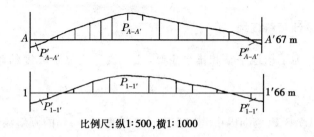

比例尺:纵1:500,横1:1000

图 8-19 断面图

$$\left.\begin{array}{l}V_{A-1}=\dfrac{1}{2}(P_{A-A'}+P_{1-1'})\cdot l\\ V'_{A-1}=\dfrac{1}{2}(P'_{A-A'}+P'_{1-1'})\cdot l\\ V''_{A-1}=\dfrac{1}{2}(P''_{A-A'}+P''_{1-1'})\cdot l\end{array}\right\} \qquad (8-21)$$

式中,P 为挖方面积;P'、P'' 为填方面积;V_{A-1} 为挖方量;V'_{A-1} 和 V''_{A-1} 为填方量;l 为两断面间实地距离。

同样方法计算各相邻断面间的土方量,然后累加,即得总的填、挖土方量。注意用断面法计算土方量时,要考虑相邻两断面面积差异不应太大。

习题与研讨题 8

8-1 图 8-20 为 1:2 000 比例尺地形图,现要求在图示方格网范围内平整为水平场地。

(1) 根据土方的填挖平衡原则,计算平整场地的设计标高;

(2) 在图中绘出填挖边界线;

(3) 计算填、挖土方量。

8-2 图 8-21 为 1:2 000 比例尺地形图(局部),等高距为 1 m,试根据本图进行下列计算:

(1) 量出 D 点与 C 点的高程,并确定 DC 的地面坡度。

(2) 按 7% 的坡度,自 A 点至导线点 61 选定路线。

(3) 绘制 MN 方向断面图。注:平距比例尺为 1:2 000,高程比例尺为 1:200。

(4) 量出导线点 62 和导线点 61 的坐标值,再根据坐标值计算两点间的水平距离 D_{62-61} 和方位角 α_{62-61}。

8-3 (研讨题)什么是土方平衡原则?其实际意义是什么?

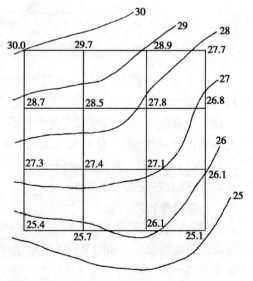

图 8-20 土方量计算

8-4 (研讨题)简述不同比例尺的地形图在工程建设中的作用。

8-5 (研讨题)简述数字地形图与传统的纸质地形图在应用上有何不同。

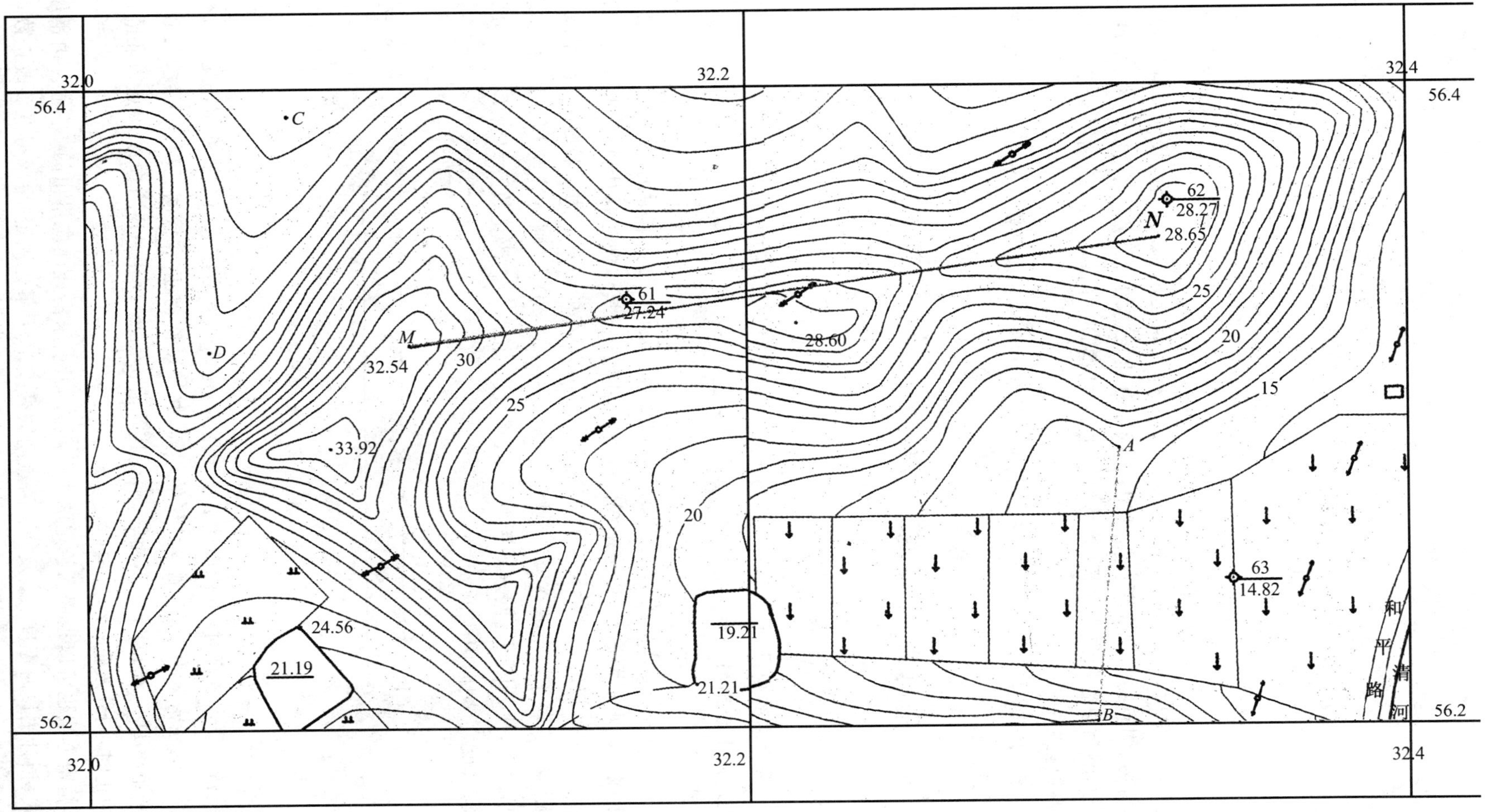

图 8-21 地形图应用

9 测设的基本工作

测设工作是根据工程设计图纸上待建的建筑物、构筑物的轴线位置、尺寸及其高程,算出待建的建筑物、构筑物的轴线交点与控制点(或原有建筑物的特征点)之间的距离、角度、高差等测设数据,然后以控制点为根据,将待建的建筑物、构筑物的特征点(或轴线交点)在实地标定出来,以便施工。

测设工作的实质是点位的测设。测设点位的基本工作是测设已知水平距离、测设已知水平角和测设已知高程。

9.1 已知水平距离、水平角和高程的测设

9.1.1 已知水平距离的测设

已知水平距离的测设,是从地面上一个已知点出发,沿给定的方向,量出已知(设计)的水平距离,在地面上定出另一端点的位置。其测设方法如下:

1) 一般方法

如图9-1所示,设A为地面上已知点,D为已知(设计)的水平距离,要在地面上沿给定AB方向上测设出水平距离D,以定出线段的另一端点B。具体做法是从A点开始,沿AB方向用钢尺拉平丈量,按已知设计长度D在地面上定出B'点的位置。为了校核,应再量取AB'之间水平距离D',若相对误差在容许范围(1/3 000~1/5 000)内,则将端点B'加以改正,求得B点的最后位置,使AB两点间水平距离等于已知设计长度D。改正数$\delta=D-D'$。当δ为正时,向外改正;反之,则向内改正。

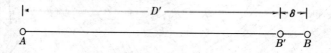

图 9-1 测设已知水平距离

2) 精密方法

当测设精度要求较高时,可按设计水平距离D,用前述方法在地面上概略定出B'点,然后按4.1节介绍的精密量距方法,测量AB'的距离,并加尺长、温度和倾斜三项改正数,求出AB'的精确水平距离D'。若D'与D不相等,则按其差值$\delta=D-D'$沿AB方向以B'点为准进行改正。当δ为正时,向外改正;反之,向内改正。

另外,精密方法也可以根据已给定的水平距离D,反求沿地面应量出的D_0值。由钢尺的尺长方程式、预计测设时温度t以及AB两点间的高差h(需事先测定)可求得三项改正数。则

$$D_0 = D - \Delta l_d - \Delta l_t - \Delta l_h$$

[例 9-1] 已知设计水平距离 D_{AB} 为 65.000 m,现用 30 m 钢尺按精密方法在地面上由 A 点测设 B 点。钢尺的检定实长为 29.996 m,检定温度 $t_0 = 20℃$,测设时温度 $t = 8℃$,已知 A、B 两点间高差为 -0.51 m;钢尺热膨胀系数 $\alpha = 0.0000125$。计算实地应量长度 D_0 值。

解 先求三项改正数:

尺长改正 $\quad \Delta l_d = \dfrac{l' - l_0}{l_0} \cdot D_{AB} = -0.009$ m

温度改正 $\quad \Delta l_t = \alpha \cdot (t - t_0) \cdot D_{AB} = -0.010$ m

倾斜改正 $\quad \Delta l_n = -\dfrac{h^2}{2D_{AB}} = -0.002$ m

则 $\quad D_0 = D - \Delta l_d - \Delta l_t - \Delta l_h = 65.021$ m

测设时,只要沿地面给定方向量出 65.021 m,即得 B 点。此时 AB 的水平距离就正好为 65.000 m。

3) 用光电测距仪测设已知水平距离

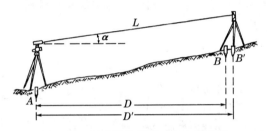

图 9-2 用测距仪测设已知水平距离

如图 9-2,安置光电测距仪于 A 点,瞄准已知方向。沿此方向移动棱镜位置,使仪器显示值略大于测设的距离 D,定出 B' 点。在 B' 点安置棱镜,测出棱镜的竖直角 α 及斜距 L。计算水平距离 $D' = L \cdot \cos\alpha$,求出 D' 与应测设的已知水平距离 D 之差:$\delta = D - D'$。根据 δ 的符号在实地用小钢尺沿已知方向改正 B' 至 B 点,并在木桩上标定其点位。为了检核,可将棱镜安置于 B 点,再实测 AB 的水平距离,与已知水平距离 D 比较,若不符合要求,应再次进行改正,直到测设的距离符合限差要求为止。

9.1.2 已知水平角的测设

已知水平角的测设,就是在已知角顶点并根据一已知边方向标定出另一边方向,使两方向的水平夹角等于已知角值。测设方法如下:

1) 一般方法

当测设水平角的精度要求不高时,可用盘左、盘右分中的方法测设,如图 9-3 所示。设地面已知方向 AB,A 为角顶,β 为已知角值,AC 为欲定的方向线。为此,在 A 点安置经纬仪,对中、整平,用盘左位置照准 B 点,调节水平度盘位置变换轮,使水平度盘读数为 $0°00'.0$,转动照准部使水平度盘读数为 β 值,按视线方向定出 C' 点。然后用盘右位置重复上述步骤,定出 C'' 点。取 $C'C''$ 连线的中点 C,则 AC 即为测设角值为 β 的另一方向线,$\angle BAC$ 即为

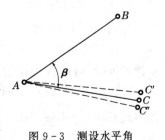

图 9-3 测设水平角

测设的 β 角。

2) 精确方法

当测设水平角的精度要求较高时，可先用一般方法按已知角值测设出 AC 方向线（图 9-4），然后对 ∠BAC 进行多测回水平角观测，其观测值为 β'。则 $\Delta\beta = \beta - \beta'$，根据 $\Delta\beta$ 及 AC 边的长度 D_{AC}，可以按下式计算垂距 CC_0：

$$CC_0 = D_{AC} \cdot \tan\Delta\beta = D_{AC} \cdot \frac{\Delta\beta''}{\rho''}$$

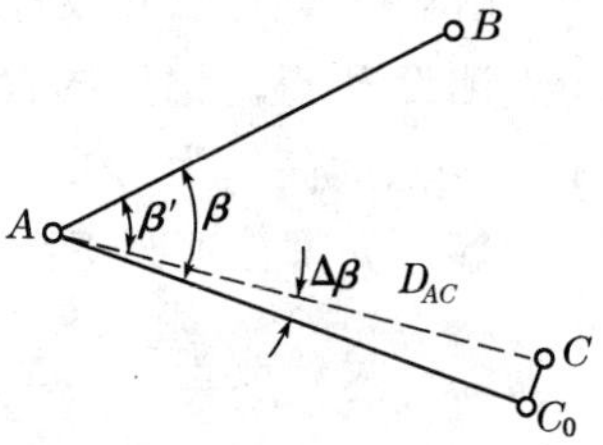

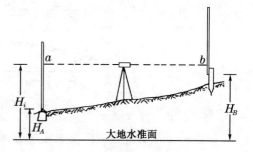

图 9-4 精确测设水平角

从 C 点起沿 AC 边的垂直方向量出垂距 CC_0，定出 C_0 点。则 AC_0 即为测设角值为 β 时的另一方向线。必须注意，从 C 点起向外还是向内量垂距，要根据 $\Delta\beta$ 的正负号来决定。若 $\beta < \beta'$，即 $\Delta\beta$ 为正值，则从 C 点向外量垂距，反之则向内改正。

例如，$\Delta\beta = \beta - \beta' = +48''$，$D_{AC} = 120.000$ m，则

$$CC_0 = 120.000 \times \frac{+48''}{206\ 265''} = 0.027\ 9 \text{ m}$$

过 C 点作 AC 的垂线，在 C 点沿垂线方向向 ∠BAC 外侧量垂距 0.027 9 m，定出 C_0 点，则 ∠BAC_0 即为要测设的 β 角。

9.1.3 已知高程的测设

已知高程的测设是利用水准测量的方法，根据附近已知水准点，将设计高程测设到地面上。

如图 9-5，已知水准点 A 的高程 H_A 为 32.481 m，测设于 B 桩上的已知设计高程 H_B 为 33.500 m。水准仪在 A 点上的后视读数 a 为 1.842 m，则 B 桩的前视读数 b 应为

$$b = (H_A + a) - H_B$$
$$= 32.481 + 1.842 - 33.500$$
$$= 0.823 \text{ m}$$

图 9-5 测设已知高程

测设时，将水准尺沿 B 桩的侧面上下移动，当水准尺上的读数刚好为 0.823 m 时，紧靠尺底在 B 桩上划一红线，该红线的高程 H_B 即为 33.500 m。

当向较深的基坑和较高的建筑物上测设已知高程时，除使用水准尺之外，还需要借助钢尺配合进行。

如图 9-6，设已知水准点 A 的高程为 H_A，要在基坑内侧测出高程为 H_B 的 B 点位置。现悬挂一根带重锤的钢卷尺，零点在下端。先在地面上安置水准仪，后视 A 点读数 a_1，前视钢尺读数 b_1；再在坑内安置水准仪，后视钢尺读数 a_2，当前视读数正好在 b_2 时，沿水准尺底面在基坑侧面钉设木桩（或粗钢筋），则木桩顶面即为 B 点设计高程

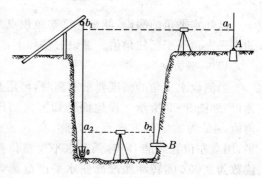

图 9-6 向深基坑测设高程

H_B 的位置。B 点应读前视尺读数 b_2 为
$$b_2 = H_A + a_1 - b_1 + a_2 - H_B$$

当向高处测设时,如图 9-7,向高建筑物 B 处测设高程 H_B,则可于该处悬吊钢尺,钢尺零端朝下,上下移动钢尺,使水准仪的中丝对准钢尺零端(0 分划线),则钢尺上端分划读数为 b 时,$b = H_B - (H_A + a)$,该分划线所对位置即为测设的高程 H_B。为了校核,可采用改变悬吊位置后,再用上述方法测设,两次较差不应超过 ± 3 mm。

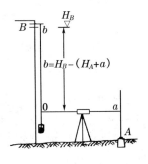

图 9-7 向高处测设高程

9.2 点的平面位置的测设方法

测设点的平面位置的方法有直角坐标法、极坐标法、角度交会法、距离交会法等。采用哪种方法,应根据施工控制网的形式、控制点的分布情况、地形情况、现场条件及待建建筑物的测设精度要求等因素确定。

1) 直角坐标法

直角坐标法是根据已知点与待定点的纵横坐标之差,测设地面点的平面位置。它适用于施工控制网为建筑方格网或建筑基线的形式,且量距方便的地方。如图 9-8 所示,设 Ⅰ、Ⅱ、Ⅲ、Ⅳ 为建筑场地的建筑方格网点,a、b、c、d 为需测设的某厂房的四个角点,根据设计图上各点坐标,可求出建筑物的长度、宽度及测设数据。现以 a 点为例,说明测设方法。

欲将 a 点测设于地面,首先根据 Ⅰ 点的坐标及 a 点的设计坐标算出纵横坐标之差:
$$\Delta x = x_a - x_1 = 620.00 - 600.00 = 20.00 \text{ m}$$
$$\Delta y = y_a - y_1 = 530.00 - 500.00 = 30.00 \text{ m}$$

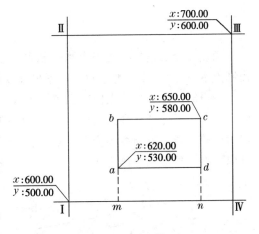

图 9-8 直角坐标法

然后安置经纬仪于 Ⅰ 点上,瞄准 Ⅳ 点,沿 Ⅰ、Ⅳ 方向测设长度 Δy(30.00 m),定出 m 点;搬仪器于 m 点,瞄准 Ⅳ 点,向左测设 90° 角,得 ma 方向线,在该方向上测设长度 Δx(20.00 m),即得 a 点在地面上的位置。用同样方法可测设建筑物其余各点的位置。最后,应检查建筑物四角是否等于 90°,各边是否等于设计长度,其误差均应在限差以内。

2) 极坐标法

极坐标法是根据已知水平角和水平距离测设地面点的平面位置,它适合于量距方便,且测设点距控制点较近的地方。极坐标法是目前施工现场使用最多的一种方法。如图 9-9 所示,1、2 是建筑物轴线交点,A、B 为附近的控制点。1、2、A、B 点的坐标均为已知,欲测设 1 点(测站点为 A),需按坐标反算公式求出测设数据 β_1 和 D_1,即

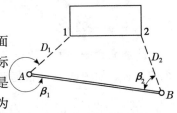

图 9-9 极坐标法

$$\alpha_{A1}=\arctan\frac{y_1-y_A}{x_1-x_A}, \quad \alpha_{AB}=\arctan\frac{y_B-y_A}{x_B-x_A}$$

则
$$\beta_1=\alpha_{A1}-\alpha_{AB}$$
$$D_1=\sqrt{(x_1-x_A)^2+(y_1-y_A)^2}$$

同理,也可求出 2 点的测设数据 β_2 和 D_2(测站点为 B)。

[例 9-2] 已知 $x_1=370.000$ m,$y_1=458.000$ m,$x_A=348.758$ m,$y_A=433.570$ m,$\alpha_{AB}=103°48'48''$,现准备在 A 点架设仪器,利用极坐标法来放样 1 号点,求测设数据 β_1 和 D_1。

解
$$\alpha_{A1}=\arctan\frac{y_1-y_A}{x_1-x_A}=\arctan\frac{458.000-433.570}{370.000-348.758}=48°59'34''$$
$$\beta_1=\alpha_{A1}-\alpha_{AB}=48°59'34''-103°48'48''+360°=305°10'46''$$
$$D_1=\sqrt{(370.000-348.758)^2+(458.000-433.570)^2}=32.374 \text{ m}$$

测设时,在 A 点安置经纬仪,瞄准 B 点,将水平度盘拨零,顺转测设 β_1 角,定出 $A1$ 视线方向,由 A 点起沿 $A1$ 视线方向测设距离 D_1,即定出 1 点。同样,在 B 点安置仪器,可根据 (β_2, D_2) 定出 2 点。最后丈量 1、2 两点间的水平距离与设计长度进行比较,其误差应在限差以内。

3) 角度交会法

角度交会法适用于测设点离控制点较远或量距较困难的场合。如图 9-10,测设点 P 和控制点 A、B 的坐标均为已知。根据坐标反算求出测设数据 β_1 和 β_2。

测设时,在 A、B 两点同时安置经纬仪,分别测设出 β_1 和 β_2 角,两视线方向的交点即为测设点 P。为了保证交会点的精度,实际工作中还应从第三个控制点 C 测设 β_3 定出 CP 方向线作为校核。若三方向线不交于一点,会出现一个示误三角形,当示误三角形边长在限差以内,可取示误三角形重心作为测设点 P。两个交会方向所形成的夹角 γ_1、γ_2 应不小于 $30°$ 或不大于 $150°$。

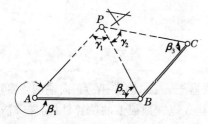

图 9-10 角度交会法

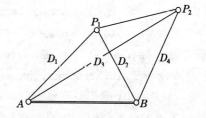

图 9-11 距离交会法

4) 距离交会法

距离交会法适用于测设点离两个控制点较近(一般不超过一整尺长),且地面平坦,便于量距的场合。如图 9-11,根据测设点 P_1、P_2 和控制点 A、B 的坐标,可求出测设数据 D_1、D_2、D_3、D_4。

测设时,使用两把钢尺,使各尺的零刻划线分别对准 A、B 点,将钢尺拉平,分别测设水平距离 D_1、D_2,其交点即为测设点 P_1。同法测设 P_2 点。为了校核,实地量测 P_1P_2 水平距离与其设计长度比较,其误差应在限差以内。

9.3 全站仪三维坐标放样法

全站仪的普及带来了施工放样的技术进步,大大简化了传统的施工测量方法,使现代施工测量方法变得灵活、方便、精度高、劳动强度小、工作效率高,并带来了施工测量的数字化、自动化和信息化。

全站仪用于施工测量除了精度高外,最大的优点在于能实施三维定位放样和测量,所以,三维直角坐标法和三维极坐标法已成为施工测量的常用方法,前者一般用于位置测定,后者用于定位放样。其实对于全站仪而言,实际测量值是距离、水平角度和天顶距,由于仪器自身具有自动计算和存储功能,可以通过计算获得所测点的直角坐标元素和极坐标元素,所以全站仪直角坐标法和全站仪极坐标法只是在概念上有区别,在现场施工测量中完全可以认为是同一种方法。本节统称为全站仪三维坐标法。

1) 三维坐标测量方法

利用全站仪进行三维坐标测量是在预先输入测站数据后,便可直接测定目标点的三维坐标。测站数据包括测站坐标、仪器高、目标高和后视方位角。仪器高和目标高可用小钢尺等量取;坐标数据可以预先输入仪器或从预先存入的工作文件中调用;后视方位角可通过输入测站点和后视点坐标后照准后视点进行设置(可参看第12章第12.3.3节)。在完成了测站数据的输入和后视方位角的设置后,通过距离测量和角度测量便可确定目标点的位置。

如图9-12所示,O为测站点,A为后视点;P点为待测点(目标点)。A点的三维坐标为$(X_A、Y_A、H_A)$,O点的三维坐标为$(X_O、Y_O、H_O)$,P点的三维坐标为$(X_P、Y_P、H_P)$,为此,根据第6章第6.3.2节坐标反算公式(6-8)先计算出OA边的坐标方位角(称后视方位角):

$$\alpha_{OA} = \arctan \frac{Y_A - Y_O}{X_A - X_O}$$

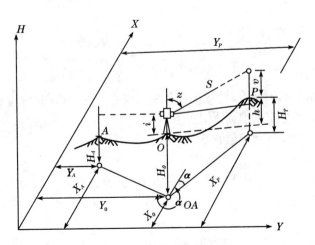

图9-12 三维坐标法测量示意图

在测站点和后视点坐标输入到仪器之后,全站仪能自动进行这项计算。在瞄准后视点后,通过键盘操作,能将水平度盘读数自动设置为计算出的该方向的坐标方位角,即X方向的水平度盘读数为0°。此时,仪器的水平度盘读数就与坐标方位角相一致。当用仪器瞄准 P 点,显示的水平读数就是测站 O 点至目标 P 点的坐标方位角 α_{OP},仪器会按下列公式自动算出 P 点的坐标。目标点 P 三维坐标测量的计算公式为

$$X_P = X_O + S \cdot \sin z \cdot \cos \alpha$$
$$Y_P = Y_O + S \cdot \sin z \cdot \sin \alpha$$
$$H_P = H_O + S \cdot \cos z + \frac{1-K}{2R}(S \cdot \sin z)^2 + i - v$$

式中,S 为测站点至目标点的斜距;z 为测站点至目标点的天顶距;α 为测站点至目标点的坐标方位角(即水平读数);i 为仪器高;v 为目标高(棱镜高);K 为大气垂直折光系数,一般取 $K=0.14$;R 为地球半径。

实际上,这些计算通过操作键盘可直接由仪器完成从而得到目标点三维坐标,并可将目标点三维坐标显示在仪器的屏幕上。测量完毕后,可将观测数据和三维坐标计算结果都存储于所选的工作文件中。

2) 三维极坐标放样方法

首先输入测站数据(测站点坐标、仪器高、目标高和后视点坐标),后视方位角可通过输入测站点和后视点坐标后照准后视点进行设置。然后,输入放样点的点号及其二维或三维坐标。

实地放样时,当仪器后视定向后,只要选定该放样点的点号,仪器便会自动计算出该点的二维或三维极坐标法放样数据(α、S)或(α、S、z),α 为测站点与放样点之间的方位角(即水平读数),S 为测站点与放样点之间的斜距,z 为测站点至目标点的天顶距。

全站仪瞄准任意位置的棱镜测量后,仪器会显示出该棱镜位置与放样点位置的差值($\Delta\alpha$、ΔS、Δz),然后再根据这些差值而指挥移动棱镜,全站仪不断跟踪棱镜测量(注:仪器要设置为"跟踪测量"状态),直至 $\Delta\alpha=0$、$\Delta S=0$、$\Delta z=0$,即可标定出放样点的空间位置。

日本 SOKKIA 公司生产的 SET 2000 型全站仪三维极坐标放样过程可参看本书第 12 章第12.3.5节。其他型号全站仪的三维极坐标放样过程可查阅仪器操作说明书。

9.4 已知坡度线的测设

在平整场地、铺设管道及修筑道路等工程中,经常需要在地面上测设设计坡度线。坡度线的测设是根据附近水准点的高程、设计坡度和坡度端点的设计高程,应用水准测量的方法将坡度线上各点的设计高程标定在地面上。

测设方法有水平视线法和倾斜视线法两种。

1) 水平视线法

如图 9-13 所示,A、B 为设计坡度线的两端点,其设计高程分别为 H_A、H_B,AB 设计坡度为 i_{AB},为使施工方便,要在 AB 方向上,每隔距离 d 定一木桩,要在木桩上标定出坡度线。施测方法如下:

(1) 沿 AB 方向,用钢尺定出间距为 d 的中间点 1、2、3 的位置,并打下木桩。

(2) 计算各桩点的设计高程:

第 1 点的设计高程 $H_1 = H_A + i_{AB} \cdot d$

第 2 点的设计高程 $H_2 = H_1 + i_{AB} \cdot d$

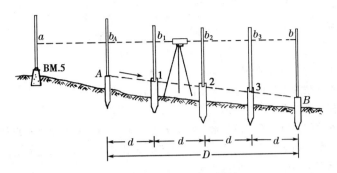

图 9-13 水平视线法放坡

第 3 点的设计高程 $H_3 = H_2 + i_{AB} \cdot d$

B 点的设计高程 $H_B = H_3 + i_{AB} \cdot d$

或 $H_B = H_A + i_{AB} \cdot D$（检核）

坡度 i 有正有负，计算设计高程时，坡度应连同其符号一并运算。

(3) 安置水准仪于水准点附近，后视读数 a，得仪器视线高程 $H_视 = H_{BM.5} + a$，然后根据各点设计高程计算测设各点的应读前视尺读数。

$$b_j = H_视 - H_j \quad (j=1, 2, 3)$$

(4) 将水准尺分别贴靠在各木桩的侧面，上、下移动水准尺，直至尺读数为 b_j 时，便可沿水准尺底面画一横线，各横线连线即为 AB 设计坡度线。

2) 倾斜视线法

如图 9-14 所示，A、B 为坡度线的两端点，其水平距离为 D，A 点的高程为 H_A，要沿 AB 方向测设一条坡度为 i_{AB} 的坡度线，则先根据 A 点的高程、坡度 i_{AB} 及 A、B 两点间的水平距离计算出 B 点的设计高程，再按测设已知高程的方法，将 A、B 两点的高程测设在地面的木桩上。然后将水准仪安置在 A 点上，使基座上一个脚螺旋在 AB 方向上，其余两个脚螺旋的连线与 AB 方向垂直，量取仪器高 i，再转动 AB 方向上的脚螺旋和微倾螺旋，使十字丝中横丝对准 B 点水准尺上的读数等于仪器高 i，此时，仪器的视线与设计坡度线平行。在 AB 方向的中间各点 1、2、3…的木桩侧面立尺，上、下移动水准尺，直至尺上读数等于仪器高 i 时，沿尺子底面在木桩上画一红线，则各桩红线的连线就是设计坡度线。

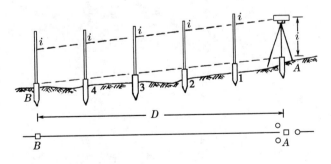

图 9-14 倾斜视线法放坡

如果设计坡度较大，超出水准仪脚螺旋所能调节的范围，则可用经纬仪测设，其方法相同。

习题与研讨题 9

9-1 测设的基本工作有哪几项？

9-2 测设点的平面位置有几种方法？各适用于什么情况？

9-3 简述全站仪二维极坐标法放样的步骤？

9-4 要在坡度一致的倾斜地面上设置水平距离为 126.000 m 的线段,已知线段两端的高差为 3.60 m (预先测定),所用 30 m 钢尺的鉴定长度是 29.993 m,测设时的温度 $t=10℃$,鉴定时的温度 $t_0=20℃$,试计算用这根钢尺在实地沿倾斜地面应量的长度。

9-5 如何用一般方法测设已知数值的水平角？

9-6 已测设直角 AOB,并用多个测回得其平均角值为 $90°00'48''$,又知 OB 的长度为 150.000 m,问在垂直于 OB 的方向上,B 点应该向何方向移动多少距离才能得到 $90°00'00''$ 的角？

9-7 如图 9-15,已知 $α_{AB}=300°04'00''$,$x_A=14.22$ m,$y_A=86.71$ m;$x_1=34.22$ m,$y_1=66.71$ m;$x_2=54.14$ m,$y_2=101.40$ m。试计算仪器安置于 A 点,用极坐标法测设 1 与 2 点的测设数据并简述测设点位过程。

9-8 利用高程为 9.531 m 的水准点 A,测设设计高程为 9.800 m 的室内±0.000 标高。架设水准仪后,瞄准水准点 A,读数 $a=1.478$ m,求读数 b,使水准仪水平视线对准水准尺读数 b 时,水准尺底部就是±0.000 标高位置。

9-9 (研讨题)测设和测定有何不同？并讨论实际工作中两者的区别。

9-10 (研讨题)简述全站仪三维极坐标法放样的步骤。

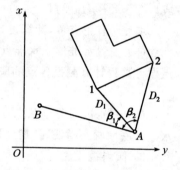

图 9-15 极坐标法放样点位

10 建筑施工测量

10.1 施工测量概述

10.1.1 施工测量的目的和内容

各种工程在施工阶段所进行的测量工作,称为施工测量。施工测量的目的是把设计图纸上规划设计的建筑物、构筑物的平面位置和高程,按设计要求,使用测量仪器,以一定的方法和精度测设到地面上,并设置标志,作为施工的依据;同时在施工过程中进行一系列的测量工作,以衔接和指导各工序间的施工。

施工测量贯穿施工的全过程,其内容包括:

(1) 施工前的施工控制网的建立;
(2) 建筑物定位测量和基础放线;
(3) 主体工程施工中各道工序的细部测设,如基础模板测设、主体工程砌筑、构件和设备安装等;
(4) 工程竣工后,为了便于管理、维修和扩建,还应进行竣工测量并编绘竣工图;
(5) 施工和运营期间对高大或特殊建(构)筑物进行变形观测。

10.1.2 施工测量的特点

(1) 精度要求

一般情况下,施工测量的精度比测绘地形图的精度要高,而且根据建筑物、构筑物的重要性,根据结构材料及施工方法的不同,对施工测量的精度要求也有所不同。例如,工业建筑的测设精度高于民用建筑,钢结构建筑物的测设精度高于钢筋混凝土的建筑物,装配式建筑物的测设精度高于非装配式建筑物,高层建筑物的测设精度高于多层建筑物等。

(2) 工程知识

由于施工测量贯穿于施工全过程,施工测量工作直接影响工程质量及施工进度,所以测量人员必须了解工程有关知识,并详细了解设计内容、性质及对测量工作的精度要求,熟悉有关图纸,了解施工的全过程,密切配合施工进度进行工作。

(3) 现场协调

建筑施工现场多为地面与高空各工种交叉作业,并有大量的土方填挖,地面情况变动很大,再加上动力机械及车辆频繁,因此,对测量标志的埋设应特别稳固,且不易被损坏,并要妥善保护,经常检查,如有损坏应及时恢复。同时,立体交叉作业,施工项目多,为保证工序间的相互配合、衔接,施工测量工作要与设计、施工等方面密切配合,并要事先充分做好准备工作,制订切实可行的施工测量方案。

目前,建筑平面、立面造型既新颖且复杂多变,因此,测量人员应能因地、因时制宜,灵活适应,选择适当的测量放线方法,配备功能相适应的仪器。在高空或危险地段施测时,应采取安全措施,以防发生事故。

为了确保工程质量,防止因测量放线的差错造成损失,必须在整个施工的各个阶段和各主要部位做好验线工作,每个环节都要仔细检查。

10.1.3 施工测量的基本原则

(1) 先整体后局部

施工测量必须遵循"先整体后局部"的原则。该原则在测量程序上体现为"先控制后碎部"。即,首先在测区范围内,选择若干点组成控制网,用较精确的测量和计算方法,确定出这些点的平面位置和高程,然后以这些点为依据再进行局部地区的测绘工作和放样工作。其目的是控制误差积累,保证测区的整体精度;同时也可以提高工效和缩短工期。

(2) 逐步检查

施工测量同时必须严格执行"逐步检查"的原则,随时检查观测数据、放样定线的可靠程度以及施工测量成果所具有的精度。其主要目的是防止产生错误,保证质量。

10.1.4 测绘新仪器、新技术在施工测量中的应用

(1) 全站仪

集电子测距和电子测角为一体的全站仪,目前已广泛应用于施工测量中,它可使测量工作实现自动化和内、外业一体化(详见第12章第12.3节)。

(2) 激光技术

激光具有亮度高、方向性强、单色性好、相干性好等特性。施工测量中常用的激光仪器有激光导向仪、激光水准仪、激光经纬仪、激光铅垂仪、激光平面仪及激光测距仪等。激光仪器测量精度高,工作方便,提高了工作效率,广泛应用于高层建筑施工、水上施工、地下施工、精密安装等测量工作(详见第12章第12.4节)。

(3) GPS定位技术

全球定位系统具有精度高、速度快、操作方便、全天候等特点,而且测站之间无需通视,能提供三维坐标。在施工测量中,全球定位技术可应用于施工控制网的建立、建筑物的定位、高层建筑的放样、桥梁的放样、道路放样、水库大坝放样、施工过程的变形观测等工作(详见第12章第12.6节)。

(4) 地理信息系统(GIS)

地理信息系统是对有关地理空间数据进行输入、处理、存储、查询、检索、分析、显示、更新和提供应用的计算机系统,具有信息量广、新、使用方便等特点。在施工测量中,可将地理信息系统技术与工程相结合,建立相应的施工测量信息系统,可以进行控制选点、绘制断面图、计算土方量及编制施工竣工资料等工作。

(5) 遥感技术(RS)

遥感技术是泛指通过非接触传感器遥测物体的几何与物理特性的技术。它通过收集到的遥感信息的传输和预处理,将经过预处理的遥感数据回放成模拟图像或记录在计算机兼容磁

带上,可提供给用户使用。随着 20 世纪 60 年代航天技术的发展,近代遥感技术已形成自身的科学与技术体系。它广泛应用于工程建设的各个领域,涉及各行各业,如铁路和公路的设计、地震和洪水灾害的监测与评估、环境监测、国家基础测绘与空间数据库的建立、油气资源的勘探、矿产资源的勘查、水资源和海洋的研究以及古建筑与文物的测绘等方面都有应用。

10.1.5 施工坐标系与测量坐标系的坐标换算

施工坐标系亦称建筑坐标系,为便于进行建筑物的放样,其坐标轴应与建筑物主轴线相一致或平行。施工控制测量的建筑方格网大都采用建筑坐标系,而施工坐标系与测量坐标系往往不一致,因此施工测量前常常需要进行施工坐标系与测量坐标系的坐标换算。

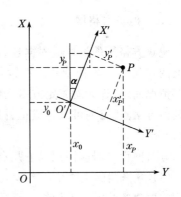

图 10-1 施工坐标与测量坐标的换算

如图 10-1,设 XOY 为测量坐标系,$X'O'Y'$ 为施工坐标系,x_0、y_0 为施工坐标系的原点 O' 在测量坐标系中的坐标,α 为施工坐标系的纵轴 $O'X'$ 在测量坐标系中的方位角。设已知 P 点的施工坐标为 (x_p', y_p'),则可按下式将其换算为测量坐标 (x_p, y_p):

$$\left. \begin{array}{l} x_p = x_0 + x_p'\cos\alpha - y_p'\sin\alpha \\ y_p = y_0 + x_p'\sin\alpha + y_p'\cos\alpha \end{array} \right\} \quad (10-1)$$

如已知 P 点的测量坐标 (x_p, y_p),则可将其换算为施工坐标 (x_p', y_p'):

$$\left. \begin{array}{l} x_p' = (x_p - x_0)\cos\alpha + (y_p - y_0)\sin\alpha \\ y_p' = -(x_p - x_0)\sin\alpha + (y_p - y_0)\cos\alpha \end{array} \right\} \quad (10-2)$$

10.2 施工控制测量

10.2.1 概述

根据施工测量的基本原则,施工前,在建筑场地要建立统一的施工控制网。在勘测阶段所建立的测图控制网往往不能满足施工测量要求,而且在施工现场,由于大量的土方填挖,地面变化很大,原来布置的测图控制点往往会被破坏掉。因此在施工以前,应在建筑场地重新建立施工控制网,以供建筑物的施工放样和变形观测等使用。相对于测图控制网来说,施工控制网具有控制范围小、控制点密度大、精度要求高、使用频繁等特点。

施工控制网一般布置成矩形的格网,称为建筑方格网。当建筑物面积不大、结构又不复杂时,只需布置一条或几条基线作平面控制,称为建筑基线。当建立方格网有困难时,常用导线或导线网作为施工测量的平面控制网。

建筑场地的高程控制多采用水准测量方法。一般用三、四等水准测量方法测定各水准点的高程。当布设的水准点不够用时,建筑基线点、建筑方格网点以及导线点也可兼做高程控制点。

10.2.2 建筑基线

建筑基线应临近建筑物并与其主要轴线平行,以便使用比较简单的直角坐标法进行建筑物的放样。通常建筑基线可布置成三点直线形、三点直角形、四点丁字形和五点十字形，如图10-2所示。建筑基线主点之间应相互通视、边长为100～400 m，点位应便于保存。

10.2.3 建筑方格网

建筑方格网的设计应根据建筑物设计总平面图上的建筑物和各种管线的布设，并结合现场的地形情况而定。设计时先定方格网的主轴线，后设计其他方格点。格网可设计成正方形或矩形，如图10-3所示。

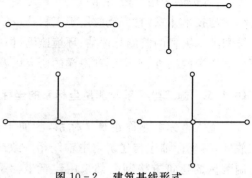

图10-2 建筑基线形式

方格网设计时应注意以下几点：

（1）方格网的主轴线应布设在整个场区中部，并与拟建主要建筑物的基本轴线平行；

（2）方格网的转折角应严格成 90°；

（3）方格网的边长一般为 100～200 m，边长的相对精度一般为 1/10 000～1/20 000；

（4）方格网的边应保证通视，点位标石应埋设牢固，以便能长期保存。

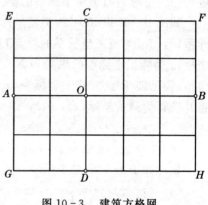

图10-3 建筑方格网

建筑方格网的测设是先根据场地测图控制点测设建筑方格网主轴线的点位（如图10-3中 A,O,B,C,D 点），经检核调整合格后，随之详细测设方格网（具体方法见参考文献[7]）。

10.2.4 导线与导线网

在城镇地区拟建多层民用建筑，一般宜布设以导线与导线网为主要形式的施工平面控制网，其布设、施测及计算见第 6 章有关内容。在道路、隧道工程施工测量中，也常用以导线与导线网形式建立施工平面控制网。

10.3 多层民用建筑施工测量

10.3.1 主轴线测量

建筑物主轴线是多层建筑物细部位置放样的依据，施工前，应先在建筑场地上测设出建筑物的主轴线。根据建筑物的布置情况和施工场地实际条件，建筑物主轴线可布置成三点直线形、三点直角形、四点丁字形及五点十字形等各种形式。主轴线的布设形式与作为施工控制的建筑基线相似（可参看图10-2）。主轴线无论采用何种形式，主轴线的点数不得少于 3 个。

1）根据建筑红线测设主轴线

在城市建设中，新建建筑物均由规划部门给设计或施工单位规定建筑物的边界位置，由城市规划部门批准并经测定的具有法律效用的建筑物边界线称为建筑红线。建筑红线一般与道路中心线平行。

图 10-4 中，Ⅰ、Ⅱ、Ⅲ 三点设为地面上测设的场地边界点，其连线 Ⅰ-Ⅱ、Ⅱ-Ⅲ 称为建筑红线。建筑物的主轴线 AO、OB 就是根据建筑红线来测设的。由于建筑物主轴线和建筑红线平行或垂直，所以用直角坐标法来测设主轴线就比较方便。当 A、O、B 三点在地面上标出后，应在 O 点架设经纬仪，检查 ∠AOB 是否等于 90°。OA、OB 的长度也要进行实量检验，如误差在容许范围内，即可作合理的调整。

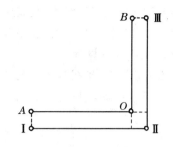

图 10-4　根据建筑红线测设主轴线

2) 根据现有建筑物测设主轴线

在现有建筑群内新建或扩建时，设计图上通常给出拟建的建筑物与原有建筑物或道路中心线的位置关系数据，建筑物主轴线就可根据给定的数据在现场测设。

图 10-5 中所表示的是几种常见的情况，画有斜线的为现有建筑物，未画斜线的为拟建的多层建筑物。图 10-5a 中拟建的多层建筑物轴线 AB 在现有建筑物轴线 MN 的延长线上。测设直线 AB 的方法如下：先作 MN 的垂线 MM′ 及 NN′，并使 MM′ = NN′，然后在 M′ 处架设经纬仪作 M′N′ 的延长线 A′B′（使 N′A′ = d_1），再在 A′、B′ 处架设经纬仪作垂线可得 A、B 两点，其连线 AB 即为所要确定的直线。一般也可以用线绳紧贴 MN 进行穿线，在线绳的延长线上定出 AB 直线。图 10-5b 是按上法，定出 O 点后转 90°，根据有关数据定出 AB 直线。图 10-8c 中，拟建的多层建筑物平行于原有的道路中心线，其测设方法是先定出道路中心线位置，然后用经纬仪测设垂线和量距，定出拟建建筑物的主轴线。

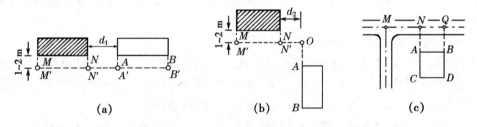

图 10-5　根据现有建筑物测设主轴线

3) 根据建筑方格网测设主轴线

在施工现场有建筑方格网控制时，可根据建筑物各角点的坐标利用第 9 章介绍的直角坐标法来测设主轴线。

4) 根据导线与导线网测设主轴线

在施工现场布设有导线与导线网点时，可根据这些导线点和建筑物各角点的坐标，采用第 9 章介绍的极坐标法测设主轴线。

10.3.2　定位测量

1) 房屋基础放线

在建筑物主轴线的测设工作完成之后，应立即将主轴线的交点用木桩标定于地面上，并在桩顶上钉小钉作为标志，再根据建筑物平面图，将其内部开间的所有轴线都一一测出。然后检查房屋各轴线之间的距离,其误差不得超过轴线长度的1/2 000。最后根据中心轴线,用石灰在地面上撒出基槽开挖边线,以便开挖。

2) 龙门板的设置

施工开槽时,轴线桩要被挖掉。为了方便施工,在一般多层建筑物施工中,常在基槽外一定距离(至少1.5 m)外钉设龙门板(见图10-6b)。

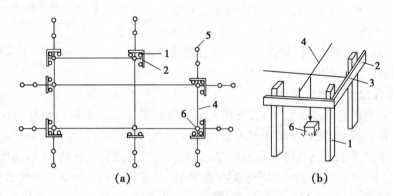

图10-6 龙门板与轴线控制桩
1—龙门桩;2—龙门板;3—轴线钉;4—线绳;5—轴线控制桩;6—轴线桩

钉设龙门板的步骤为:先钉设龙门桩,再根据建筑场地的水准点,在每个龙门桩上测设±0高程线。然后沿龙门桩上测设的±0高程线钉设龙门板,龙门板高程的测定容许误差为±5 mm。最后根据轴线桩,用经纬仪将墙、柱的轴线投到龙门板顶面上,并钉小钉标明,所钉之小钉称为轴线钉。投点容许误差为±5 mm。在轴线钉之间拉紧钢丝,可吊垂球随时恢复轴线桩点(如图10-6b)。

3) 轴线控制桩(引桩)的测设

龙门板由于在挖槽施工时不易保存,目前已很少采用。现在多采用在基槽外各轴线的延长线上测设轴线控制桩的方法(见图10-6a),作为开槽后各阶段施工中确定轴线位置的依据。另外,即使采用龙门板,为了防止被碰动,也应测设轴线控制桩。

房屋轴线的控制桩又称引桩。在多层建筑物施工中,引桩是向上层投测轴线的依据。引桩一般钉在基槽开挖边线2 m以外的地方,在多层建筑物施工中,为便于向上投点,应在较远的地方测定,如附近有固定建筑物,最好把轴线投测在建筑物上。在一般小型建筑物放线中,引桩多根据轴线桩测设;在大型建筑物放线时,为了保证引桩的精度,一般都是先测引桩,再根据引桩测设轴线桩。

10.3.3 基础施工测量

1) 基槽抄平

建筑施工中的高程测设,又称为抄平。为了控制基槽的开挖深度,当基槽挖到离槽底设计高0.3～0.5 m时,应用水准仪在槽壁上测设一些水平的小木桩(水平桩),使木桩的上表面离槽底的设计高程为一固定值(如图10-7所示)。必要时,可沿水平桩的上表面拉上白线绳,作为清理槽底和打基础垫层时

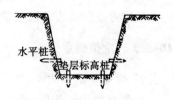

图10-7 基槽高程测设

掌握高程的依据。

高程点的测量容许误差为±10 mm。

2）垫层中线投测与高程控制

垫层打好以后，根据轴线控制桩或龙门板上的轴线钉，用经纬仪把轴线投测到垫层上，然后在垫层上用墨线弹出墙中心线和基础边线，以便砌筑基础。

垫层高程可以在槽壁弹线，或者在槽底钉入小木桩进行控制，如果在垫层上有支模板，则可以直接在模板上弹出高程控制线。

3）防潮层抄平与轴线投测

当基础墙砌筑到±0高程下一层砖时，应用水准仪测设防潮层的高程，其测量容许误差为±5 mm。防潮层做好之后，根据轴线控制桩或龙门板上的轴线钉进行投点，其投点容许误差为±5 mm。然后，将墙轴线和墙边线用墨线弹到防潮层面上，并把这些线加以延伸，画到基础墙的立面上。

10.3.4 墙身皮数杆的设置

墙身皮数杆一般立在建筑物的拐角和隔墙处，作为砌墙时掌握高程和砖缝水平的主要依据。为了便于施工，采用里脚手架时，皮数杆立在墙外边；采用外脚手架时，皮数杆应立在墙里边。立皮数杆时，先在立杆处打一木桩，用水准仪在木桩上测设出±0高程位置（见图10-8）。其测量容许误差为±3 mm。然后把皮数杆上的±0线与木桩上±0线对齐，并用钉钉牢。为了保证皮数杆稳定，可在皮数杆上加钉两根斜撑，前后要用水准仪进行检查。

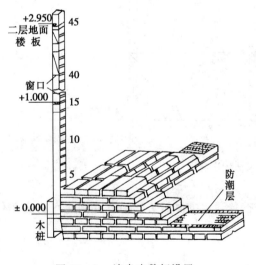

图10-8　墙身皮数杆设置

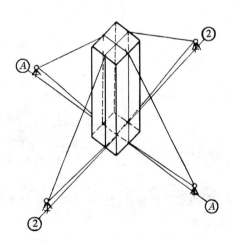

图10-9　经纬仪竖向投测轴线

10.3.5 主体施工测量

1）轴线投测

在多层建筑墙身砌筑过程中，为了保证建筑物轴线位置正确，可用经纬仪把轴线投测到各层楼板边缘或柱顶上。每层楼板中心线应测设长线（列线）1～2条，短线（行线）2～3条，其投点容许误差为±5 mm。然后根据由下层投测上来的轴线，在楼板上分间弹线。如图10-9，投测时,把经纬仪安置在轴线控制桩上,后视首层墙底部的轴线标志点,用正倒镜取中的方法,将轴线投到上层楼板边缘或柱顶上。当各轴线投到楼板上之后,要用钢尺实量其间距作为校核,其相对误差不得大于1/2 000。经校核合格后,方可开始该层的施工。为了保证投测质量,使用的仪器一定要经检验校正,安置仪器一定要严格对中、整平。为了防止投点时仰角过大,经纬仪距建筑物的水平距离要大于建筑物的高度,否则应采用正倒镜延长直线的方法将轴线向外延长,然后再向上投点。

2) 高程传递

多层建筑物施工中,要由下层楼面向上层传递高程,以便使楼板、门窗口、室内装修等工程的高程符合设计要求。高程传递一般可采用以下几种方法进行:

(1) 利用皮数杆传递高程:±0.000高程,门窗口、过梁、楼板等构件的高程都已在皮数杆上标明。一层楼砌好后,再从第二层立皮数杆,一层一层往上接。

(2) 利用钢尺直接丈量:在高程精度要求较高时,可用钢尺沿某一墙角自±0.000起向上直接丈量,把高程传递上去。然后根据由下面传递上来的高程立皮数杆,作为该层墙身砌筑和安装门窗、过梁及室内装修、地坪抹灰时掌握高程的依据。

(3) 吊钢尺法:在楼梯间悬吊钢尺(钢尺零点朝下),用水准仪读数,把下层高程传到上层。如图10-10,二层楼面的高程 H_2 可根据一层楼面高程 H_1 计算求得:

$$H_2 = H_1 + a + (c - b) - d \tag{10-3}$$

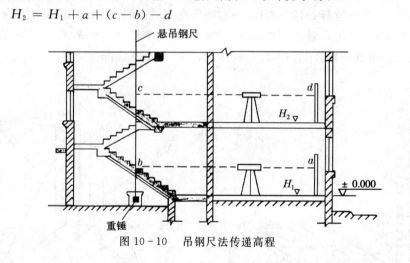

图10-10 吊钢尺法传递高程

(4) 普通水准测量法:使用水准仪和水准尺,按普通水准测量方法沿楼梯间也可将高程传递到各层楼面。

10.4 高层建筑施工测量

10.4.1 高层建筑施工测量的特点及其精度要求

1) 高层建筑施工测量的特点

高层建筑由于层数多、高度高、结构复杂,设备和装修标准较高以及建筑平面、立面造型新颖多变,所以高层建筑施工测量较之多层民用建筑施工测量有如下特点:

(1) 高层建筑施工测量应在开工前,制订合理的施测方案,选用合适的仪器设备和严密的施工组织与人员分工,并经有关专家论证和上级有关部门审批后方可实施。

(2) 高层建筑施工测量的主要问题是控制竖向偏差(垂直度),故施工测量中要求轴线竖向投测精度高,应结合现场条件、施工方法及建筑结构类型选用合适的投测方法。

(3) 高层建筑施工放线与抄平精度要求高,测量精度至毫米,并应使测量误差控制在总的偏差值以内。

(4) 高层建筑由于工程量大,工期长且大多为分期施工,不仅要求有足够精度与足够密度的施工控制网(点),而且还要求这些施工控制点能稳固地保存到工程竣工,有些还应能移交以后继续建设时使用。

(5) 高层建筑施工项目多,又为立体交叉作业,且受天气变化、建材的性质、不同的施工方法等影响,使施工测量时干扰大,故施工测量必须精心组织,充分准备,快、准、稳地配合各个工序的施工。

(6) 高层建筑一般基础基坑深,自身荷载大,施工周期较长,为了保证施工期间周围环境与自身的安全,应按照国家有关规范要求,在施工期间进行相应项目的变形监测。

2) 高层建筑施工测量精度要求

根据《高层建筑混凝土结构技术规程》(JGJ 3—2010)有关规定,有关测量限差见表 10-1～表 10-5。钢筋混凝土高层结构施工的有关测量限差见表 10-6～表 10-7。

(1) 建筑物平面控制网的主要技术要求(见表 10-1)

表 10-1 建筑物平面控制网的主要技术要求

等 级	测角中误差 /″	边长相对中误差
一级	$7''/\sqrt{n}$	1/30 000
二级	$15''/\sqrt{n}$	1/20 000

注:n 为建筑结构的跨数。

(2) 基础放线尺寸定位限差(见表 10-2)

表 10-2 基础外廓轴线尺寸允许偏差

长度 L、宽度 B/m	允许偏差 / mm
$L(B) \leqslant 30$	±5
$30 < L(B) \leqslant 60$	±10
$60 < L(B) \leqslant 90$	±15
$90 < L(B) \leqslant 120$	±20
$120 < L(B) \leqslant 150$	±25
$L(B) > 150$	±30

注:轴线的对角线尺寸的允许偏差为边长偏差的 $\sqrt{2}$ 倍。

(3) 施工放线限差(见表 10-3)

表 10-3　施工放线限差(允许偏差)

项　　目		限差/mm
外廓主轴线长 L/m	$L \leqslant 30$	±5
	$30 < L \leqslant 60$	±10
	$60 < L \leqslant 90$	±15
	$90 < L$	±20
细部轴线		±2
承重墙、梁、柱边线		±3
非承重墙边线		±3
门窗洞口线		±3

(4) 轴线竖向投测限差(见表 10-4)

表 10-4　轴线竖向投测限差(允许偏差)

项　　目		限差/mm
每层(层间)		±3
建筑总高(全高)H/m	$H \leqslant 30$	±5
	$30 < H \leqslant 60$	±10
	$60 < H \leqslant 90$	±15
	$90 < H \leqslant 120$	±20
	$120 < H \leqslant 150$	±25
	$150 < H$	±30

注:建筑全高 H 竖向投测偏差不应超过 $3H/10\ 000$,且不应大于上表值,对于不同的结构类型或不同的投测方法,其竖向允许偏差要求略有不同。

(5) 标高竖向传递限差(见表 10-5)

表 10-5　标高竖向传递限差(允许偏差)

项　　目		限差/mm
每层(层间)		±3
建筑总高(全高)H/m	$H \leqslant 30$	±5
	$30 < H \leqslant 60$	±10
	$60 < H \leqslant 90$	±15
	$90 < H \leqslant 120$	±20
	$120 < H \leqslant 150$	±25
	$150 < H$	±30

注:建筑全高 H 标高竖向传递测量误差不应超过 $3H/10\ 000$,且不应大于上表值。

(6) 各种钢筋混凝土高层结构施工中竖向与轴线位置的施工限差（见表10-6）

表10-6 钢筋混凝土高层结构施工中竖向与轴线位置施工的限差（允许偏差）

项 目		限差/mm				检查方法
		现浇框架 框架—剪力墙	装配式框架 框架—剪力墙	大模板施工 混凝土墙体	滑模施工	
层间	层高不大于5 m	8	5	5	5	2 m 靠尺检查
	层高大于5 m	10	10			
	全高H/mm	$H/1\,000$ 但不大于30	$H/1\,000$ 但不大于20	$H/1\,000$ 但不大于30	$H/1\,000$ 但不大于50	激光经纬仪 全站仪实测
轴线 位置	梁、柱	8	5	5	3	钢尺检查
	剪力墙	5	5			

注：H为建筑总高度(m)。

(7) 各种钢筋混凝土高层结构施工中标高的施工限差（见表10-7）

表10-7 钢筋混凝土高层结构施工中标高的施工限差（允许误差）

项 目	限差/mm				检查方法
	现浇框架 框架—剪力墙	装配式框架 框架—剪力墙	大模板施工 混凝土墙体	滑模施工	
每 层	±10	±5	±10	±10	钢尺检查
全 高	±30	±30	±30	±30	水准仪实测

10.4.2 桩位放样及基坑标定

1）桩位放样

在软土地基区的高层建筑常用桩基，一般都打入钢管桩或钢筋混凝土方桩。由于高层建筑的上部荷重主要由钢管桩或钢筋混凝土方桩承受，所以对桩位要求较高，其定位偏差不得超过有关规范的规定要求，为此在定桩位时必须按照建筑施工控制网，实地定出控制轴线，再按设计的桩位图中所示尺寸逐一定出桩位（如图10-11），定出的桩位之间尺寸必须再进行一次校核，以防止定错。

2）建筑物基坑标定

高层建筑由于采用箱形基础和桩基础较多，所以其基坑较深，有时深达

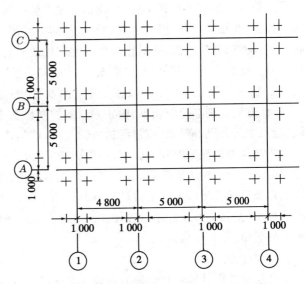

图10-11 桩位图 （单位：mm）

20 m。在开挖其基坑时,应当根据规范和设计所规定的(高程和平面)精度完成土方工程。

对于基坑轮廓线的标定,常用的方法有以下几种:

(1) 投影交会法

根据建筑物的轴线控制桩(见图 10-6)利用经纬仪投影交会测设出建筑物所有外围的轴线桩,然后按设计图纸用钢尺定出其开挖基坑的边界线。

(2) 主轴线法

建筑方格网一般都确定一条或两条主轴线。主轴线的形式有 L 形、T 字形或十字形等布置形式。这些主轴线是作为建筑物施工的主要控制依据。因此,当建筑物放样时,按照建筑物柱列线或轮廓线与主轴线的关系,在建筑场地上定出主轴线后,根据主轴线逐一定出建筑物的轮廓线。

(3) 极坐标法

由于高层建筑物的造型格调从单一的方形向多面体形等复杂的几何图形发展,这样对建筑物的放样定位带来了一定的复杂性,极坐标法是比较灵活的放样定位方法。具体做法是:首先按设计要素如轮廓坐标与施工控制点的关系,计算其方位角及边长,在控制点上按其计算所得的方位角和边长,逐一测定点位。将建筑物的所有轮廓点位定出后,再行检查是否满足设计要求。

总之,根据施工场地的具体条件和建筑物几何图形的繁简情况,测量人员可选择最合适的方法进行放样定位,再根据测设出的建筑物外围轴线定出其开挖基坑的边界线。

10.4.3 轴线的竖向投测

高层建筑物施工测量中的主要问题是控制垂直度,就是将建筑物基础轴线准确地向高层引测,并保证各层相应的轴线位于同一竖直面内,控制竖向偏差,使轴线向上投测的偏差值不超限。

1) 外控法

外控法是在建筑物外部,利用经纬仪,根据建筑物的轴线控制桩来进行轴线的竖向投测。高层建筑物的基础工程完工后,经纬仪安置在轴线控制桩上,将建筑物主轴线精确地投测到建筑物底部,并设立标志,以供下一步施工与向上投测之用。另外,以主轴线为基准,重新把建筑物角点投测到基础顶面,并对原来作的柱列轴线进行复核。随着建筑的砌筑升高,要逐步将轴线向上投测传递。外控法(可参看图 10-9)向上投测建筑物轴线时,是将经纬仪安置在远离建筑物的轴线控制桩上,分别以正、倒镜两次投测点的中点,得到投测在该层上的轴线方向。按此方法分别在建筑物纵、横主轴线的控制桩上安置经纬仪,就可在同一层楼面上投测出轴线点。楼面上纵、横轴线点连线构成的交点,即是该层楼面的施工控制点。

当建筑物楼层增至相当高度(一般为 10 层以上)时,经纬仪向上投测的仰角增大,投点精度会随着仰角的增大而降低,且观测操作也不方便。因此必须将主轴线控制桩引测到远处的稳固地点或附近大楼的屋面上,以减小仰角。为了保证投测质量,使用的经纬仪必须经过严格的检验校正,尤其是照准部水准管轴应严格垂直仪器竖轴。安置经纬仪时必须使照准部水准管气泡严格居中。

2) 内控法

高层建筑物轴线的竖向投测目前大多使用重锤或铅垂仪等仪器,利用内控法来进行。根据使用仪器的不同,内控法有吊线坠法、激光铅垂仪法等。

(1) 吊线坠法

一般用于高度在 $50 \sim 100$ m 的高层建筑施工中,可用 $10 \sim 20$ kg 重的特制线坠,用直径 $0.5 \sim 0.8$ mm 钢丝悬吊,在 ± 0.000 首层地面上以靠近高层建筑结构四周的轴线点为准,逐层向上悬吊引测轴线和控制结构的竖向偏差。如南京市金陵饭店主楼(高 110.75 m)和北京市中央彩电播出楼(高 112 m)就是采用吊线坠法作为竖向偏差的检测方法,效果很好。在用此法施测时,要采取一些必要措施,如用铅直的塑料管套着坠线,以防风吹,并采用专用观测设备,以保证其精度。

(2) 激光铅垂仪法

铅垂仪又称垂准仪,置平仪器上的水准管气泡后,仪器的视准轴即处于铅垂位置,可以据此进行向上或向下投点。若采用内控法,首先应在建筑物底层平面轴线桩位置预埋标志,其次在施工时要在每层楼面相应位置处都预留孔洞,供铅垂仪照准及安放接收屏之用。

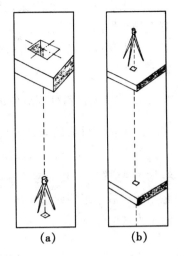

图 10-12 铅垂仪投点

图 10-12a 是向上作铅垂投点、图 10-12b 是向下作铅垂对点。如深圳市国际贸易中心主楼(高 160 m),采用滑模施工,用激光铅垂仪进行轴线的竖向投测,取得良好效果。第 12 章第 12.4 节有激光铅垂仪专门介绍。

另外,使用经纬仪或全站仪加上弯管目镜亦可进行内控法投测。

10.4.4 高程传递

高层建筑物施工中,要由下层楼面向上层传递高程,使上层楼板、门窗口、室内装修等工程的高程符合设计要求。传递高程的方法与第 10.3.5 节多层建筑物高程传递的方法相同。

10.5 工业厂房施工测量

10.5.1 工业厂房控制网的测设

工业厂房一般都应建立厂房矩形控制网作为厂房的施工放样的依据。下面着重介绍依据建筑方格网,采用直角坐标法进行定位的方法。

如图 10-13 所示,1、2、3、4 四点是厂房的房角点,从设计图纸上可知其坐标。在设计图上布置厂房矩形控制网的四个角点 P、Q、R、S,此四点称为厂房控制点。根据已知数据可计算出 P、Q、R、S 与邻近的建筑方格网点之间的关系,再利用经纬仪和钢尺(或测距仪)测设出厂房矩形控制网 P、Q、R、S 四点,并

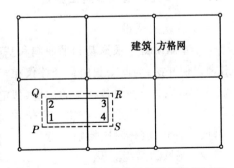

图 10-13 用建筑方格网测设厂房控制桩

用大木桩标定之。最后,检查四边形 $PQRS$ 的四个内角是否等于 $90°$,四条边长是否等于其设计长度。

对一般厂房来说,角度误差不应超过 $\pm 10''$,边长误差不得超过 $1/10\ 000$。

对于小型厂房,也可采用民用建筑的测设方法,即直接测设厂房四个角点,然后,将轴线投测至轴线控制桩或龙门板上。

对大型或设备复杂的厂房,应先测设厂房控制网的主轴线,再根据主轴线测设厂房矩形控制网。

10.5.2 工业厂房柱列轴线的测设

厂房柱列轴线的测设工作是在厂房控制网的基础上进行的。

如图 10-14,P、Q、R、S 是厂房矩形控制网的四个控制点,Ⓐ、Ⓑ、Ⓒ 和 ①、②、…、⑨ 等轴线均为柱列轴线,其中定位轴线 Ⓑ 轴和 ⑤ 轴为主轴线。柱列轴线的测设可根据柱间距和跨间距用钢尺沿矩形网四边量出各轴线控制桩的位置,并打入大木桩,钉上小钉,作为测设基坑和施工安装的依据。

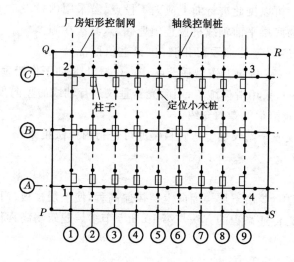

图 10-14 柱列轴线与柱基的测设

10.5.3 工业厂房柱基施工测量

1) 柱基的测设

柱基测设就是根据基础平面图和基础大样图的有关尺寸,把基坑开挖的边线用白灰标示出来以便开挖。为此安置两台经纬仪在相应的轴线控制桩(如图 10-14 中的 Ⓐ、Ⓑ、Ⓒ 和 ①、②、…、⑨ 点)上交出各柱基的位置(即定位轴线的交点)。

在进行柱基测设时,应注意定位轴线不一定都是基础中心线,有时一个厂房的柱基类型不一,尺寸各异,放样时应特别注意。

2) 基坑的高程测设

当基坑挖到一定深度时,应在坑壁四周离坑底设计高程 0.3~0.5 m 处设置几个水平桩,参看图 10-7,作为基坑修坡和清底的高程依据。

此外,还应在基坑内测设出垫层的高程,即在坑底设置小木桩,使桩顶面恰好等于垫层的设计高程。

3) 基础模板的定位

打好垫层以后,根据坑边定位小木桩,用拉线的方法,吊垂球把柱基定位线投到垫层上,用墨斗弹出墨线,用红漆画出标记,作为柱基立模板和布置基础钢筋网的依据。立模时,将模板底线对准垫层上的定位线,并用垂球检查模板是否竖直。最后将柱基顶面设计高程测设在模板内壁。拆模后,用经纬仪根据控制桩在杯口面上定出柱中心线(如图10-15),再用水准仪在杯口内壁定出±0.000标高线,并画出"▼"标志,以此线控制杯底标高。

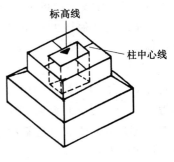

图 10-15 杯形基础

10.5.4 工业厂房构件的安装测量

1) 厂房柱子安装测量

(1) 柱子安装前的准备工作

柱子安装前,应对基础中心线及其间距、基础顶面和杯底标高等进行复核,再把每根柱子按轴线位置进行编号,并检查各尺寸是否满足图纸设计要求,检查无误后才可弹以墨线。在柱子上的三个侧面,弹上柱子中心线,并根据牛腿面设计高程,用钢尺量出柱下平线的高程线。

然后用柱子上弹的高程线与杯口内的高程线比较,以确定每一杯口内的抄平层厚度。过高时应凿去一层,用水泥砂浆找平,过低时用细石混凝土补平。最后再用水准仪进行检查,其容许误差为±3mm。

(2) 柱子安装测量

柱子安装的要求是保证其平面和高程位置符合设计要求,柱身铅直。预制的钢筋混凝土柱子插入杯形基础的杯口后,应使柱子三面的中心线与杯口中心线对齐吻合,用木楔或钢楔做临时固定,如有偏差可用锤敲打楔子拨正,其容许偏差为±5mm。然后用两台经纬仪安置在约1.5倍柱高距离的纵、横两条轴线附近,同时进行柱身的竖直校正(图10-16)。

经过严格检验校正的经纬仪在整平后,其视准轴上、下转动成一竖直面。据此,可用经纬仪作柱子竖直校正:先用纵丝瞄准柱子根部的中心线,制动照准部,缓缓抬高望远镜,观察柱子中心线偏离纵丝的方向、指挥用钢丝绳拉直柱子,直至从两台经纬仪中观测到的柱子中心线从下而上都与十字丝纵丝重合为止。然后在杯口与柱子的隙缝中浇入混凝土,以固定柱子的位置。

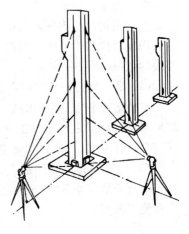

图 10-16 柱子的竖直校正

2) 吊车梁安装测量

吊车梁的安装测量主要是保证吊车梁中线位置和梁的标高满足设计要求。

(1) 吊车梁安装时的高程测量

吊车梁顶面的标高应符合设计要求。用水准仪根据水准点检查柱子上所画±0标志的高程,其误差不得超过±5mm。如果误差超限,则以检查结果作为修平牛腿面或加垫块的依据。并改正原±0.000高程位置,重新画出该标志。

(2) 吊车梁安装时的中线测量

根据厂房控制网的控制桩或杯口柱列中心线,按设计数据在地面上定出吊车梁中心线的两端点(图10-17中 A、A' 和 B、B'),打大木桩标志。然后用经纬仪将吊车梁中心线投测到每个柱子的牛腿面的侧边上,并弹以墨线,投点容许误差为 ± 3 mm,投点时如果与有些柱子的牛腿不通视,可以从牛腿面向下吊垂球的方法解决中心线的投点问题。吊装时,应使吊车梁中心线与牛腿上中心线对齐。

3) 吊车轨道安装测量

吊车轨道安装测量的目的是保证轨道中心线、轨顶标高均符合设计要求。

(1) 在吊车梁上测设轨道中心线

当吊车梁安装以后,再用经纬仪从地面把吊车梁中心线(亦即吊车轨道中心线)投到吊车梁顶上,如果与原来画的梁顶几何中心线不一致,则按新投的点用墨线重新弹出吊车轨道中心线作为安装轨道的依据。

由于安置在地面中心线上的经纬仪不可能与吊车梁顶面通视,因此一般采用中心线平移法,如图10-17所示,在地面平行于 AA' 轴线、间距为1m处测设 EE' 轴线。然后安置经纬仪于 E 点,瞄准 E' 点进行定向。抬高望远镜,使从吊车梁顶面伸出的长度为 1 m 的直尺端正好与纵丝相切,则直尺的另一端即为吊车轨道中心线上的点。

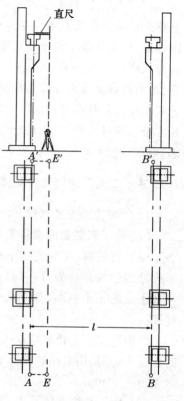

图 10-17　吊车梁及轨道安装测量

然后用钢尺检查同跨两中心线之间的跨距 l,与其设计跨距之差不得大于 10 mm。经过调整后用经纬仪将中心线方向投到特设的角钢或屋架下弦上,作为安装时用经纬仪校直轨道中心线的依据。

(2) 吊车轨道安装时的高程测量

在轨道安装前,要用水准仪检查梁顶的高程。每隔 3 m 在放置轨道垫块处测一点,以测得结果与设计数据之差作为加垫块或抹灰的依据。在安装轨道垫块时,应重新测出垫块高程,使其符合设计要求,以便安装轨道。梁面垫块高程的测量容许误差为 ± 2 mm。

(3) 吊车轨道检查测量

轨道安装完毕后,应全面进行一次轨道中心线、跨距及轨道高程的检查,以保证能安全架设和使用吊车。

10.6　管道施工测量

管道包括给水、排水、煤气、暖气、电力、通信及电缆等地下管线,管道施工测量的主要工作有复核中线和测设施工控制桩、槽口放线、施工控制标志的测设等,其主要目的是控制管道中线和高程。管道施工测量的限差见表 10-8。

表 10-8　管道施工测量的限差(允许误差)

测量内容		测量限差 /mm
架空管道中心线(桩)投测		±3
开槽管道或模板中心线的定位		±5
管道标高的测量 (开槽与架空管道)	自流管(下水道)	±3
	气体压力管	±5
	液体压力管	±10
	电缆地沟	±10
	地槽(挖土与垫层)	±10

10.6.1　开槽管道施工测量

1)准备工作

(1)校核中线:中线测量所打的各桩,等到施工时一部分会丢失或被破坏,为保证中线位置准确可靠,应根据设计数据及测量数据进行复核,并补齐已丢失的桩。

(2)测设施工控制桩:在施工时由于中线上各桩要被挖掉,为了便于恢复中线和其他附属构筑物的位置,应在不受施工干扰、引测方便和易于保存桩位处测设施工控制桩。施工控制桩分中线控制桩和位置控制桩两种。测设中线方向控制桩,是在中线的延长线上打设木桩;位置控制桩是在和中线垂直方向打桩,以控制里程桩和加桩的位置,如图 10-18 所示。

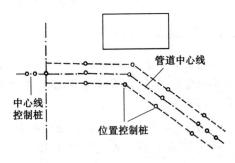

图 10-18　施工控制桩的设置

(3)加密水准点:为了在施工过程中引测高程方便,应根据原有水准点,于沿线附近每隔约 150 m 增设一个临时水准点。

(4)槽口放线:槽口放线的任务是按设计要求的埋深和土质情况、管径的大小等计算出开槽宽度,并在地面上标定出槽边线位置,作为开槽的依据。

2)施工测量

管道施工中的测量工作主要是控制中线和高程。

(1)埋设坡度板:坡度板是控制中线、掌握管道设计高程的基本标志,一般跨槽埋设,如图 10-19 所示。当槽深小于 2.5 m 时,开槽前在槽上口每隔 10~15 m 埋设一块坡度板。如果槽深大于 2.5 m,应待槽挖到距槽底 2 m 左右时再在槽内埋设坡度板。

(2)测设中线钉:坡度板埋好后,以中线控制桩为准,用经纬仪把管道中心线投测到坡度板上,并钉小钉(称为中线钉),再将里程桩号写在坡度板侧面。

(3)测设坡度钉:为了标明沟槽开挖的深度,还要在坡度板上标出高程标志。为此,根据附近的水准点,用水准仪测出中心线上各坡度板板顶的高程。板顶高程与管底设计高程之差,就是从板顶往下开挖到管底的深度,通常称下返数。为了施工方便,一般使一段管线内的各坡度板的下返数相同,且为一整"分米"数,因此,需在各坡度板上钉一坡度立板,在坡度立板的一

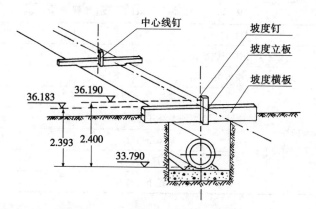

图 10-19 坡度板的设置(单位:m)

侧钉—无头小钉(称为坡度钉),使由该点起的下返数恰好为某段预定的整"分米"数。

例如,用水准仪测得 0+180 坡度板中心线处的板顶高程为 36.183 m,管底设计高程为 33.790 m,从板顶往下量 36.183－33.790＝2.393 m,即为管底高程(图 10-19)。根据各坡度板的板顶高程情况,选定一个统一的整"分米"数 2.4 m 作为下返数,这样只要从板顶向上量取 0.007 m,并用坡度钉在坡度立板上标出这一点位,则由这一点向下量 2.4 m 即为管底高程。

10.6.2 顶管施工测量

当地下管道穿越铁路、道路、江河或重要建筑物时,由于不能或不允许开槽施工,这时就常采用顶管施工法。顶管施工中,测量工作的主要任务是控制管道中线方向、管道高程和坡度。

1) 中线测量

先挖好顶管工作坑,然后根据地面管道的中线控制桩,用经纬仪将顶管中线桩分别引测到坑壁的前后,并打入木桩和铁钉(图 10-20),以标定中线的位置。

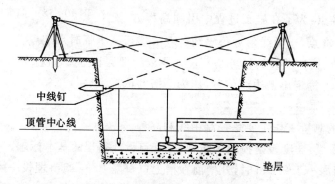

图 10-20 顶管中心线的引测

在进行顶管中线测量时,先在两个中线钉之间绷紧一条细线,细线上挂两个垂球,然后贴靠两垂球线再拉紧一水平细线,这根水平细线即标明了顶管的中线方向。为了保证中线测量的精度,两垂球间的距离尽可能大些。这时在管内前端横置一根小水平尺,尺长略小于管径,尺上有刻划和用小钉标出尺中心点,顶管时以水准器将尺放平,这样尺的中心点即位于管子的中心线上。通过拉入管内的细线与小水平尺上的中心钉比较,可以检查管子中心的偏差。管子每顶进 0.5～1.0 m 便要进行一次中线检查。

2）高程测量

先在工作坑内设置临时水准点 BM，将水准仪安置在坑内，后视临时水准点 BM，前视立于管内待测点的短标尺，即可测得管底各点高程。将测得的管底高程与管底设计高程进行比较，即可知道校正顶管坡度的数据。

通过深竖井穿越江河的长距离顶管施工测量，其测量应有很高的精度，读者可参阅有关专业书籍。

10.6.3 管道竣工测量

管道工程竣工后，要及时整理并编绘竣工资料和竣工图。竣工图可反映管道施工成果及其质量，同时也是管道建成后进行管理、维修和改建时不可缺少的资料，是城市规划设计的必要依据。

管道竣工测量包括管道竣工带状平面图和管道竣工断面图的测绘。竣工平面图主要测绘管道的起点及转折点、检查井的位置及附属构筑物的实际平面位置和高程。

管道竣工纵断面的测绘，要在回填土前进行，用普通水准测量测定管顶和检查井的井口高程。管底高程由管顶高程和管径、管壁厚度计算求得，井间距离用钢尺丈量。

10.7 建筑物的变形观测

为保证工程建筑物在施工、使用和运行中的安全，以及为建筑设计积累资料，通常需要对工程建筑物及其周边环境的稳定性进行观测，这种观测称之为建筑物的变形观测。变形观测的主要内容包括沉降观测、倾斜观测、位移观测和裂缝观测等。

10.7.1 沉降观测

1）水准点和沉降观测点的设置

作为建筑物沉降观测的水准点一定要有足够的稳定性，同时为了保证水准点高程的正确性和便于相互检核，水准点一般不得少于三个，并选择其中一个最稳定的点作为水准基点。水准点必须设置在受压、受震的范围以外，冰冻地区水准点应埋设在冻土深度线以下 0.5 m。水准点和观测点之间的距离应适中，相距太远会影响观测精度，相距太近又会影响水准点的稳定性，从而影响观测结果的可靠性，通常水准点和观测点之间的距离以 60～100 m 为宜。

进行沉降观测的建筑物、构筑物上应埋设沉降观测点。观测点的数量和位置，应能全面反映建筑物、构筑物的沉降情况。一般观测点是均匀设置的，但在荷载有变化的部位、平面形状改变处、沉降缝的两侧、具有代表性的支柱和基础上、地质条件改变处等，应加设足够的观测点。沉降观测点的埋设可参看图 10-21。

2）沉降观测的一般规定

（1）观测周期：一般待观测点埋设稳固后，且

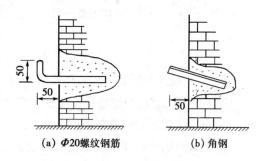

图 10-21　沉降观测点的埋设（单位：mm）

在建(构)筑物主体开工前,即进行第一次观测。在建筑物主体施工过程中,一般为每盖 1~2 层观测一次;大楼封顶或竣工后,一般每月观测一次,如果沉降速度减缓,可改为 2~3 个月观测一次,直到沉降量 100 d 不超过 1 mm 时,观测才可停止。

(2) 观测方法和仪器要求:对于多层建筑物的沉降观测,可采用 S_3 水准仪用普通水准测量方法进行。对于高层建筑物的沉降观测,则应采用 S_1 精密水准仪,用二等水准测量方法进行。为了保证水准测量的精度,观测时视线长度一般不得超过 50 m,前、后视距离要尽量相等。

(3) 沉降观测的工作要求:沉降观测是一项较长期的连续观测工作,为了保证观测成果的正确性,应尽可能做到四定:

① 固定观测人员;
② 使用固定的水准仪和水准尺;
③ 使用固定的水准基点;
④ 按规定的日期、方法及既定的路线、测站进行观测。

3) 沉降观测的成果整理

每次观测结束后,应检查记录中的数据和计算是否准确,精度是否合格,然后把各次观测点的高程列入成果表中,并计算两次观测之间的沉降量和累计沉降量,同时也要注明观测日期和荷载情况,为了更清楚地表示沉降、荷重、时间三者的关系,还要画出各观测点的沉降、荷重、时间关系曲线图(如图 10-22 所示)。

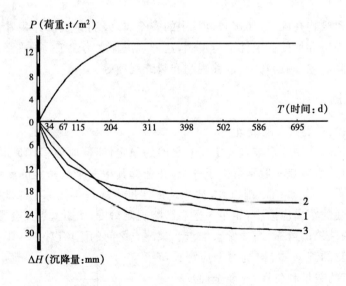

图 10-22 沉降曲线图

4) 沉降观测中常遇到的问题及其处理

(1) 曲线在首次观测后即发生回升现象

在第二次观测时即发现曲线上升,至第三次后,曲线又逐渐下降。发生此种现象,一般都是由于首次观测成果存在较大误差所引起的。此时,应将第一次观测成果作废,而采用第二次观测成果作为首测成果。

(2) 曲线在中间某点突然回升

发生此种现象的原因,多半是因为水准基点或沉降观测点被碰所致,如水准基点被压低,或沉降观测点被撬高,此时,应仔细检查水准基点和沉降观测点的外形有无损伤。如果众多沉降观测点出现此种现象,则水准基点被压低的可能性很大,此时可改用其他水准点作为水准基点来继续观测,并再埋设新水准点,以保证水准点个数不少于三个;如果只有一个沉降观测点出现此种现象,则多半是该点被撬高,如果观测点被撬后已活动,则需另行埋设新点,若点位尚牢固,则可继续使用,对于该点的沉降量计算,则应进行合理处理。

(3) 曲线自某点起渐渐回升

产生此种现象一般是由于水准基点下沉所致。此时,应根据水准点之间的高差来判断出最稳定的水准点,以此作为新水准基点,将原来下沉的水准基点废除。

(4) 曲线的波浪起伏现象

曲线在后期呈现微小波浪起伏现象,其原因是测量误差所造成的。曲线在前期波浪起伏之所以不突出,是因为下沉量大于测量误差之故;但到后期,由于建筑物下沉极微或已接近稳定,因此在曲线上就出现测量误差比较突出的现象。此时,可适当地延长观测的间隔时间。

10.7.2 位移观测

位移观测是测定建筑物(基础以上部分)在平面上随时间而移动的大小及方向。位移观测首先要在建筑物旁埋设测量控制点,再在建筑物上设置位移观测点。

1) 角度前方交会法

利用第6章讲述的前方交会法对观测点进行角度观测,按公式(6-34)计算观测点的坐标,由两期之间的坐标差计算该点的水平位移。

2) 基准线法

有些建筑物只要求测定某特定方向上的位移量,如大坝在水压力方向上的位移量,这种情况可采

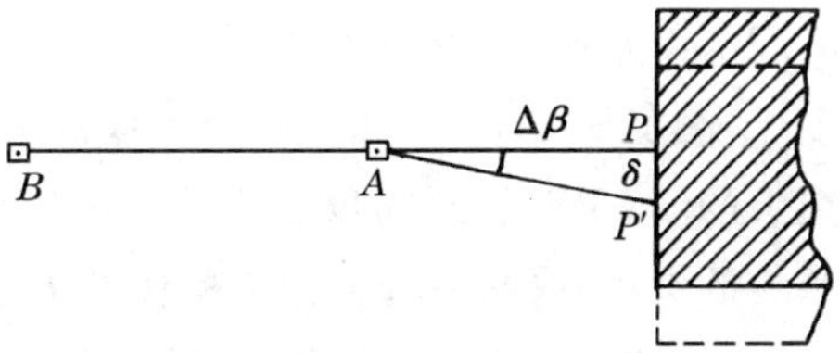

图 10-23 基准线法观测水平位移

用基准线法进行水平位移观测。观测时,先在位移方向的垂直方向上建立一条基准线,如图 10-23,A、B 为控制点,P 为观测点,只要定期测量出观测点 P 与基准线 AB 的角度变化值 $\Delta\beta$,其位移量可按下式计算:

$$\delta = D_{AP} \cdot \frac{\Delta\beta''}{\rho''} \qquad (10-4)$$

式中,D_{AP} 为 A、P 两点间的水平距离。

10.7.3 倾斜观测

建筑物产生倾斜的原因主要有:地基承载力不均匀;建筑物体型复杂,形成不同荷载;施工未达到设计要求,承载力不够;受外力作用(例如风荷载、地下水抽取、地震等)。建筑物倾斜观测是利用水准仪、经纬仪、垂球或其他专用仪器来测量建筑物的倾斜度 α。

1) 水准仪观测法

建筑物的倾斜观测可采用精密水准测量的方法,如图 10-24,定期测出基础两端点的不均匀沉降量 Δh,再根据两点间的距离 L,即可算出基础的倾斜度 α:

$$\alpha = \frac{\Delta h}{L} \qquad (10-5)$$

如果知道建筑物的高度 H,则可推算出建筑物顶部的倾斜位移值 δ:

$$\delta = \alpha \cdot H = \frac{\Delta h}{L} \cdot H \qquad (10-6)$$

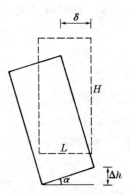

图 10-24　基础倾斜观测

2) 经纬仪观测法

利用经纬仪测量出建筑物顶部的倾斜位移值 δ,再根据(10-6)式可计算出建筑物的倾斜度 α:

$$\alpha = \frac{\delta}{H} \qquad (10-7)$$

利用经纬仪测量建筑物顶部的倾斜位移值 δ 的主要方法有以下两种:

(1) 角度前方交会法

如图 10-25(俯视图),图中 P' 为烟囱顶部中心位置,P 为底部中心位置,在烟囱附近布设基线 AB,安置经纬仪于 A 点,测定顶部 P' 两侧切线与基线的夹角,取其平均值,如图中的 α_1,再安置经纬仪于 B 点,测定顶部 P' 两侧切线与基线的夹角,取其平均值,如图中的 β_1,利用前方交会公式(6-34)可计算出 P' 的坐标,同法可得 P 点的坐标,则 P'、P 两点间的平距 $D_{PP'}$ 可由坐标反算公式求得,实际上 $D_{PP'}$ 即为倾斜位移值 δ。

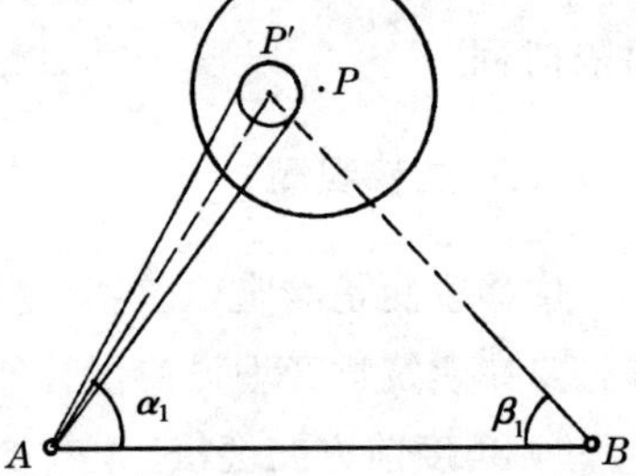

图 10-25　前方交会法观测倾斜

(2) 经纬仪投影法

此法利用经纬仪交会投点的方法,将建筑物向外倾斜的一个上部角点 P' 在两垂直方向上分别投影至平地,如图 10-26 所示,分别量测其与下面对应角点 P 的倾斜位移值 δ_x 和 δ_y,再按下式计算总倾斜位移值 δ:

$$\delta = \sqrt{\delta_x^2 + \delta_y^2}$$

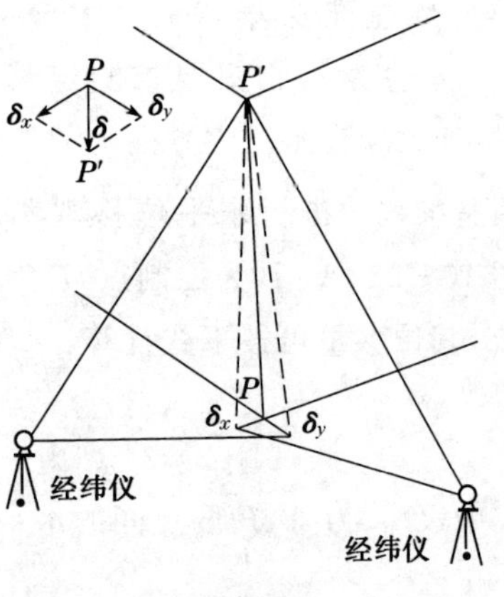

图 10-26　经纬仪投影法观测倾斜

3) 悬挂垂球法

此法是测量建筑物上部倾斜的最简单方法,适合于内部有垂直通道的建筑物。从上部挂下垂球,根据上、下应在同一位置上的点,直接测定倾斜位移值 δ。再根据公式(10-7)计算倾斜度 α。

10.7.4 裂缝观测

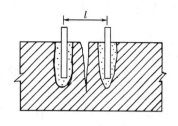

图 10 - 27　裂缝观测

建筑物发现裂缝,除了要增加沉降观测的次数外,应立即进行裂缝变化的观测。为了观测裂缝的发展情况,要在裂缝处设置观测标志。如图 10 - 27,将长约 100 mm,直径约 10 mm 左右的钢筋头插入,并使其露出墙外约 20 mm 左右,用水泥砂浆填灌牢固。两钢筋头标志间距不得小于 150 mm。待水泥砂浆凝固后,用游标卡尺量出两金属棒之间的距离,并记录下来。以后如裂缝继续发展,则金属棒的间距也就不断加大。定期测量两棒的间距并进行比较,即可掌握裂缝发展情况。

10.7.5 基坑支护工程监测

高层建筑物大都设有地下室,施工时会出现深基坑工程。在城市,由于施工场地狭窄,不可能采用放坡开挖施工,而应采用深基坑挡土支护措施。基坑支护结构的变形以及基坑对周围建筑物的影响,目前尚不能根据理论计算准确地得到定量的结果,因此,对基坑支护工程的现场监测就显得十分必要。基坑支护工程的沉降监测可参看本章第 10.7.1 节,这里仅介绍基坑支护工程水平位移监测方法。水平位移观测方法有很多,诸如视准线法、引张线法、导线法以及前方交会法等。

1) 视准线法

结合到施工工地的特点,对支护工程多采用视准线法。如图 10 - 28,建立一条基线 AB,利用精密经纬仪测定小角 $\Delta\beta''$,从而可计算出 P 点的水平位移 ΔP 值,即

$$\Delta P = \frac{\Delta\beta''}{\rho''}D$$

式中,D 是测站点 A 到观测点 P 之间的水平距离;$\rho'' = 206\,265''$。

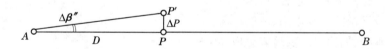

图 10 - 28　视准线法测定水平位移

在视准线测小角法中,平距 D 只需丈量一次,在以后的各期观测中,D 值可以认为不变,因此,这种方法方便易行,在工地上被广泛采用。但此法也有缺点:在城市市区工地施工现场,对于一般的长方形基坑,需要布设四条基线,这是很难实现的。

2) 全站仪监测法

(1) 观测原理

对任何形状的基坑现场,用全站仪监测只需建立一条基准线 AB(图 10 - 29),其测量原理如下:对某测点 i,利用全站仪同时测定水平角 β_i 和水平距离 D_i,则可利用观测值 (β_i, D_i) 来计算出该点的施工坐标值 (x_i, y_i),即

$$\left. \begin{array}{l} x_i = x_A + D_i\cos(\alpha_{AB} + \beta_i) \\ y_i = y_A + D_i\sin(\alpha_{AB} + \beta_i) \end{array} \right\} \tag{10-8}$$

式中,x_A、y_A 为基准点 A 的施工坐标值;α_{AB} 为基准线 AB 的方位角。两期监测结果之差($\Delta x_i, \Delta y_i$)即是该期间内 i 点的水平位移,其中 Δx_i 为南北轴线方向的位移值,Δy_i 为东西轴线方向的位移值。

(2) 计算软件

东南大学测绘工程系利用 Visual Basic 5.0 开发出了全站仪监测水平位移的计算软件(For Windows)。软件界面友好,操作简单,有在线帮助功能(按 F1 键),按帮助提示步骤,可方便地得到各点各期的水平位移成果。

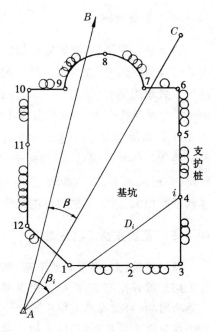

图 10-29 用全站仪观测水平位移

(3) 注意事项

① 基准点 A 宜做成强制对中式的观测墩,这样可以消除对中误差,提高工作效率。

② 基准方向至少选两个,如 B 和 C,每次观测时可以检查基准线 AB 与 AC 间夹角 β(见图 10-29),以便间接检查 A 点的稳定性;另外,B 点和 C 点应选取尽可能远离基坑的建筑物上的明显标志点。

③ 观测点应做在圈梁上,标志应稳固且尽可能明显。

④ 监测成果应及时反馈,与建设单位、施工单位及时沟通,及时解决施工中出现的问题。

10.7.6 变形测量应急措施

《建筑变形测量规范》(JGJ 8—2007)规定,当建筑变形观测过程中发生下列情况之一时,必须立即报告委托方,同时应及时增加观测次数或调整变形测量方案:

(1) 变形量或变形速率出现异常变化;

(2) 变形量达到或超出预警值;

(3) 周边或开挖面出现塌陷、滑坡;

(4) 建筑本身、周边建筑及地表出现异常;

(5) 由于地震、暴雨、冻融等自然灾害引起的其他变形异常情况。

10.8 竣工总平面图的编绘

10.8.1 编绘竣工总平面图的意义

竣工总平面图是设计总平面图在施工结束后实际情况的全面反映。设计总平面图与竣工总平面图一般不会完全一致,因此,施工结束后应及时编绘竣工总平面图。其目的在于:

① 它是对建筑物竣工成果和质量的验收测量;

② 它将便于日后进行各种设施的维修工作,特别是地下管道等隐蔽工程的检查和维修工作;

③ 为企业的扩建提供了原有各项建筑物、地上和地下各种管线及测量控制点的坐标、高

程等资料。

编绘竣工总平面图,需要在施工过程中收集一切有关的资料,并对资料加以整理,然后及时进行编绘。为此,在建筑物开始施工时应有所考虑和安排。

10.8.2　编绘竣工总平面图的方法和步骤

1) 绘制前的准备工作

(1) 确定竣工总平面图的比例尺

建筑物竣工总平面图的比例尺一般为 1:500 或 1:1 000。

(2) 绘制竣工总平面图图底坐标方格网

编绘竣工总平面图,首先要在质量较好的图纸上精确地绘出坐标方格网。坐标格网画好后,应进行检查。用直尺检查有关的交叉点是否在同一直线上;同时用比例直尺量出正方形的边长和对角线长,视其是否与应有的长度相等。图廓的对角线绘制容许误差为±1 mm。

(3) 展绘控制点

以图底上绘出的坐标方格网为依据,将施工控制网点按坐标展绘在图上。展点对所临近的方格而言,其容许误差为±0.3 mm。

(4) 展绘设计总平面图

在编绘竣工总平面图之前,应根据坐标格网,先将设计总平面图的图面内容按其设计坐标,用铅笔展绘于图纸上,作为底图。

2) 竣工总平面图的编绘

在建筑物施工过程中,在每一个单位工程完成后,应进行竣工测量,并提供该工程的竣工测量成果。对凡有竣工测量资料的工程,若竣工测量成果与设计值之差不超过所规定的定位容许误差时,按设计值编绘;否则应按竣工测量资料编绘。

对于各种地上、地下管线,应用各种不同颜色的墨线绘出其中心位置,注明转折点及井位的坐标、高程及有关注记。在一般没有设计变更的情况下,墨线绘的竣工位置与按设计原图用铅笔绘的设计位置应该重合。随着施工的进展,逐渐在底图上将铅笔线都绘成为墨线。在图上按坐标展绘工程竣工位置时,和在图底上展绘控制点的要求一样,均以坐标格网为依据进行展绘,展点对临近的方格而言,其容许误差为±0.3 mm。

另外,建筑物的竣工位置应到实地去测量,并在现场绘出草图;然后根据外业实测成果和草图,在室内进行展绘,便成为完整的竣工总平面图。

10.8.3　竣工总平面图的附件

为了全面反映竣工成果,便于管理、维修和日后的扩建或改建,下列与竣工总平面图有关的一切资料应分类装订成册,作为竣工总平面图的附件保存:

(1) 建筑场地及其附近的测量控制点布置图及坐标与高程一览表;

(2) 建筑物或构筑物沉降及变形观测资料;

(3) 地下管线竣工纵断面图;

(4) 工程定位、检查及竣工测量的资料;

(5) 设计变更文件;

(6) 建设场地原始地形图等。

习题与研讨题 10

10-1 简述建筑施工测量的目的和内容。施工测量前为什么要进行坐标换算?

10-2 如何根据建筑方格网进行建筑物的定位放线?为什么要设置龙门板或轴线桩?

10-3 对柱子安装测量有何要求?如何进行校正?

10-4 高层建筑施工测量中的主要问题是什么?目前常用哪些方法?

10-5 开槽管道施工中测量工作的主要任务是什么?如何进行?

10-6 简述建筑物沉降观测的目的和方法。

10-7 为什么要编绘竣工总平面图?竣工总平面图包括哪些内容?

10-8 (研讨题)何谓建筑红线?它有什么用处?

10-9 (研讨题)为什么高层建筑施工测量中的主要问题是控制垂直度?用内控法进行超高层建筑轴线竖向投测时,你认为可能会遇到哪些问题?如何解决?

10-10 (研讨题)大型建筑物为什么要进行变形监测?简述测绘技术在建筑变形监测中的应用。

10-11 (研讨题)当建筑变形观测过程中发生哪些情况时,应立即报告委托方?同时还应采取什么措施?为什么?

11 道路、桥梁和隧道施工测量

11.1 道路工程测量概述

道路按功能不同,分为城市道路、城镇之间的公路、工矿企业的专用道路以及为农业生产服务的农村道路,由此组成全国道路网。

道路的路线以平、直较为理想,实际由于地形及其他原因的限制,一般的道路都是由直线和曲线组成的空间曲线。为了选择一条经济、合理的路线,必须进行路线勘测。路线勘测分为初测和定测。

初测阶段的任务是:在指定范围内布设导线,测量路线各方案的带状地形图和纵断面图,收集沿线水文、地质等有关资料,为纸上定线、编制比较方案等初步设计提供依据。

定测阶段的任务是:在选定方案的路线上进行中线测量、纵断面测量、横断面测量以及局部地区的大比例尺地形图测绘等,为路线纵坡设计、工程量计算等道路技术设计提供详细的测量资料。

初测和定测工作称为路线勘测设计测量。

道路技术设计经批准后,即可施工。施工前和施工中需要恢复中线、测量路基边桩和竖曲线等,作为施工的依据。当工程逐项结束后,还应进行竣工验收测量,以检查工程是否符合设计要求,并为工程竣工后的使用、养护提供必要的资料。这些测量工作称为道路施工测量。

11.2 道路中线测量

道路的平面线型,一般由直线和曲线组成(图 11-1)。中线测量就是通过直线和曲线的测设,将道路中心线具体测设到地面上去。中线测量包括测设中线各交点(JD)和转点(ZD)、量距和钉桩、测量路线各偏角(α)、测设圆曲线等。

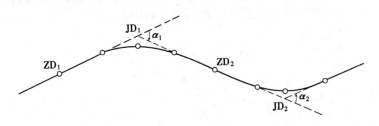

图 11-1 道路平面线型

11.2.1 交点和转点的测设

路线的各交点(包括起点和终点)是详细测设中线的控制点。一般先在初测的带状地形图上进行纸上定线,然后再实地标定交点位置。

定线测量中,当相邻两交点互不通视或直线较长时,需要测定转点,以便在交点测量转折角和直线量距时作为照准和定线的目标。直线上一般每隔 300 m 设一转点,另外在路线和其他道路交叉处以及路线上需设置桥、涵等构筑物处也要设置转点。

1) 交点的测设

(1) 根据与地物的关系测设交点

如图 11-2 所示,JD_2 的位置已在地形图上选定,可先在图上量出 JD_2 到两房角和电杆的距离,在现场根据相应的地物,用距离交会法测设出 JD_2。

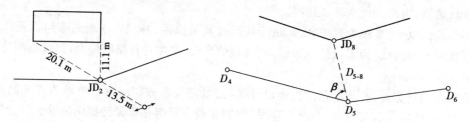

图 11-2 根据地物测设交点　　　图 11-3 按坐标测设交点

(2) 根据导线点和交点的设计坐标测设交点

事先算出有关测设数据,按极坐标法、角度交会法或距离交会法测定交点。如图 11-3,根据导线点 D_4、D_5 和 JD_8 三点的坐标,计算出 α_{5-4}、α_{5-8} 和 D_{5-8},根据 $\beta = \alpha_{5-8} - \alpha_{5-4}$ 和 D_{5-8} 值,按极坐标法测设 JD_8。

(3) 穿线交点法测设交点

穿线交点法是利用图上就近的导线点或地物点与纸上定线的直线段之间的角度和距离关系,用图解法求出测设数据,通过实地的导线点或地物点,把中线的直线段独立地测设到地面上,然后将相邻直线延长相交,定出地面交点桩的位置。其程序是放点、穿线、交点。

① 放点

放点常用的方法有极坐标法和支距法。

图 11-4 为用极坐标法定出图纸上定线中某直线段上各临时点 P_1、P_2、P_3、P_4,以图上导线点 D_7、D_8 为依据,用量角器和比例尺分别量出 β_1、l_1、β_2、l_2 等放样数据。实地放点时,可用经纬仪和钢尺分别在 D_7、D_8 点按极坐标法定出 P_1、P_2 等的相应位置。

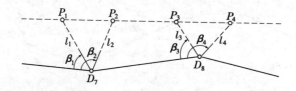

图 11-4 用极坐标法放点

图 11-5 为按支距法放出中线上各临时点 P_1、P_2、P_3、P_4，即在图上自导线点 D_6、D_7、D_8、D_9 作导线边的垂线分别与中线相交得各临时点，用比例尺量取相应的支距 l_1、l_2、l_3、l_4。在现场以相应导线点为垂足，用方向架定垂线方向，用钢尺量支距，测设出相应的各临时点。

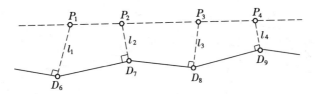

图 11-5　按支距法放点

② 穿线

放出的临时点，由于图解数据和测设工作中的误差，实际上并不严格在一条直线上，如图 11-6 所示。这时可根据现场实际情况，采用目估法穿线或经纬仪视准法穿线，通过比较和选择，定出一条尽可能穿过或靠近临时点的直线 AB，最后在 A、B 点或其方向线上打下两个以上的转点桩，随即取消临时桩点。

图 11-6　穿线

③ 交点

如图 11-7，当两条相交的直线 AB、CD 在地面上确定后，即可进行交点。将经纬仪置于 B 点瞄准 A，倒转望远镜，在视线方向上近交点 JD 的概略位置前后打下两个骑马桩，采用正倒镜分中法在该两桩上定出 a、b 两点，并钉以小钉，挂上细线。仪器搬至 C 点，同法定出 c、d 点，挂上细线，两细线的相交处打下木桩，并钉以小钉，得到 JD。

2) 转点的测设

当两交点间距离较远但尚能通视或已有转点需加密时，可采用经纬仪直接定线或经纬仪正倒镜分中法测设转点。当相邻两交点互不通视时，可用下述方法测设转点。

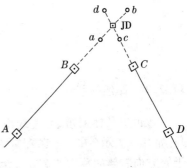

图 11-7　定交点

(1) 两交点间设转点

如图 11-8，JD_4、JD_5 为相邻而互不通视的两个交点，ZD' 为初定转点。将经纬仪置于 ZD'，用正倒镜分中法延长直线 JD_4—ZD' 至 JD'_5。设 JD'_5 与 JD_5 的偏差为 f，用视距法测定 a、b，则 ZD' 应横向移动的距离 e 可按下式计算：

$$e = \frac{a}{a+b} f \tag{11-1}$$

将 ZD' 按 e 值移至 ZD。

(2) 延长线上设转点

如图 11-9，JD_7、JD_8 互不通视，可在其延长线上初定转点 ZD'。将经纬仪置于 ZD'，用正倒镜照准 JD_7，并以相同竖盘位置俯视 JD_8，在 JD_8 点附近测定两点后取其中点得 JD'_8。若 JD'_8 与 JD_8 重合或偏差值 f 在容许范围之内，即可将 ZD' 作为转点。否则应重设转点，量出 f 值，用视距法测出 a、b，则 ZD' 应横向移动的距离 e 可按下式计算：

$$e = \frac{a}{a-b} f \tag{11-2}$$

将 ZD′ 按 e 值移至 ZD。

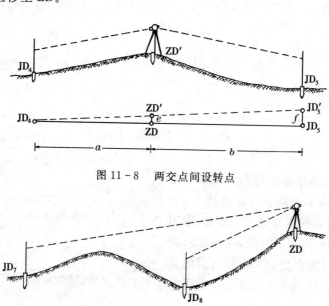

图 11-8 两交点间设转点

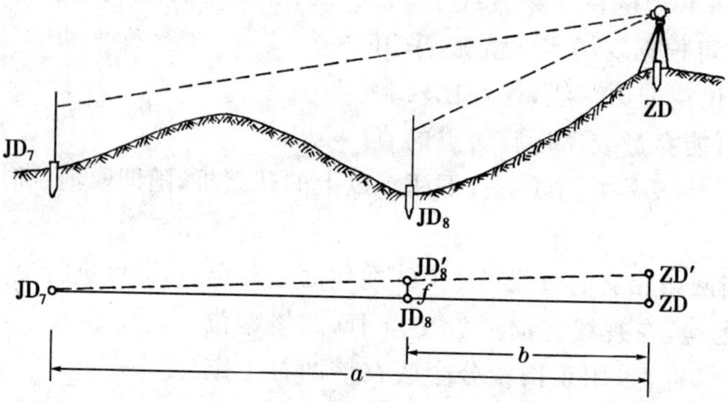

图 11-9 延长线上设转点

11.2.2 路线转折角的测定

转折角又称偏角,是路线由一个方向偏转至另一方向时,偏转后的方向与原方向间的夹角,常用 α 表示(图 11-10)。偏角有左右之分,偏转后方向位于原方向左侧的,称左偏角 $\alpha_左$,位于原方向右侧的称右偏角 $\alpha_右$。在路线测量中,通常是观测路线的右角 β,按下式计算:

$$\left.\begin{array}{l}\alpha_右 = 180° - \beta \\ \alpha_左 = \beta - 180°\end{array}\right\} \tag{11-3}$$

右角的观测通常用 J_6 型光学经纬仪以测回法观测一测回,两半测回角度之差的不符值一般不超过 ±40″。

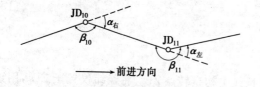

图 11-10 路线转折角与偏角

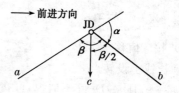

图 11-11 定分角线方向

根据曲线测设的需要,在右角测定后,要求在不变动水平度盘位置的情况下,定出 β 角的分角线方向(图 11-11)并钉桩标志,以便将来测设曲线中点。设测角时,后视方向的水平度盘读数为 a,前视方向的读数为 b,分角线方向的水平度盘读数为 c。因 $\beta=a-b$,则

$$c=b+\frac{\beta}{2} \quad \text{或} \quad c=\frac{a+b}{2} \tag{11-4}$$

此外,在角度观测后,还须用测距仪测定相邻交点间的距离,以供中桩量距人员检核之用。

11.2.3 里程桩的设置

在路线交点、转点及转角测定之后,即可进行实地量距、设置里程桩、标定中线位置。里程桩的设置,是在中线丈量的基础上进行的,丈量工具视道路等级而定,等级高的公路宜用测距仪或钢尺,简易公路可用皮尺或绳尺。

里程桩分为整桩和加桩两种(图 11-12),每个桩的桩号表示该桩距路线起点的里程。如某加桩距路线起点的距离为 3 208.50 m,其桩号为 3+208.50。

整桩是由路线起点开始,每隔 20 m 或 50 m 设置一桩。

加桩分为地形加桩、地物加桩、曲线加桩和关系加桩(图 11-12 中的 b、c)。

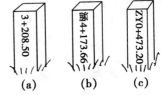

图 11-12 里程桩

地形加桩,是指沿中线地面起伏变化、横向坡度变化处,以及天然河沟处所设置的里程桩。

地物加桩,是指沿中线有人工构筑物的地方,如桥梁、涵洞处,路线与其他公路、铁路、渠道、高压线等交叉处,拆迁建筑物处,以及土壤地质变化处加设的里程桩。

曲线加桩,是指曲线上设置的主点桩,如圆曲线起点(ZY)、圆曲线中点(QZ)、圆曲线终点(YZ),分别以汉语拼音缩写为代号。我国公路采用汉语拼音的缩写名称见表 11-1。

表 11-1 公路桩位汉语拼音缩写

标 志 名 称	简 称	汉语拼音缩写	英语缩写
交 点		JD	IP
转 点		ZD	TP
圆曲线起点	直圆点	ZY	BC
圆曲线中点	曲中点	QZ	MC
圆曲线终点	圆直点	YZ	EC
公 切 点		GQ	CP
第一缓和曲线起点	直缓点	ZH	TS
第一缓和曲线终点	缓圆点	HY	SC
第二缓和曲线起点	圆缓点	YH	CS
第二缓和曲线终点	缓直点	HZ	ST

关系加桩,是指路线上的转点(ZD)桩和交点(JD)桩。

钉桩时,对于交点桩、转点桩、曲线主点桩、重要地物加桩(如桥、隧位置桩),均打下断面为 6 cm×6 cm 的方桩,桩顶钉以中心钉,桩顶露出地面约 2 cm,在其旁钉一 2 cm×6 cm 的指示桩。交点的指示桩应钉在圆心和交点连线外约 20 cm 处,字面朝向交点。曲线主点的指示桩字面朝

向圆心。其余里程桩一般使用扁桩,一半露出地面,以便书写桩号,桩号要面向路线起点方向。

如遇局部地段改线或分段测量,以及事后发现丈量或计算错误等,均会造成路线里程桩号不连续,叫断链。桩号重叠的叫长链,桩号间断的叫短链。发生断链时,应在测量成果和有关设计文件中注明,并在实地钉断链桩,断链桩不要设在曲线内或构筑物上,桩上应注明路线来向、去向的里程和应增减的长度。一般在等号前后分别注明来向、去向里程,如 1+827.43 = 1+900.00,短链 72.57 m。

11.3 圆曲线的测设

路线由一个方向转到另一个方向时,须用曲线加以连接。圆曲线又称单圆曲线,是最常用的一种平面曲线。根据所测路线偏角 α、曲线半径 R 来计算圆曲线上测设数据。

圆曲线测设分两步进行,先测设曲线主点,即曲线的起点、中点和终点,再在主点间进行加密,按规定桩距测设曲线各副点。

11.3.1 圆曲线主点测设

1) 主点测设元素计算

如图 11-13,设交点 JD 的偏角为 α,曲线半径为 R,则曲线主点的测设元素的计算公式如下:

$$T = R \cdot \tan \frac{\alpha}{2} \tag{11-5}$$

$$L = R \cdot \alpha \cdot \frac{\pi}{180°} \tag{11-6}$$

$$E = R(\sec \frac{\alpha}{2} - 1) \tag{11-7}$$

$$D = 2T - L \tag{11-8}$$

式中,T 为切线长;L 为曲线长;E 为外矢距;D 为切曲差(超距)。T、E 用于设置主点,T、L、D 用于计算里程。

[例 11-1] 已知 JD 的桩号为 3+573.36,偏角 α = 34°36′(右偏),设计圆曲线半径 R = 200 m,求各测设元素。

解 $T = 200 \times \tan 17°18′ = 62.293$ m

$L = 200 \times 34°36′ \frac{\pi}{180°} = 120.777$ m

$E = 200 \left(\frac{1}{\cos 17°18′} - 1 \right) = 9.477$ m

$D = 124.586 - 120.777 = 3.809$ m

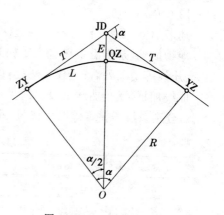

图 11-13 圆曲线元素

2) 主点桩号计算

主点桩号是根据交点桩号推算出来,由图 11-13 可知:

ZY 桩号 = JD 桩号 - T

QZ 桩号 = ZY 桩号 + $\frac{L}{2}$

$$YZ 桩号 = QZ 桩号 + \frac{L}{2}$$

为避免计算错误,应按下式进行检核计算:

$$JD 桩号 = YZ 桩号 - T + D$$

用上例测设元素为例:

	JD	K3	+573.360
−	T		62.293
	ZY	K3	+511.067
+	L/2		60.388
	QZ	K3	+571.455
+	L/2		60.389
	YZ	K3	+631.844
−	T		62.293
+	D		3.809
	JD	K3	+573.360 (计算无误)

3) 主点的测设

(1) 测设曲线起点

置经纬仪于 JD,照准后一方向线的交点或转点,沿此方向测设切线长 T,得曲线起点桩 ZY,插一测钎。丈量 ZY 至最近一个直线桩的距离,如两桩号之差在相应的容许范围内,可用方桩在测钎处打下 ZY 桩。

(2) 测设曲线终点

将望远镜照准前一方向线相邻的交点或转点,沿此方向测设切线长 T,得曲线终点,打下 YZ 桩。

(3) 测设曲线中点

沿分角线方向量取外矢距 E,打下曲线中点桩 QZ。

11.3.2 圆曲线的详细测设

1) 偏角法

偏角法是一种类似于极坐标法的测设曲线上点位的方法。它的原理是以曲线起点或终点至曲线上任一点 P_i 的弦线与切线 T 之间的弦切角 Δ_i(偏角)和弦长 c 来确定 P_i 点的位置,见图 11-14。

(1) 计算公式

根据几何原理,偏角 Δ 应等于相应弧长 l 或弦长 c 所对的圆心角 φ 的一半,Δ、l、c 和曲线半径的关系为

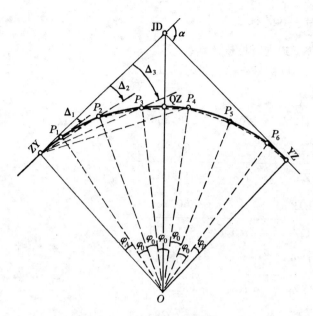

图 11 - 14　偏角法测设圆曲线

$$\Delta = \frac{l}{2R}\rho'' \tag{11-9}$$

$$c = 2R\sin\Delta \tag{11-10}$$

圆心角 φ 所对圆弧 l 与弦长 c 之差称弧弦差，为

$$\delta = l - c = l - 2R\sin\left(\frac{c}{2R}\rho''\right)$$

即

$$\delta = \frac{l^3}{24R^2} \tag{11-11}$$

偏角 Δ 与曲线上起点至某桩的弧长成正比，可得

P_1 点　　$\Delta_1 = \varphi_A/2 = \Delta_A$

P_2 点　　$\Delta_2 = (\varphi_A + \varphi_0)/2 = \Delta_A + \Delta_0$

P_3 点　　$\Delta_3 = (\varphi_A + 2\varphi_0)/2 = \Delta_A + 2\Delta_0$

⋮　　　　⋮

YZ 点　　$\Delta_{YZ} = (\varphi_A + n\varphi_0 + \varphi_B)/2 = \Delta_A + n\Delta_0 + \Delta_B$

$\Delta_{YZ} = \frac{\alpha}{2}$　（用于检核）

式中，φ_A、φ_B、φ_0 和 Δ_A、Δ_B、Δ_0 分别为曲线首、尾段分弧长 l_A、l_B 及整弧长 l_0 所对的圆心角和偏角；n 为整弧段个数。

偏角法测设曲线，一般采用整桩号法，按规定的弧长 l_0（20 m、10 m 或 5 m）设桩。由于曲线起、终点多为非整桩号，除首、尾段的弧长 l_A、l_B 小于 l_0 外，其余桩距均为 l_0。

由于用偏角法测设曲线上各桩，所量距离为弦长而非弧长，因此必须顾及弧弦差 δ（见表 11-2），一般以差值小于 1 cm 为好。

表 11-2　曲线弧弦差 δ　　　　（单位：m）

弧　长	曲　线　半　径　（R）		
	50	100	200
20	0.133	0.033	0.008
10	0.017	0.004	0.001
5	0.002	0.001	0.000

[例 11-2]　按上例的曲线元素（$R = 200$ m）及桩号，取整桩距 $l_0 = 20$ m，求曲线测设数据。

解　算得 $\Delta_A = 1°16'45''$，$\Delta_0 = 2°51'53''$，$\Delta_B = 1°41'50''$，曲线测设数据列于表 11-3。

表 11-3　圆曲线偏角法测设数据

曲线里程桩号		弧　长 /m	偏　角　值
ZY	3+511.07		0°00'00''
		8.93	
P_1	3+520		1°16'45''
		20.00	
P_2	3+540		4°08'38''
		20.00	
P_3	3+560		7°00'31''
		11.46	
QZ	3+571.46		8°39'00''
		8.54	
P_4	3+580		9°52'24''
		20.00	
P_5	3+600		12°44'17''
		20.00	
P_6	3+620		15°36'10''
		11.85	
YZ	3+631.85		17°18'00''

(2) 测设步骤

① 经纬仪置于 ZY 点，盘左时照准 JD，使水平度盘读数为 $0°00'00''$。

② 转动照准部，正拨（顺时针方向转动）使水平度盘读数为 $\Delta_1 = 1°16'45''$，沿此方向从 ZY 点量弧长 l_1 的弧长 $c_1 = 8.93$ m，定曲线上第一个整桩 P_1。

③ 转动照准部，正拨度盘读数为 $\Delta_2 = 4°08'38''$，从 P_1 点量整弧 l_0 的弦长 c_0 与视线方向相交，得 P_2 点。依此类推，测设出各整桩点。

④ 检核。观测者将水平度盘读数放在 $8°39'00''$（$\frac{\alpha}{4}$）时，应能看到 QZ 桩。当测设至 YZ 点时，可用 $\frac{\alpha}{2}$ 及 l_n 所对弦长 c_n 进行检核，其闭合差一般不得超过如下规定：

半径方向（横向）　$±0.1$ m

切线方向（纵向）　$±L/1000$　　（L 为曲线长）

2) 切线支距法（直角坐标法）

切线支距法是以曲线起点（ZY）或终点（YZ）为原点，切线为 x 轴，过原点的半径方向为 y

轴,根据坐标 x、y 来测设曲线上各桩点 P_i,如图 11-15 所示。测设时分别从曲线的起点和终点向中点各测设曲线的一半。一般采用整桩距法设桩,即按规定的弧长 l_0(20 m、10 m、5 m),桩距为整数,桩号多为零数设桩。

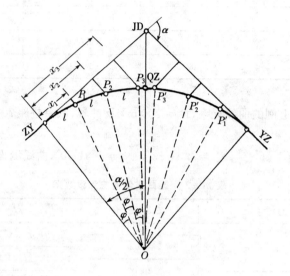

图 11-15 切线支距法测设圆曲线

设 l_i 为待测点至原点间的弧长,φ_i 为 l_i 所对的圆心角,R 为半径。待定点 P_i 的坐标按下式计算:

$$\left.\begin{array}{l} x_i = R \cdot \sin\varphi_i \\ y_i = R(1 - \cos\varphi_i) \end{array}\right\} \tag{11-12}$$

式中,$\varphi_i = \dfrac{l_i}{R} \cdot \dfrac{180°}{\pi}$ $(i=1,2,3\cdots)$

[例 11-3] 按上例的曲线元素($R = 200$ m)及桩号,取 $l_0 = 20$ m,求曲线测设数据。

解 算得的曲线测设数据列于表 11-4。

表 11-4 圆曲线切线支距法测设数据

曲线里程桩号		横距 x/m	纵距 y/m	相邻点间弧长/m
ZY	3+511.07	0.00	0.00	
				20
P_1	3+531.07	19.97	1.00	
				20
P_2	3+551.07	39.73	3.99	
				20
P_3	3+571.07	59.10	8.93	
				0.39
QZ	3+571.46	59.48	9.05	
				0.39
P_3'	3+571.85	59.10	8.93	
				20
P_2'	3+591.85	39.73	3.99	
				20
P_1'	3+611.85	19.97	1.00	
				20
YZ	3+631.85	0.00	0.00	

施测步骤如下：

(1) 从 ZY(或 YZ) 点开始用钢尺沿切线方向量取 P_i 点的横坐标 x_i，得到垂足 N_i，用测钎作标记。

(2) 在各垂足点 N_i 上用方向架作垂线，量出纵坐标 y_i，定出曲线点 P_i。

用此法测得的 QZ 点位应与预先测定的 QZ 点相符，作为检核。

切线支距法宜用于平坦开阔地区，使用工具简单，且有测点点位误差不累积的优点。

3) 弦线偏距法（延长弦线法）

这是一种以距离交会法测定曲线桩点的方法。如图 11-16 所示，测设时把两点所连之弦延长一倍，以偏距 d 和弦长相交会确定曲线桩点位置。测设步骤如下：

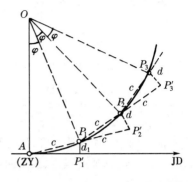

图 11-16　弦线偏距法测设圆曲线

(1) 由 ZY 点沿切线量弦长 c 定 P_1'，从 ZY 点量弦长 c 与由 P_1' 量偏距 d_1 交会得 P_1，其中 d_1 按下式计算：

$$d_1 = c \cdot \sin(\varphi/2) \tag{11-13}$$

P_1 点也可用切线支距法定出。

(2) 将 AP_1 延长一倍至 P_2'，使 $AP_1 = P_1P_2' = c$，然后由点 P_1 量 c 值与由 P_2' 量偏距 d 交会得 P_2 点，其中

$$d = 2c \cdot \sin(\varphi/2) = \frac{c^2}{R} \tag{11-14}$$

同法，测定其余各点。

[**例 11-4**]　按上例 11-3 的曲线元素 $R = 200$ m，$l_0 = 10$ m，求 φ_0、c 及 d。

解　算得：$\varphi_0 = \frac{l_0}{R} \cdot \frac{180°}{\pi} = 2°51'53''$，$c = 2R\sin(\varphi/2) = 2R\sin 1°25'57'' = 9.999$ m，$d = 0.500$ m。

为减少测点误差的累积，实测中分别从 ZY 点或 YZ 点向 QZ 点测设，并进行闭合差检核。

弦线偏距法量测工具简单，测算方便，更适用于横向受限制的地段测设曲线。如隧道施工测量、半成路基上恢复中线和林区曲线测设等。

11.3.3　圆曲线遇障碍时的测设

当受地形条件的限制，在交点和曲线起点不能安置仪器，或视线受阻时，圆曲线的测设不能按常规方法进行，必须根据现场情况，采用其他相应的方法。

1) 虚交点法测设圆曲线主点

当路线的交点 JD 位于河流、深谷、峭壁等处，不能安置仪器测定转折角 β 时，可用另外两个转折点 A、B 来代替，形成虚交点（图 11-17），通过间接测量的方法进行转折角测定、曲线元素计算和主点测设。有时因偏角和曲线半径较大，交点远离曲线，使切线和外矢距过长，也可作虚交处理。

测设方法如图 11-17 所示，设交点落入河中，为此，在设置曲线的外侧，沿切线方向选择两

个辅助点 A、B，形成虚交点 C。在 A、B 点分别安置经纬仪，测算出偏角 α_A、α_B，并用钢尺往返丈量 AB，其相对误差不得超过 $1/2\,000$。

根据三角形 ABC 的边角关系，可以得到

$$\left.\begin{array}{l} \alpha = \alpha_A + \alpha_B \\ a = AB \dfrac{\sin\alpha_B}{\sin(180°-\alpha)} = AB \dfrac{\sin\alpha_B}{\sin\alpha} \\ b = AB \dfrac{\sin\alpha_A}{\sin(180°-\alpha)} = AB \dfrac{\sin\alpha_A}{\sin\alpha} \end{array}\right\}$$

(11-15)

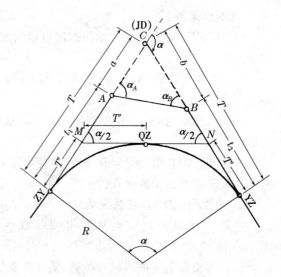

图 11-17 虚交点测设圆曲线

根据偏角 α 和设计半径 R，可算得 T、L。由 a、b、T 即可计算辅助点 A、B 离曲线起点、终点的距离 t_1 和 t_2，即

$$\left.\begin{array}{l} t_1 = T - a \\ t_2 = T - b \end{array}\right\}$$

(11-16)

由 t_1、t_2 可测设曲线起点和终点。

曲线中点 QZ 的测设，可采用中点切线法。设 MN 为曲线中点的切线，由于 $\angle CMN = \angle CNM = \alpha/2$，则 M、N 至 ZY、YZ 的切线长 T' 为

$$T' = R \cdot \tan\frac{\alpha}{4}$$

(11-17)

按上式计算或按 R、$\dfrac{\alpha}{4}$ 查曲线表求得 T'，然后由 ZY、YZ 点分别沿切线方向量 T' 值，得 M、N 点，由 M 点沿 MN 方向量取 T'，即得曲线中点 QZ。也可由 N 点沿 NM 方向量取 T'，得 QZ，作为检查。

2) 偏角法测设视线受阻

用偏角法测设圆曲线，遇有障碍、视线受阻时，可将仪器搬到能与待定点相通视的已定桩点上，运用同一圆弧段两端的弦切角（偏角）相等的原理，找出新测站点的切线方向，就可以继续施测。如图 11-18，仪器在 ZY 点与 P_4 不通视，可将经纬仪移至已测定的 P_3 点上，后视 ZY 点，使水平度盘读数为 0°00′00″，倒镜后再拨 P_4 点的偏角 Δ_4，则视线方向便是 P_3P_4 方向。从 P_3 点沿此方向量出分段弦长，即可定出 P_4。以后仍可用测站在 ZY 时计算的偏角值测设其余各点，可不必再另算偏角。

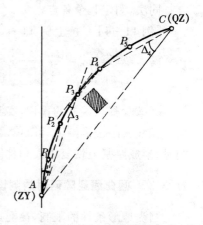

图 11-18 视线受阻

在实测中，有时还可运用圆曲线上同一弧段的圆周角和弦切角相等的原理，来克服障碍测设曲线点。如图 11-18 中，若 P_3 点不便设站施测时，则可将仪器置于 C 点，使度盘读数为 0°00′00″ 后视 A 点，然后仍按测站在 A 点计算的数据，转动照准部，拨出 P_4 的偏角值 Δ_4 得 CP_4 方向，同时由 P_3 点量出分段弦长与 CP_4 方向线交会，即得 P_4 点。同理，继续转动照准部，依次拨出原计算的其余各点之偏角值，则望远镜视线方向同从邻近已测的桩点量出的分段弦长相交，便可分别确定各桩点的位置。

3) 曲线起点或终点遇障碍时

当曲线起点(或终点)受地形、地物限制,其里程不能直接测得,不能在起点(或终点)进行曲线详细测设时,可用下法进行。

如图 11-19 所示,$A(ZY)$ 落在水中。测设时,先在 CA 方向线上选一点 D,再在 $C(JD)$ 点向前沿切线方向用钢尺量出 T 定下 $B(YZ)$ 点。将经纬仪置于 B 点,测出 β_2,则在三角形 BCD 中,有

$$\beta_1 = \alpha - \beta_2$$

$$CD = \frac{T \cdot \sin\beta_2}{\sin\beta_1}$$

则

$$AD = CD - T$$

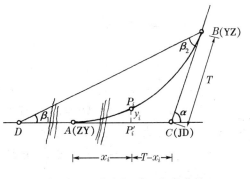

图 11-19　曲线起(终)点遇障碍

在 D 点里程测定后,加上距离 AD,即得 ZY 里程。

如图 11-19 所示,曲线上任一点 P_i,其直角坐标为 x_i、y_i。用切线支距法测设 P_i 时,不能从 ZY 点量取 x_i,但可从 JD 点沿切线方向量取 $T-x_i$,从而定出曲线点在切线上的垂足 P_i'。再从垂足 P_i' 定出垂线方向,沿此方向量取 y_i,即可定出曲线上 P_i 点的位置。

11.4　缓和曲线的测设

车辆从直线驶入圆曲线后,会产生离心力,影响车辆行驶的安全。为了减小离心力的影响,曲线上的路面要做成外侧高、内侧低呈单向横坡的形式,即弯道超高。为了符合车辆行驶的轨迹,使超高由零逐渐增加到一定值,在直线与圆曲线间插入一段半径由 ∞ 逐渐变化到 R 的曲线,这种曲线称为缓和曲线。

缓和曲线的线型有回旋曲线(亦称辐射螺旋线)、三次抛物线、双扭线等,目前多采用回旋曲线作为缓和曲线。我国交通部颁发的《公路工程技术标准》(JTJ 1-81)中规定:缓和曲线采用回旋曲线,缓和曲线的长度应等于或大于表 11-5 的规定。

表 11-5　缓和曲线长度表

公路等级	高速公路		一级		二级		三级		四级	
地　形	1	2	1	2	1	2	1	2	1	2
	平原微丘	山岭重丘								
缓和曲线长度/m	100	70	85	50	70	35	50	25	35	20

1) 缓和曲线的特性和公式

(1) 缓和曲线的特性

如图 11-20 所示,A 为缓和曲线的起点,其曲率 $K_A = 0$;C 为终点,其曲率等于圆曲线的曲率,$K_C = \dfrac{1}{R}$;l_0 为全长。设 P 为曲线上任一点,相应的弧长为 l,曲率半径为 ρ。由于曲率变化是连续而均匀的,且随弧长增大而增加,则 P 点的曲率应为

$$K_P = \frac{\frac{1}{R}}{l_0} l$$

或
$$\rho = \frac{1}{K_P} = \frac{Rl_0}{l}$$

$$\rho l = Rl_0 = c \qquad (11-18)$$

由此可知,缓和曲线的特性是:曲线上任一点的曲率半径与至起点的弧长成反比。上式中 c 为常数,表示缓和曲线的半径变化率,它与车速有关,目前我国采用:

公路: $c = 0.035 V^3$

铁路: $c = 0.09808 V^3$

式中,V 为车速,以 km/h 计。

公路缓和曲线的全长:

$$l_0 = 0.035 \frac{V^3}{R} \qquad (11-19)$$

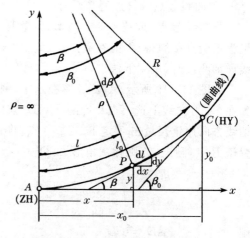

图 11-20 缓和曲线的特性与公式

测设时,l_0 可根据公路的等级和圆曲线半径从曲线表中查得。

(2) 螺旋角公式

如图 11-20,设曲线上任一点 P 处的切线与起点切线的交角为 β,称为螺旋角(切线角),β 值与曲线长 l 所对的中心角相等。在 P 处取一微分弧段 dl,所对的中心角为 $d\beta$,则

$$d\beta = \frac{dl}{\rho} = \frac{l \cdot dl}{c}$$

积分得

$$\left. \begin{aligned} \beta &= \frac{l^2}{2c} = \frac{l^2}{2Rl_0} \quad \text{(弧度)} \\ \beta &= \frac{l^2}{2Rl_0} \cdot \frac{180°}{\pi} = 1718'.87 \frac{l^2}{Rl_0} \end{aligned} \right\} \qquad (11-20)$$

当 $l = l_0$ 时,则

$$\beta_0 = \frac{l_0}{R} \times 1718'.87 \qquad (11-21)$$

(3) 参数方程式

如图 11-20,设 ZH 点为坐标原点,过 ZH 点的切线为 x 轴,ZH 点的半径为 y 轴,任意一点 P 的坐标为 x、y,则微分弧段 dl 在坐标轴上的投影为

$$dx = dl \cdot \cos\beta$$
$$dy = dl \cdot \sin\beta$$

将 $\cos\beta$、$\sin\beta$ 按级数展开

$$\cos\beta = 1 - \frac{\beta^2}{2!} + \frac{\beta^4}{4!} - \frac{\beta^6}{6!} + \cdots$$

$$\sin\beta = \beta - \frac{\beta^3}{3!} + \frac{\beta^5}{5!} - \frac{\beta^7}{7!} + \cdots$$

将(11-20)式代入上述展开式,则 dx、dy 可写成

$$d x=\left[1-\frac{1}{2}\left(\frac{l^2}{2Rl_0}\right)^2+\frac{1}{24}\left(\frac{l^2}{2Rl_0}\right)^4+\frac{1}{720}\left(\frac{l^2}{2Rl_0}\right)^6+\cdots\right]dl$$

$$d y=\left[\frac{l^2}{2Rl_0}-\frac{1}{6}\left(\frac{l^2}{2Rl_0}\right)^3+\frac{1}{120}\left(\frac{l^2}{2Rl_0}\right)^5-\frac{1}{5040}\left(\frac{l^2}{2Rl_0}\right)^7+\cdots\right]dl$$

积分,略去高次项得

$$\left.\begin{array}{l} x=l-\dfrac{l^5}{40R^2 l_0^2} \\ y=\dfrac{l^3}{6Rl_0} \end{array}\right\} \tag{11-22}$$

当 $l=l_0$ 时,则缓和曲线终点(HY)的坐标为

$$\left.\begin{array}{l} x_0=l_0-\dfrac{l_0^3}{40R^2} \\ y_0=\dfrac{l_0^2}{6R} \end{array}\right\} \tag{11-23}$$

2) 带有缓和曲线的圆曲线主点测设

(1) 内移值 p 与切线增值 q 的计算

如图 11-21,在直线和圆曲线间插入缓和曲线段时,必须将原有的圆曲线向内移动距离 p,才能使缓和曲线起点与直线衔接,这时切线增长 q 值。公路勘测,一般采用圆心不动的平行移动方法,即未设置缓和曲线时的圆曲线为 $\overset{\frown}{FG}$,其半径为 $(R+p)$;插入两段缓和曲线 $\overset{\frown}{AC}$、$\overset{\frown}{BD}$ 时,圆曲线向内移,其保留部分为 $\overset{\frown}{CMD}=L'$,半径为 R,所对中心角为 $(\alpha-2\beta_0)$。测设时必须满足的条件为 $2\beta_0\leqslant\alpha$,否则,应缩短缓和曲线长度或加大曲线半径,直至满足条件。由图可知:

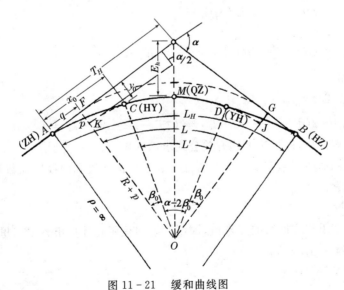

图 11-21 缓和曲线图

$$p+R=y_0+R\cos\beta_0$$
$$p=y_0-R(1-\cos\beta_0)$$

将 $\cos\beta_0$ 展开为级数,略去高次项,并按(11-21)式、(11-23)式将 β_0 和 y_0 代入,则

$$p = \frac{l_0^2}{6R} - \frac{l_0^2}{8R} = \frac{l_0^2}{24R} = \frac{1}{4}y_0 \tag{11-24}$$

$q = AF = BG$,且有以下关系式

$$q = x_0 - R\sin\beta_0$$

将 $\sin\beta_0$ 展开成级数,略去高次项,再按(11-21)式、(11-23)式把 β_0、x_0 代入,则

$$q = l_0 - \frac{l_0^3}{40R^2} - \frac{l_0}{2} + \frac{l_0^3}{48R^2} = \frac{l_0}{2} - \frac{l_0^3}{240R^2} \approx \frac{l_0}{2} \tag{11-25}$$

(2) 测设元素的计算

在圆曲线上设置缓和曲线后,将圆曲线和缓和曲线作为一个整体考虑,如图 11-21,具体测设元素如下:

切线长

$$\left.\begin{aligned} T_H &= (R+p)\tan\frac{\alpha}{2} + q \\ T_H &= R\tan\frac{\alpha}{2} + (p\tan\frac{\alpha}{2} + q) = T + t \end{aligned}\right\} \tag{11-26}$$

曲线长

$$\left.\begin{aligned} L_H &= R(\alpha - 2\beta_0)\frac{\pi}{180°} + 2l_0 \\ L_H &= R\alpha\frac{\pi}{180°} + l_0 = L + l_0 \end{aligned}\right\} \tag{11-27}$$

外矢距

$$\left.\begin{aligned} E_H &= (R+p)\sec\frac{\alpha}{2} - R \\ E_H &= (R\sec\frac{\alpha}{2} - R) + p\sec\frac{\alpha}{2} = E + e \end{aligned}\right\} \tag{11-28}$$

切曲差(超距)

$$\left.\begin{aligned} D_H &= 2T_H - L_H \\ D_H &= 2(T+t) - (L+l_0) = (2T-L) + 2t - l_0 = D + d \end{aligned}\right\} \tag{11-29}$$

当 α、R 和 l_0 确定后,即可按上述有关公式求出 p 和 q,再按上列诸式求出曲线元素值。也可从曲线表中查出圆曲线元素 T、L、E、D,再加上表中查出的缓和曲线尾加数 t、l_0、e 和 d,即可得到缓和曲线诸元素。

(3) 主点测设

根据交点已知里程和曲线的元素值,即可按下列程序先计算出各主点里程:

直缓点　　$ZH = JD - T_H$

缓圆点　　$HY = ZH + l_0$

曲中点　　$QZ = HY + \dfrac{L'}{2}$

圆缓点　　$YH = QZ + \dfrac{L'}{2}$

缓直点　　$HZ = YH + l_0$

检　核　　$JD = HZ - T_H + D_H$

主点 ZH、HZ、QZ 的测设方法同圆曲线主点的测设。HY 及 YH 点通常根据缓和曲线终点坐标值 x_0、y_0 用切线支距法设置。

3) 带有缓和曲线的曲线详细测设

(1) 切线支距法

切线支距法是以缓和曲线起点(ZH)或终点(HZ)为坐标原点,以过原点的切线为 x 轴,过原点的半径为 y 轴,利用缓和曲线和圆曲线段上各点的坐标 x、y 来设置曲线,如图 11-22。

在缓和曲线段上各点坐标可按(11-22)式求得,即

$$x = l - \frac{l^5}{40R^2 l_0^2}$$

$$y = \frac{l^3}{6Rl_0}$$

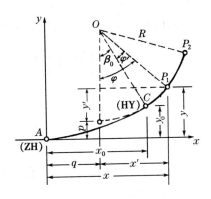

圆曲线部分各点坐标的计算,因坐标原点是缓和曲线起点,可先按圆曲线公式计算出坐标 x'、y',再分别加上 q、p 值,即可得到圆曲线上任一点 p 的坐标:

图 11-22 切线支距法测设缓和曲线

$$\left.\begin{array}{l} x = x' + q = R \cdot \sin\varphi + q \\ y = y' + p = R(1 - \cos\varphi) + p \end{array}\right\} \quad (11-30)$$

在道路勘测中,缓和曲线和圆曲线段上各点的坐标值均可在曲线测设用表中查取。其测设方法与圆曲线切线支距法相同。

(2) 偏角法

如图 11-23,设缓和曲线上任一点 P,至起点 A 的弧长为 l,偏角为 δ,以弧代弦,则

$$\sin\delta = y/l$$

或 $\delta = y/l$ (因为 δ 很小,$\delta \approx \sin\delta$)

按(11-22)式代入 y:

$$\delta = \frac{l^2}{6Rl_0} \quad (11-31)$$

以 l_0 代 l,总偏角为

$$\delta_0 = \frac{l_0}{6R} \quad (11-32)$$

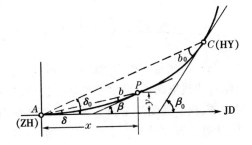

图 11-23 偏角法测设缓和曲线

以上两式还可写成以下形式:

$$\delta = \frac{1}{3}\beta \quad (11-33)$$

$$\delta_0 = \frac{1}{3}\beta_0 \quad (11-34)$$

由图示可知:

$$b = \beta - \delta = 2\delta \quad (11-35)$$

$$b_0 = \beta_0 - \delta_0 = 2\delta_0 \quad (11-36)$$

将(11-31)式除以(11-32)式得

$$\delta = \frac{l^2}{l_0^2} \cdot \delta_0 \qquad (11-37)$$

上式中,当 R、l_0 确定后,δ_0 为定值。由此得出结论:缓和曲线上任一点的偏角,与该点至曲线起点的曲线长的平方成正比。

当用整桩距法测设时,即 $l_2 = 2l_1$,$l_3 = 3l_1$,…,根据(11-37)式可得相应各点的偏角为

$$\left.\begin{array}{l}\delta_1 = \left(\dfrac{l_1}{l_0}\right)^2 \delta_0 \\ \delta_2 = 4\delta_1 \\ \delta_3 = 9\delta_1 \\ \vdots \\ \delta_n = n^2 \delta_1 = \delta_0\end{array}\right\} \qquad (11-38)$$

根据给定的已知条件,可通过公式计算或从曲线表中查取相应于不同 l 的偏角值 δ,从而得到测设数据。

测设方法如图 11-23,置经纬仪于 ZH(或 HZ)点,后视交点 JD 或转点 ZD,得切线方向,以切线方向为零方向,先拨出偏角 δ_1,与分段弦长 l 相交定出点 1;再依次拨出 δ_2,δ_3,… 诸偏角值,同时从已测定的点上,量出分段弦长与相应的视线相交定出 2,3,… 各点。直到视线通过 HY(或 YH)点,检验合格为止。

测设圆曲线部分时,如图 11-23,将经纬仪置于 HY 点,先定出 HY 点的切线方向:后视 ZH 点,配置水平度盘读数为 b_0(当路线为右转时,改用 $360° - b_0$),则当水平度盘读数为 $0°00'00''$ 时的视线方向即是 HY 的切线方向,倒转望远镜即可按圆曲线偏角法测设圆曲线上诸点。

11.5 路线纵、横断面测量

纵断面测量亦称为路线水准测量,它是把路线上各里程桩(即中桩)的地面高程测出来,绘制成中线纵断面图,供路线纵坡设计、计算中桩填挖尺寸之用,以解决路线在竖直面上的位置问题。横断面测量是测定各中桩两侧垂直于中线的地面高程,绘制横断面图,供线路基础设计、计算土石方量及施工时放样边桩之用。

11.5.1 路线纵断面测量

为了提高测量精度和便于成果检查,路线测量可分两步进行:首先沿线路方向设置若干水准点,建立高程控制,称为基平测量,然后根据各水准点的高程,分段进行中桩水准测量,称为中平测量。基平测量一般按四等水准的精度要求,中平测量只作单程观测,可按普通水准精度要求。

1) 基平测量

水准点是路线高程测量的控制点,在勘测阶段、施工阶段甚至长期都要使用,应选在地基稳固、易于引测以及施工时不易受破坏的地方。

水准点分永久性和临时性两种。永久性水准点布设密度应视工程需要而定,在路线起点和终点、大桥两岸、隧道两端,以及需要长期观测高程的重点工程附近均应布设。永久性水准点要

埋设标石，也可设在永久性建筑物上或用金属标志嵌在基岩上。临时性水准点的布设密度，根据地形复杂程度和工程需要来定。在重丘陵和山区，每隔 0.5～1 km 设置一个，在平原和微丘地区，每隔 1～2 km 埋设一个。此外，在中、小桥、涵洞以及停车场等工程集中的地段均应设点。

基平测量时，应将起始水准点与附近国家水准点进行连测，以获得绝对高程。在沿线水准测量中，也应尽可能与附近国家水准点连测，以便获得更多的检核条件。若路线附近没有国家水准点或引测有困难时，可参考地形图上量得的一个高程，作为起始水准点的假定高程。

水准点的高程测量，一般采用一台水准仪在水准点间作往返观测，也可使用两台水准仪作单程观测，精度按四等水准的要求。

2) 中平测量

中平测量是以相邻的两个水准点为一测段，从一个水准点出发，逐点测定各中桩的地面高程，附合到下一个水准点上。

在进行测量时，将水准仪置于测站上，首先读取后、前两转点(TP)的尺上读数，再读取两转点间所有中桩地面点的尺上读数，这些中桩点称为中间点，中间点的立尺由后视点立尺人员来完成。

由于转点起传递高程的作用，因此转点尺应立在尺垫、稳固的桩顶或坚石上，尺上读数至 mm，视线长一般不应超过 120 m。中间点尺上读数至 cm(高速公路测设规定读至 mm)，要求尺子立在紧靠桩边的地面上。

当路线跨越河流时，还需测出河床断面、洪水位和常水位高程，并注明年、月，以便为桥梁设计提供资料。

如图 11-24，水准仪置于 I 站，后视水准点 BM.1，前视转点 TP.1，将读数记入表 11-6 中"后视"、"前视"栏内，然后观测 BM.1 与 TP.1 间的各个中桩，将后视点 BM.1 上的水准尺依次立于 0+000，0+050，…，0+140 等各中桩地面上，将读数分别记入"中视"栏。

仪器搬至 II 站，后视转点 TP.1，前视转点 TP.2，然后观测各中桩地面点。用同法继续向前观测，直至附合到水准点 BM.2，完成一测段的观测工作。

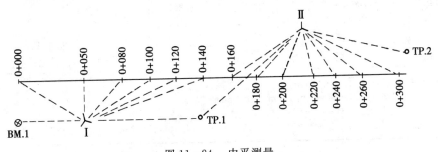

图 11-24 中平测量

每一站的各项计算依次按下列公式进行：
(1) 视线高程 = 后视点高程 + 后视读数
(2) 转点高程 = 视线高程 - 前视读数
(3) 中桩高程 = 视线高程 - 中视读数

各站记录后应立即计算各点高程，直至下一个水准点为止，并计算高差闭合差 f_h，若 $f_h \leqslant f_{h容} = \pm 50\sqrt{L}$ mm，则符合要求，不进行闭合差的调整，即以原计算的各中桩点地面高程作为绘制纵断面图的数据。否则,应予重测。

3) 绘制纵断面图与施工量计算

纵断面图表示了中线上地面的高低起伏情况,可在其上进行纵坡设计,它是路线设计和施工中的重要资料。

纵断面图是以中桩的里程为横坐标,以中桩的高程为纵坐标而绘制的。常用的里程比例尺有1:2 000、1:1 000。为了明显地表示地面起伏,一般取高程比例尺为里程比例尺的10倍或20倍。例如里程比例尺用1:2 000,则高程比例尺取1:200或1:100。纵断面图一般自左至右绘制在透明毫米方格纸的背面,这样可防止用橡皮修改时把方格擦掉。

表 11-6 路线纵断面测量记录

测 点	水准尺读数/m			视线高程/m	高 程/m	备 注
	后视	中视	前视			
BM.1	2.292			24.710	22.418	
0+000		1.62			23.09	
+050		1.93			22.78	
+080		1.02			23.69	
+100		0.64			24.07	
+120		0.93			23.78	
+140		0.18			24.53	
TP.1	2.201		1.105	25.806	23.605	
+160		0.47			25.34	
+180		0.74			25.07	
+200		1.33			24.48	
+222		1.02			24.79	
+240		0.93			24.88	
+260		1.43			24.38	
+300		1.67			24.14	
TP.2	2.743		1.266	27.283	24.540	
……	……	……	……	……	……	
K1+260 BM.2			0.632		31.627	基平 BM.2 高程 31.646

检核:$f_{h容} = \pm 50\sqrt{1.26} = \pm 56$ mm

$f_h = 31.627 - 31.646 = -0.019$ m $= -19$ mm

$H_{BM.2} - H_{BM.1} = 31.627 - 22.418 = 9.209$ m

$\sum a - \sum b = (2.292 + 2.201 + 2.743 + \cdots) - (1.105 + 1.266 + \cdots + 0.632) = 9.209$ m

图 11-25 为道路纵断面图,图的上半部,从左至右绘有贯穿全图的两条线。细折线表示中线方向的地面线,是根据中平测量的中桩地面高程绘制的;粗折线表示纵坡设计线。此外,上部还注有水准点编号、高程和位置;竖曲线示意图及其曲线元素;桥梁的类型、孔径、跨数、长度、里程桩号和设计水位;涵洞的类型、孔径和里程桩号;其他道路、铁路交叉点的位置、里程桩号和有关说明等。图的下部几栏表格,注记有关测量及纵坡设计的资料。

(1) 在图纸左面自下而上填写直线与曲线、桩号、填挖土、地面高程、设计高程、坡度与距离栏。上部纵断面图上的高程按规定的比例尺注记,首先要确定起始高程(如图中0+000桩号

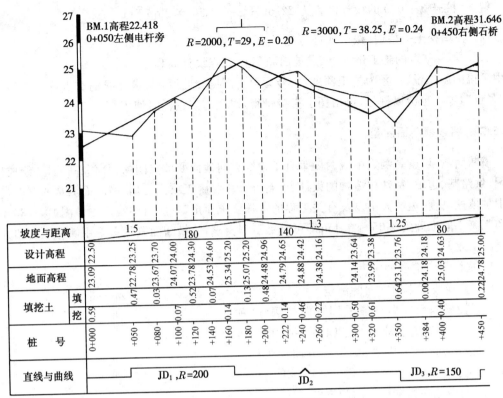

图 11-25 路线纵断面图

的地面高程）在图上的位置,且参考其他中桩的地面高程,以使绘出的地面线处在图纸上适当位置。

(2) 在桩号一栏中,自左至右按规定的里程比例尺注上中桩的桩号。

(3) 在地面高程一栏中,注上对应于各中桩桩号的地面高程,并在纵断面图上按各中桩的地面高程依次点出其相应的位置,用细直线连接各相邻点位,即得中线方向的地面线。

(4) 在直线与曲线一栏中,应按里程桩号标明路线的直线部分和曲线部分。曲线部分用直角折线表示,上凸表示路线右偏,下凹表示路线左偏,并注明交点编号及其桩号和曲线半径,在不设曲线的交点位置,用锐角折线表示。

(5) 在上部地面线部分进行纵坡设计。设计时要考虑施工时土石方工程量最小、填挖方尽量平衡及小于限制坡度等道路有关技术规定。

(6) 在坡度及距离一栏内,分别用斜线或水平线表示设计坡度的方向,线上方注记坡度数值(以百分比表示),下方注记坡长,水平线表示平坡。不同的坡段以竖线分开。某段的设计坡度值按下式计算:

$$设计坡度 = (终点设计高程 - 起点设计高程)/ 平距$$

(7) 在设计高程一栏内,分别填写相应中桩的设计路基高程。某点的设计高程可按下式计算:

$$设计高程 = 起点高程 + 设计坡度 \times 起点至该点的平距$$

[例 11-5]　0+000 桩号的设计高程为 22.50 m,设计坡度为 +1.5%(上坡),求桩号 0+080 的设计高程。

解 桩号 $0+080$ 的设计高程为 $22.50 + \dfrac{1.5}{100} \times 80 = 23.70 \text{ m}$

(8) 在填挖土一栏内,按下式进行施工量的计算:

$$\text{某点的施工量} = \text{该点地面高程} - \text{该点设计高程}$$

式中求得的施工量,正号为挖土深度,负号为填土高度。地面线与设计线的交点称为不填不挖的"零点",零点也给以桩号,可由图上直接量得,以供施工放样时使用。

11.5.2 路线横断面测量

横断面测量,就是测定中线两侧垂直于中线方向地面变坡点间的距离和高差,并绘成横断面图,供路基、边坡、特殊构造物的设计、土石方计算和施工放样之用。横断面测量的宽度,应根据中桩填挖高度、边坡大小以及有关工程的特殊要求而定,一般自中线两侧各测 $10 \sim 30$ m。高差和距离一般准确到 $0.05 \sim 0.1$ m 即可满足工程要求,故横断面测量多采用简易工具和方法,以提高工效。

1) 横断面方向的测定

(1) 直线段横断面方向的测定

直线段横断面方向一般采用方向架测定。如图 11-26,将方向架置于桩点上,以其中一方向对准路线前方(或后方)某一中桩,则另一方向即为横断面的施测方向。

(2) 圆曲线段横断面方向的测定

圆曲线段横断面方向为过桩点指向圆心的半径方向。如图 11-27,当欲测定横断面的加桩 1 与前、后桩点的间距不等时,可在方向架上安装一个能转向的定向杆 EF 来施测。首先将方向架安置在 ZY(或 YZ) 点,用

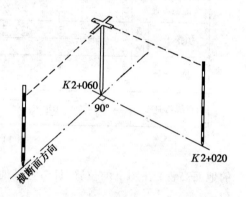

图 11-26 直线段定横断面方向

AB 杆瞄准切线方向,则与其垂直的 CD 杆方向,即是过 ZY(或 YZ) 点的横断面方向;转动定向杆 EF 瞄准加桩 1,并固紧其位置。然后,搬方向架于加桩 1,以 CD 杆瞄准 ZY(或 YZ),则定向杆 EF 方向即是加桩 1 的横断面方向。若在横断面方向立一标杆,并以 CD 瞄准它时,则 AB 杆方向即为切线方向,可用上述测定加桩 1 横断面方向的方法来测定加桩 2,3… 的横断面方向。

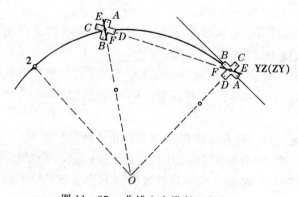

图 11-27 曲线上定横断面方向

2）横断面的测量方法

(1) 标杆皮尺法

如图 11-28，在中桩 $K3+200$ 处，1,2,… 为其横断面方向上的变坡点。施测时，将标杆立于中桩点，皮尺靠中桩点地面拉平至1，读取平距8.1m，皮尺截于标杆上数值即为高差为0.60m。同法可测出 1~2,2~3,… 间的平距和高差，直至所需宽度为止。此法简便，但精度较低，适用于测量山区等级较低的公路。

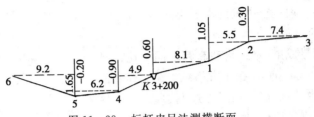

图 11-28　标杆皮尺法测横断面

记录表格如表 11-7，表中按路线前进方向分左侧和右侧，分数中分母表示测段水平距离，分子表示测段两端点的高差。

高差为正号表示升坡，负号为降坡。

表 11-7　标杆皮尺法测横断面记录

左	侧	/m		桩号	右	侧	/m	
$\dfrac{+1.80}{6.1}$	$\dfrac{+0.65}{5.2}$	$\dfrac{-0.50}{3.3}$	$\dfrac{-1.95}{6.9}$	3+400	$\dfrac{+1.05}{4.2}$	$\dfrac{+2.15}{6.7}$	$\dfrac{+0.95}{7.3}$	$\dfrac{+0.50}{2.1}$
	$\dfrac{+1.65}{9.2}$	$\dfrac{-0.20}{6.2}$	$\dfrac{-0.90}{4.9}$	3+200	$\dfrac{+0.60}{8.1}$	$\dfrac{+1.05}{5.5}$	$\dfrac{+0.30}{7.4}$	

(2) 水准仪皮尺法

当横断面精度要求较高，横断面方向高差变化不大时，多采用水准仪皮尺法。如图 11-29，水准仪安置后，以中桩地面为后视点，以中桩两侧横断面方向变坡点为前视点，水准尺读数至厘米，用皮尺分别量出各立尺点到中桩的平距，记录格式见表 11-8。

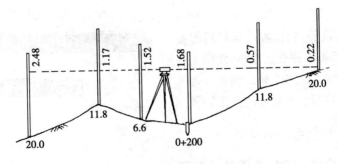

图 11-29　水准仪测横断面

实测时，若仪器安置得当，一站可同时施测若干个横断面。

表 11-8　用水准仪测横断面记录

前视读数/m 距离/m （左侧）			后视读数/m 桩号	（右侧） 前视读数/m 距离/m	
——	$\dfrac{2.48}{20.00}$ $\dfrac{1.17}{11.8}$	$\dfrac{1.52}{6.6}$	$\dfrac{1.68}{0+200}$	$\dfrac{0.57}{11.8}$ $\dfrac{0.22}{20.0}$	——

（3）经纬仪法

在地形复杂、横坡较陡的地段，可采用此法。施测时，将经纬仪安置在中桩上，用视距法测出横断面方向上各变坡点至中桩的水平距离与高差。

3) 横断面图的绘制

根据横断面测量成果，对距离和高程取同一比例尺（通常取 1:200 或 1:100），在毫米方格纸上绘制横断面图。目前公路测量中，一般都是在野外边测边绘，这样便于及时对横断面图进行检核，也可按表 11-7、表 11-8 形式在野外记录、室内绘制。绘图时，先在图纸上标定好中桩位置，由中桩开始，分左、右两侧逐一按各测点间的平距和高差绘制于图上，并用细直线连接相邻各点即得横断面地面线。图 11-30 为经横断面设计后，在地面线上、下绘有路基横断面的图形。

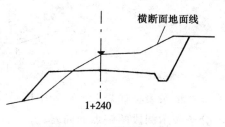

图 11-30　横断面图

11.5.3　全站仪路线纵横断面测量一体化技术

1) 纵横断面测量步骤

本节以 SET 2000 全站仪为例说明利用全站仪进行纵横断面测量的过程。SET 2000 全站仪的介绍和功能可参看第 12 章第 12.3.2 节。

SET 2000 全站仪程序中提供了两种纵横断面测量方法，一般都习惯采用"最少距离移动法"（见图 11-31）。

（1）测站设置

在【ROAD】菜单中选取【Cross－section Survey】选项进行断面测量。程序运行后即要求进行测站点和后视点的设立工作，此项工作与"地形测量"和"坐标放样"时的测站设置工作是一样的，具体过程详见第 12 章第 12.3.3 节。

（2）参数设置

测站设置工作完成后，屏幕显示如图 11-32。

在"Road"字段处，输入不多于 16 个字符的道路文件名称，该文件用于存储将要进行的

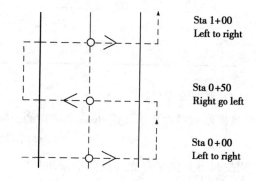

图 11-31　断面测量最少距离移动法

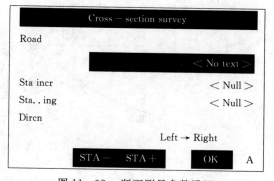

图 11-32　断面测量参数设置

断面测量的数据。

在"Sta..ing"字段输入第一个横断面的桩号,输入格式为"××××.×××",仪器显示格式为"××+××.×××"。例如,在"Sta..ing"字段输入"1 000",仪器显示为"10+00.000"。

"Sta incr"字段和【STA+】、【STA-】键提供了一种快速输入桩号递增或递减值的方法,这对进行等间隔的断面测量尤为有用。例如,在"Sta incr"字段输入"20",在"Sta..ing"字段输入"1 000",则按【STA+】键即为"10+20.000"桩号,按【STA-】键即为"9+80.000"桩号。

在完成了至少一个横断面测量之后,您不必输入后面断面测量的桩号,SET 2000会按"Sta incr"字段值自动增加或减少,从而得到您想要进行测量的下一个断面桩号。

用"Dircn"字段指明进行横断面测量的方向,按【←】或【→】选择"Left → Right"(由左向右)或"Right → Left"(由右向左)。

(3) 断面测量

在以上参数设置好后,按【OK】开始横断面测量。施测可以在横断面上的任何位置开始,但第一个非中心线上的测点必须与"Dircn"字段中指定的方向相符。跑点顺序可参看图11-33和图11-34。

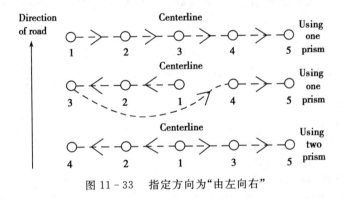

图 11-33 指定方向为"由左向右"

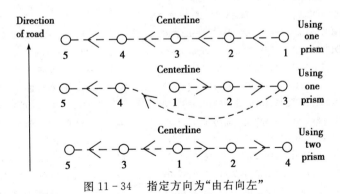

图 11-34 指定方向为"由右向左"

在对横断面上的点进行观测时,SET 2000需要对上一观测点是否显著点作出判断。每一个横断面测量都必须有2个显著点:① 中线点;② 最后一个测点。

每个点观测完毕后,需要按【OK】或【READ】继续。如果按【OK】,表示该点为显著点,此时为出现如图11-35的屏幕显示,需要对该显著点进行确认。如果按【READ】,即告诉

SET2000 所测点是非显著点,并继续下一读数。

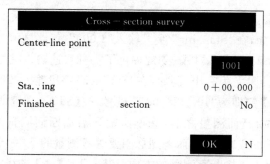

图 11-35 断面测量"显著点"确认

在图 11-35 中,如果该点(点号为 1001)为中线点(Center—line Point),则再按【OK】确认;如果该点(点号为 1001)为最后一个测点,则需要将"Finished Section"字段改为"YES",然后按【OK】确认。测量结束后,按【ESC】退出,所有测量数据已经自动保存在指定文件中。

2) 软件开发

野外工作结束后,通过数据通信,可将测量结果从全站仪传输到电脑。断面测量的数据文件见表 11-9。

表 11-9 断面测量的数据文件存储格式

```
00NMSDR20      V03—05      01—Jan—00 01:40 112111
10NMFFF
06NM1.00000000
01NM:SET2000        015670        00000031        0.00000000
13PCP.C. mm Applied:—30.000
13TS06—Mar—98 09:17
02TP002051439.644032849.420015.80200001.44500000
08KI001951535.693033055.313016.9880000
07TP0020001964.990967966.2247222
09F100200019        89.565555566.2247222
26RO107651535.456132999.854716.5834083        1325.00000—25.929185
26RO107751533.337633000.900416.6405588        1325.00000—23.566970
26RO107851515.114133009.384916.6012375        1325.00000—3.4684265
26RO107951512.042133010.995116.5144571        1325.000000.00000000
26RO108151522.753432978.285316.5283484        1300.00000—30.130883
26RO108251515.951632982.667016.6743561        1300.00000—3.5084353
26RO108351504.658332986.833216.4002978        1300.00000—3.0207196
26RO108451501.144832988.334316.3300795        1300.000000.00000000
26RO108551514.239232954.774616.3437707        1275.00000—32.020993
26RO108651512.216232955.745316.3898115        1275.00000—23.777156
26RO108751501.531932960.801316.4611308        1275.00000—11.956982
```

从表 11-9 中可以看出,测量数据和结果是按照一定的规律排列在"数据文件"中,一般情况下,要读懂它不容易。不过,通过 SET2000 内置程序,我们可以在全站仪上将结果一一调出来进行查看,并记录下来。当然,这样做工作效率很低。因此,开发相应的计算软件是很有必要的。编者在东南大学科学基金的资助下,开发出一套全站仪公路测量数据处理软件。利用该软件,可对全站仪断面测量数据进行处理并绘制出断面图:纵断面测量结果文件(示例)见表 11-10,横断面测量结果文件(示例)见表 11-11,纵断面地面线图见图 11-36,横断面地面线图见图 11-37。

表 11-10　纵断面测量结果文件(示例)

数据格式:	
桩号	高程
0	12.45
10	12.55
20	12.54
30	12.5
40	12.47
50	12.5
60	12.53
80	12.69
100	12.63
125	13.02
150	12.99
175	13.26
200	13.54
225	13.68

表 11-11　横断面测量结果文件(示例)

```
数据格式:
桩号
左断面(D1,h1,D2,h2,…)
右断面(D1,h1,D2,h2,…)

1 250
4.28,0.27,13.58,0.74,26.63,0.3,39.2,-0.21
3.81,0.06,15.91,0.32,23.86,0.21,26.16, - 0.04,38. 61,
-0.54
1 275
3.47,0.09,23.57,0.13,35.93,0.07
3.78,0.12,11.96,0.27,23.78,0.19,32.02,-0.35
1 300
5.97,0.95,10.01,-1.05,30.06,-1.05
3.02,0.02,3.51,-0.38,30.13,-0.38
```

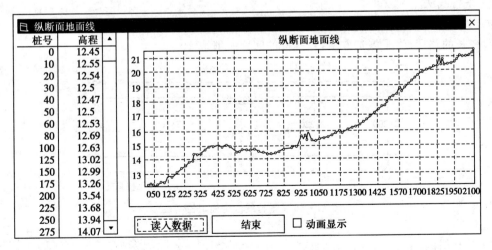

图 11-36　纵断面地面线图($K0+000 \sim K2+100$)

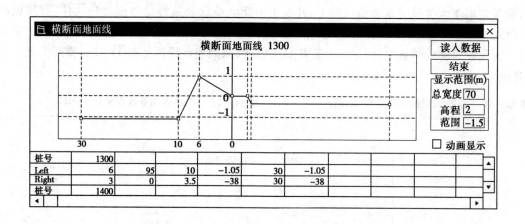

图 11-37　横断面地面线图（$K1+300$）

11.6　道路施工测量

道路施工测量主要是恢复中线、测设竖曲线和测设施工控制桩及路基边桩。

由于从路线勘测到开始进行施工要经过很长一段时间，在此期间有部分桩点会丢失或移位，为了保证线路中线位置准确可靠，施工前应根据原来定线条件复核，将丢失的桩点恢复和校正好。其方法和中线测量相同。

11.6.1　施工控制桩的测设

在施工中中桩要被挖掉，为了在施工中控制中线位置，就要选择在施工中不易受到破坏，且便于引用和易于保存桩位的地方，测设施工控制桩。下面即介绍两种测设方法。

1）平行线法

如图 11-38 所示，在路基以外测设两排平行于中线的施工控制桩。此法多用在地势平坦、直线段较长的路段。为了施工方便，控制桩的间距一般取 20 m。

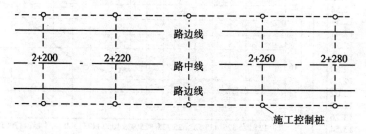

图 11-38　平行线法定施工控制桩

2）延长线法

延长线法是在道路转折处的中线延长线上以及曲线中点（QZ）至交点（JD）的延长线上打

下施工控制桩,如图 11-39 所示。延长线法多用在地势起伏较大、直线段较短的山区公路。主要是为了控制 JD 的位置,故应量出控制桩到 JD 的距离。

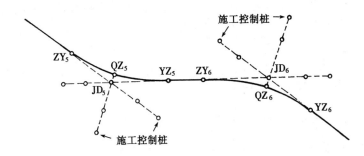

图 11-39　延长线法定施工控制桩

11.6.2　路基边桩与边坡的测设

1) 路基边桩的测设

测设路基边桩就是在地面上将每一个横断面的路基边坡线与地面的交点,用木桩标定出来。边桩的位置由两侧边桩至中桩的平距来确定。常用的边桩测设方法如下:

(1) 图解法

就是直接在横断面图上量取中桩至边桩的平距,然后在实地用钢尺沿横断面方向将边桩丈量并标定出来。在填挖方不大时,使用此法较多。

(2) 解析法

就是根据路基填挖高度、边坡率、路基宽度和横断面地形情况,先计算出路基中心桩至边桩的距离,然后在实地沿横断面方向按距离将边桩放出来。具体方法按下述两种情况进行:

① 平坦地段的边桩测设:图 11-40 为填土路堤,坡脚桩至中桩的距离 D 应为

$$D = \frac{B}{2} + m \cdot H \tag{11-39}$$

图 11-41 为挖方路堑,坡顶桩至中桩的距离 D 为

$$D = \frac{B}{2} + s + m \cdot H \tag{11-40}$$

两式中,B 为路基宽度;m 为边坡率;H 为填挖高度;s 为路堑边沟顶宽。

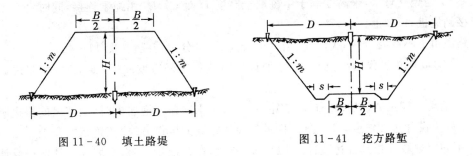

图 11-40　填土路堤　　　　　　图 11-41　挖方路堑

以上是断面位于直线段时求算 D 值的方法。若断面位于弯道上有加宽时,按上述方法求

出 D 值后,还应在加宽一侧的 D 值中加上加宽值。

沿横断面方向放出求得的坡脚(或坡顶)至中桩的距离,定出路基边桩。

② 倾斜地段的边桩测设:在倾斜地段,边桩至中桩的平距随着地面坡度的变化而变化。如图 11-42,路基坡脚桩至中桩的距离 $D_上$、$D_下$ 分别为

$$\left. \begin{array}{l} D_上 = \dfrac{B}{2} + m(H - h_上) \\ D_下 = \dfrac{B}{2} + m(H + h_下) \end{array} \right\} \quad (11-41)$$

如图 11-43,路堑坡顶至中桩的距离 $D_上$、$D_下$ 分别为

$$\left. \begin{array}{l} D_上 = \dfrac{B}{2} + s + m(H + h_上) \\ D_下 = \dfrac{B}{2} + s + m(H - h_下) \end{array} \right\} \quad (11-42)$$

两式中,$h_上$、$h_下$ 分别为上、下侧坡脚(或坡顶)至中桩的高差。其中 B、s 和 m 为已知,故 $D_上$、$D_下$ 随 $h_上$、$h_下$ 变化而变化。由于边桩未定,所以 $h_上$、$h_下$ 均为未知数。

在实际工作中,可采用"逐点趋近法",在现场一边测一边进行标定。如果结合图解法,则更为简便。

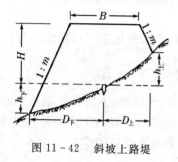

图 11-42 斜坡上路堤 　　　　图 11-43 斜坡上路堑

2) 路基边坡的测设

在测设出边桩后,为了保证填、挖的边坡达到设计要求,还应把设计边坡在实地标定出来,以方便施工。

(1) 用竹竿、绳索测设边坡:如图 11-44,O 为中桩,A、B 为边桩,$CD = B$ 为路基宽度。测设时在 C、D 处竖立竹竿,于高度等于中桩填土高度 H 处 C'、D' 用绳索连接,同时由 C'、D' 用绳索连接到边桩 A、B 上。

当路堤填土不高时,可一次挂线。当填土较高时,可分层挂线,如图 11-45。

(2) 用边坡样板测设边坡:施工前按照设计边坡制作好边坡样板,施工时,按照边坡样板进行测设。

① 用活动边坡尺测设边坡:作法如图 11-46,当水准器气泡居中时,边坡尺的斜边所指示的坡度正好为设计边坡坡度,可依此来指示与检核路堤的填筑,或检核路堑的开挖。

② 用固定边坡样板测设边坡:如图 11-47 所示,在开挖路堑时,于坡顶桩外侧按设计坡度设立固定样板,施工时可随时指示并检核开挖和修整情况。

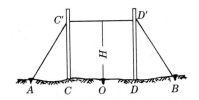
图 11-44 用竹竿、绳索放边坡

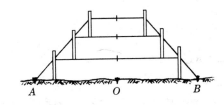
图 11-45 分层挂线放边坡

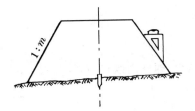
图 11-46 活动边坡尺放边坡

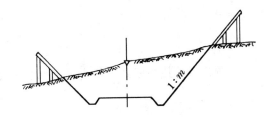
图 11-47 固定样板放边坡

11.6.3 竖曲线的测设

在线路的纵坡变更处,为了满足视距的要求和行车的平稳,在竖直面内用圆曲线将两段纵坡连接起来,这种曲线称为竖曲线。图 11-48 所示为凸形竖曲线和凹形竖曲线。

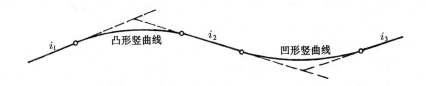

图 11-48 竖曲线

测设竖曲线时,根据路线纵断面图设计中所设计的竖曲线半径 R 和相邻坡道的坡度 i_1、i_2,计算测设数据。如图 11-49 所示,竖曲线元素的计算可用平曲线的计算公式:

$$T = R\tan\frac{\alpha}{2}$$

$$L = R\frac{\alpha}{\rho}$$

$$E = R\left(\sec\frac{\alpha}{2} - 1\right)$$

由于竖曲线的坡度转折角 α 很小,计算公式可简化,即

$$\alpha = (i_1 - i_2)/\rho$$

$$\tan\frac{\alpha}{2} \approx \frac{\alpha}{2\rho}$$

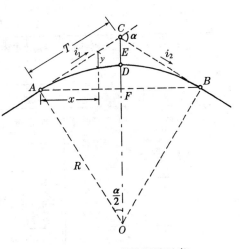

图 11-49 竖曲线测设元素

因此

$$T = \frac{1}{2}R(i_1 - i_2) \tag{11-43}$$

$$L = R(i_1 - i_2) \tag{11-44}$$

对于 E 值也可按下面的近似公式计算：

因为 $DF \approx CD = E$, $\triangle AOF \backsim \triangle CAF$, 则 $R:AF=AC:CF=AC:2E$, 因此：

$$E = \frac{AC \cdot AF}{2R}$$

又因为 $AF \approx AC = T$, 得

$$E = \frac{T^2}{2R} \tag{11-45}$$

同理，可导出竖曲线中间各点按直角坐标法测设的纵距（即标高改正值）计算式：

$$y_i = \frac{x_i^2}{2R} \tag{11-46}$$

上式中，y_i 值在凹形竖曲线中为正号，在凸形竖曲线中为负号。

[**例 11-6**] 测设凹形竖曲线，已知 $i_1 = -1.141\%$, $i_2 = +1.540\%$, 变坡点的桩号为 2+570, 高程为 76.80 m, 欲设置 $R=3\,000$ m 的竖曲线，求各测设元素、起点、终点的桩号和高程，曲线上每 10 m 间距里程桩的标高改正数和设计高程。

解 按上述公式求得：$T=40.21$ m, $L=80.43$ m, $E=0.27$ m, 则竖曲线起、终点的桩号和高程分别为

起点桩号 $= 2+(570-40.21) = 2+529.79$

终点桩号 $= 2+(529.79+80.43) = 2+610.22$

起点坡道高程　$76.80+40.21 \times 1.141\% = 77.26$ m

终点坡道高程　$76.80+40.21 \times 1.540\% = 77.42$ m

按 $R=3\,000$ m 和相应的桩距 x_i, 即可求得竖曲线上各桩的标高改正数 y_i（纵距），计算结果列于表 11-12。

表 11-12　竖曲线各桩标高　（单位：m）

桩 号	至起、终点距离	标高改正数	坡道高程	竖曲线高程	备 注
2+529.79			77.26	77.26	竖曲线起点
2+540	↓ $x_1=10.21$	$y_1=0.02$	77.14	77.16	⎫
2+550	$x_2=20.21$	$y_2=0.07$	77.03	77.10	⎬ $i_1=-1.141\%$
2+560	$x_3=30.21$	$y_3=0.15$	76.92	77.07	⎭
2+570	$x_4=40.21$	$y_4=0.27$	76.80	77.07	变坡点
2+580	$x_3=30.22$	$y_3=0.15$	76.95	77.10	⎫
2+590	$x_2=20.22$	$y_2=0.07$	77.11	77.18	⎬ $i_2=+1.540\%$
2+600	↑ $x_1=10.22$	$y_1=0.02$	77.26	77.28	⎭
2+610.22			77.42	77.42	竖曲线终点

竖曲线起、终点的测设方法与圆曲线相同,而竖曲线上辅点的测设,实质上是在曲线范围内的里程桩上测出竖曲线的高程。因此实际工作中,测设竖曲线多与测设路面高程桩一起进行。测设时只需把已算出的各点坡道高程再加上(凹型竖曲线)或减去(凸形竖曲线)相应点上的标高改正值即可。

11.7 桥梁施工测量

路线通过河流或跨越山谷时需架设桥梁。桥梁按其轴线长度不同通常可分为特大型(> 500 m)、大型(100～500 m)、中型(30～100 m)、小型(8～30 m)四类,不同类型的桥梁其施工测量的方法及精度要求也不相同。桥梁施工测量的主要内容包括平面控制测量、高程控制测量、墩台定位、墩台基础及其顶部放样等。

1) 小型桥梁施工测量

小型桥梁跨度较小,工期不长,一般选在枯水季节进行施工,下面即介绍干涸河床小型桥梁的定位和基础施工测量。

(1) 桥梁中线和控制桩的测设

如图 11-50,先根据桥位桩号在路中线上准确地测设出桥台和桥墩的中心桩 A、B、C,并同时在河道两岸测设桥位控制桩 K_1、K_2、K_3、K_4。然后分别在 A、B、C 点上安置经纬仪,在与中线垂直方向上测设桥台和桥墩控制桩 a_1、a_2、b_1、b_2、c_1、c_2,每侧至少有两个控制桩。量距要用经检定的钢尺,并应加温度、尺长、高差改正。丈量精度应高于 1/5 000,以保证上部结构安装时能正确就位。用光电测距仪代替钢尺量距则更为方便。

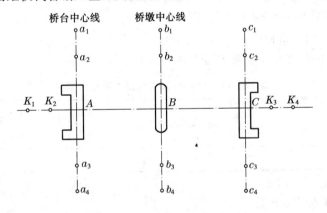

图 11-50 小型桥梁施工控制桩

(2) 基础施工测量

基坑开挖前,首先应根据桥台和桥墩的中心线定出基坑开挖边界线,基坑上口尺寸则是根据坑深、坡度、土质情况和施工方法确定的。基坑挖到一定深度以后,在距基底设计面为一定高差处(如 1 m),应根据水准点高程在坑壁测设水平桩,作为控制挖深及基础施工中掌握高程的依据。

基础完工后,应根据上述的桥位控制桩和墩、台控制桩用经纬仪在基础面上测设出墩、台中心及相互垂直的纵、横轴线,根据纵、横轴线即可测设桥台、桥墩砌筑的外廓线,并弹出墨线,作为砌筑桥台、桥墩的依据。

2) 中型桥梁施工测量

中型桥梁一般因河道宽阔,桥长不能用钢尺直接丈量。因此,桥长常用光电测距仪直接测定,或采用布设桥梁三角网的方法间接求得,而水中桥墩的位置则多用方向交会法测设。另外,为了建立统一的高程系统,还需用过河水准测量的方法精确地测定两岸固定点的高程。

(1) 桥梁平面控制测量

① 桥梁三角网的布设

桥梁平面控制测量一般可采用三角网形式,图11-51为常用的两种桥梁三角网图形,其中图(a)为大地四边形,图(b)为双三角形,图中 AB 为桥梁轴线,双线为实测边长的基线。

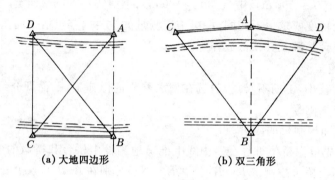

图 11-51 桥梁三角网

桥梁三角网的布设,除满足三角测量本身的要求外,还要求三角点选在不被水淹、不受施工干扰的地方;桥轴线应与基线一端连接,成为三角网的一边;同时要求两岸中线上的 A、B 三角点选在与桥台相距不远处,便于桥台放样;基线应选在岸上平坦开阔处,并尽可能与桥轴线相垂直,基线长度宜大于桥轴长度的0.7倍。

中型桥梁三角网的主要技术要求列于表11-13。

表 11-13 中型桥梁三角网主要技术要求

桥轴线长 /m	测角中误差 /″	基线相对中误差	桥轴线相对中误差	三角形最大闭合差 /″
30~100	±20	1:10 000	1:5 000	±60

② 基线测量和水平角观测

基线测量可采用检定过的钢尺或光电测距仪施测,基线相对中误差应小于1/10 000。

水平角观测一般用 DJ_2 或 DJ_6 级光学经纬仪,观测2个测回。

(2) 过河水准测量

在桥梁施工阶段,为了在两岸建立可靠而统一的高程系统,需要将高程由河的一岸传递到另一岸。由于过河视线较长,使得照准标尺读数精度太低,以及由于前、后视距相差悬殊,而使水准仪的 i 角误差和地球曲率、大气折光的影响都会增加,这时可以采用过河水准测量的方法解决。

① 过河水准地点选择

过河水准测量应尽量选在桥渡附近河宽较窄、土质坚实、便于设站的河段,尽可能有较高的视线高度,标尺与仪器点应尽量等高。

两岸测站点和立尺点可布成图11-52所示的"Z"字形图形或类似图形。图中Ⅰ,Ⅱ为测站点,A,B为立尺点,要求ⅠA=ⅡB,且ⅠA,ⅡB均不得小于10m。图中各点应用大木桩牢固打入地中,其顶端钉上铁帽钉供安置标尺用。

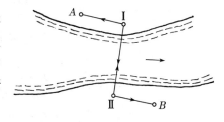

图11-52 过河水准测量的测站和立尺点

② 过河水准测量的方法

当视线长度(河宽)在200 m以内时,可用直接读尺法,每测回观测方法如下:先在A与Ⅰ的中间等距处安置水准仪,用同一标尺按水准测量方法测定AⅠ的高差$h_{AⅠ}$;接着搬仪器于Ⅰ点,精密整平仪器,瞄准本岸A点上的近标尺,按中丝读取标尺基、辅分划各一次;将仪器瞄准对岸Ⅱ点上的远标尺,按中丝读取标尺基、辅分划各两次,同时用胶布将调焦螺旋固定(确保不受触动);接着立即过河,将仪器搬到对岸Ⅱ点上,A点上标尺移到Ⅰ点安置,精密整平后,先瞄准对岸Ⅰ点上的远标尺,按上述相反顺序操作与读数;最后将仪器安置在Ⅱ、B中间等距处,用同一标尺按水准测量方法测定ⅡB的高差$h_{ⅡB}$。

则一测回高差 $h_{AB}=(h'_{AB}-h'_{BA})/2$

式中,$h'_{AB}=h_{AⅡ}+h_{ⅡB}$; $h'_{BA}=-(h_{ⅠB}+h_{AⅠ})$。

按国家三、四等水准测量规范规定,过河水准测量一般应施测两个测回,测回间高差互差:三等不大于±8 mm,四等不大于±16 mm。取其平均值作为最后成果。

跨河水准测量的观测时间最好选在风力微弱、气温变化较小的阴天进行;晴天观测时,应在日出后1h开始至9时30分,下午自15时起至日落前1h止。

当河面较宽(河宽300~500 m时),水准仪读数有困难时,此时可采用微动觇板法,将特制的可活动觇板装在水准尺上(图11-53),由观测者指挥上下移动觇板,直至觇板红白分界线与十字丝中横丝重合为止,由立尺者直接读取并记录标尺读数。其观测程序和计算方法同上述。

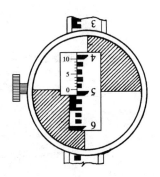

图11-53 特制觇板

(3) 方向交会法测设桥墩位置

桥位控制桩间距算出后,按设计尺寸分别自A、B两点量出相应的距离,即可测设出两岸桥台的位置。至于水中桥墩的中心位置,因直接量距困难,可用方向交会法测设。如图11-54,必须首先计算出交会的角度α、β,然后进行桥墩中心P_i的测设。

① 计算交会的角度

设d_i为i号桥墩中心至桥轴线控制点A的距离,在设计中,基线D_1、D_2及角度θ_1、θ_2均为已知值,则交会的角度α_i、β_i可按下述方法算出:

经桥墩中心P_i向基线AD作辅助垂线$P_i n$,则在直角三角形DnP_i中

$$\tan\alpha_i=\frac{P_i n}{Dn}=\frac{d_i \cdot \sin\theta_1}{D_1-d_i\cos\theta_1}$$

$$\alpha_i=\arctan\frac{d_i \cdot \sin\theta_1}{D_1-d_i\cos\theta_1}$$

同理得

$$\beta_i = \arctan \frac{d_i \cdot \sin\theta_2}{D_2 - d_i\cos\theta_2} \quad (11-47)$$

为了检核 α_i、β_i，可参照求算 α_i、β_i 的方法，计算 φ_i 及 ψ_i，即

$$\left. \begin{aligned} \varphi_i &= \arctan \frac{D_1 \cdot \sin\theta_1}{d_i - D_1 \cdot \cos\theta_1} \\ \psi_i &= \arctan \frac{D_2 \cdot \sin\theta_2}{d_i - D_2 \cdot \cos\theta_2} \end{aligned} \right\} \quad (11-48)$$

则计算检核式为

$$\left. \begin{aligned} \alpha_i + \varphi_i + \theta_1 &= 180° \\ \beta_i + \psi_i + \theta_2 &= 180° \end{aligned} \right\} \quad (11-49)$$

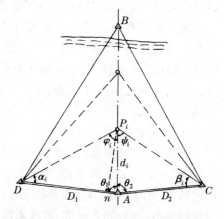

图 11-54　方向交会法测设桥墩位置

② 施测方法

如图 11-55 所示，在 C、D、A 三站各安置一台经纬仪。安置于 A 站的仪器瞄准 B 点，标出桥轴线方向，安置于 C、D 两站的仪器，均后视 A 点，以正倒镜分中法测设 α_i、β_i，在桥墩处的人员分别标定出由 A、C、D 三测站测设的方向线。由于测量误差的影响，由 A、C、D 三个测站测设的方向线不会交于一点，而构成一个误差三角形。若误差三角形在桥轴线上的边长不大于规定数值（放样墩底为 2.5 cm，放样墩顶为 1.5 cm），则取 C、D 两站测设方向线交点 P_i' 在桥轴线上的投影 P_i 作放样的墩位中心。

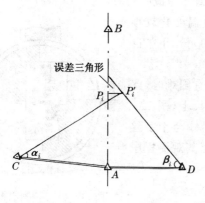

图 11-55　误差三角形

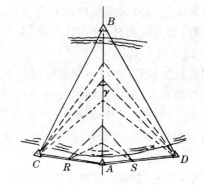

图 11-56　交会精度与交角 γ 的关系

实践与理论证明，交会精度与交会角 γ 有关。如图 11-56 所示，当 γ 角在 90°～110° 范围内时，交会精度最高。故在选择基线和布网时应尽可能使 γ 角在 80°～130° 之间，但不得小于 30° 或不得大于 150°。

在桥墩施工中，角度交会需经常地进行，为了准确、迅速进行交会，可在取得 P_i 点位置后，将通过 P_i 点的交会方向线延长到彼岸设立标志。标志设好后，应进行检核。这样，交会墩位中心时，可直接瞄准彼岸标志进行交会，而无须拨角。若桥墩砌高后阻碍视线，则可将标志移设到墩身上。

3) 大型斜拉桥施工测量

斜拉桥是一种墩塔高、主梁跨度大的高度超静定结构体系的桥梁，如图 11-57 所示。施工测量工作的主要任务是要满足高塔柱的垂直度、索道管三维竖向坐标的精确定位、主梁线性和

形体等要求。

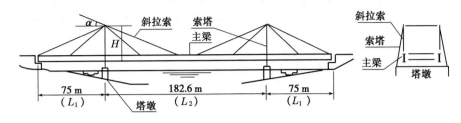

图 11-57 现代大型斜拉索桥

首先应建立桥梁施工控制网，施工控制网的精度应结合桥梁结构、桥式和桥跨等进行分析，以满足最高精度项目的要求。在施工期间还应根据施工进度和施工需要对控制网进行阶段性的检测或复测。

在桥梁基础施工阶段，测量工作的主要内容是围堰在浮运下沉和拼装过程中的定位与接高测量，钻孔桩定位与倾斜度测量，以及向钻孔内灌注混凝土时的高程测量，当混凝土灌注完毕后应测定混凝土面高程。

在桥墩承台和墩身的施工中，应根据桥梁施工控制网精确确定桥墩中心，根据桥墩中心放样出桥墩的几何形体边线供桥墩立模浇注。

在大型斜拉桥的施工中，为满足高塔墩垂直度要求，还必须以墩中心为基准建立专用的施工控制，以满足塔柱各部分施工放样的要求。随着塔柱施工高度的增加，在墩中心点的向上传递过程中，常采用精密天顶基准法。

索道管精密定位是斜拉桥高塔柱施工中一项测量精度要求很高、测量难度极大的工作，索道管位置正确与否，将直接影响到超静定结构节点内力的变化。因此，针对主塔结构和索道管的布置，应制订详细而周密的索道管定位方案。

为确保主梁按设计要求实现边跨、中跨合龙，并满足梁体设计线性要求，需要布置相应的高程线性点。根据主梁施工控制程序，进行大量重复的主梁监控测量，即测定主梁悬臂浇注过程中，在索力、荷载作用下塔柱顺桥向的偏移、主梁的线性状态（即主梁高程线性），为主梁施工控制设计提供实测资料；结合主梁牵索挂篮的悬浇施工方法，为保证主梁的形体尺寸，在每悬浇块的循环施工周期中，同样要先布设主梁施工测量控制，再进行主梁立模放样。这时，结合施工工艺流程，相应的测量工作内容包括三脚架走行定位、挂篮走行定位、主梁立模放样与检查验收。

在斜拉桥的主梁上，同样也布置与主塔一一对应的索道管，它们也应以很高的精度确定其位置。由于主梁施工荷载分布与变化、大气温度变化与日照作用的影响，梁面高程与线性随之发生变化，因此，必须结合这种动态特性确定主梁索道管的动态定位方法，这是主梁施工测量的一个显著特点。

大型斜拉桥施工中，无论是桥墩基础施工或是墩身施工，在每个节段或悬浇块混凝土浇筑后，都应及时对其形体和最后位置进行竣工测量，它是评定工程质量和后期工程管理的重要资料和依据。

由于大气温度变化与日照作用对索道管精密定位的影响，需要对施工中的塔柱进行变形观测，以研究高塔柱的变化规律，并确定有利的测量时间。在主梁施工中，为保证主梁按设计线性施工和确定监控测量的有利时间,同样也要进行主梁的变形观测。

在桥梁交付使用之前,为配合桥梁结构的动、静载试验工作,测量工作的主要内容是测定塔柱在不同荷载下的偏移以及桥梁的挠度,它是一项观测速度要快、成果要可靠的测量工作。

11.8 隧道施工测量

11.8.1 概述

地下工程内容比较广泛,如地铁、隧道、顶管以及人防工程等。虽然地下工程的性质、用途以及结构形式各有不同,但在施工过程中,都是先由地面通过洞口或竖井在地下开挖隧道,然后再进行各种地下建筑物及构筑物的施工。

在隧道施工中,尤其是山岭隧道,为了加快工程进度,一般由隧道两端洞口进行对向开挖。长隧道中,往往在两洞口间还增加如图 11-58 所示的平洞(a)、斜井(b)或竖井(c),以增加掘进工作面。

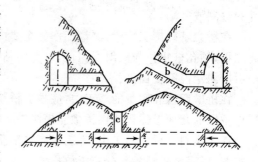

图 11-58 隧道的开挖

隧道施工测量工作的主要任务是:准确测出洞口、井口、坑口的平面位置和高程;隧道开挖时,测设隧道设计中心线的方向与高程,以保证隧道按要求的精度正确贯通,并按设计要求对隧道各个部位的断面尺寸进行放样。

隧道施工的掘进方向在贯通前无法通视,完全依据敷设支导线形式的隧道中心线或地下导线指导施工,若因测量工作的一时疏忽或错误,将引起对向开挖隧道不能正确贯通,就可能造成不可挽回的巨大损失。所以在工作中要十分认真细致,特别注意采取多种措施做好校核工作,避免发生错误。

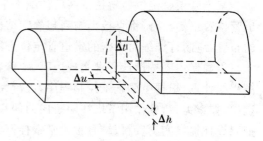

图 11-59 隧道贯通误差

隧道施工中对测量精度的要求,要根据工程的性质、隧道长度和施工方法而定。在对向开挖隧道的汇合面上,其中线不能完全吻合,这种偏差称为贯通误差。如图 11-59 所示,贯通误差包括纵向误差 Δt、横向误差 Δu、高程误差 Δh,其中纵向误差仅影响隧道中线的长度,施工测量时较易满足设计要求,因此一般只规定贯通面上横向及高程的误差。例如《铁路测量技术规则》中规定:长度小于 4 km 的铁路隧道,横向贯通误差允许值为 100 mm,高程贯通误差允许值为 50 mm,因此要求具有较高的测量精度。

11.8.2 隧道地面控制测量

为隧道施工而进行的地面控制测量包括平面控制测量和高程控制测量。

平面控制测量的主要任务是测定各洞口控制点的相对位置,以便根据洞口控制点按设计方向进行开挖,并能以规定精度贯通。因此要求选点时,平面控制点应包括隧道的洞口控制点

（包括隧道的进出口、竖井口、斜井口和坑道口），这样，既可以在施工测量时提高贯通测量的精度，又可以减少测量的工程量。

平面控制测量方法有以下几种：现场标定法、三角测量法、导线测量及 GPS 定位技术等，目前，常用 GPS 定位技术配合精密导线测量方法建立隧道平面控制网。

高程控制测量的任务是按规定的精度施测隧道洞口、附近水准点的高程，作为高程引测进洞的依据。

水准路线应选择连接洞口最平坦和最短的线路，以期达到设站少、观测快、精度高的要求。每一洞口埋设的水准点应不少于两个，且以能安置一次水准仪即可联测为宜。两端洞口之间的距离大于 1 km 时，应在中间增设临时水准点。高程控制通常采用二等或三、四等水准测量的方法，按往返或闭合水准路线施测。

11.8.3 隧道施工测量

1）隧道掘进方向的测设

洞外平面和高程控制测量完成后，即可求得进洞点（各洞口至少有两个）的坐标和高程，同时按设计要求计算洞内待定点的设计坐标和高程。按坐标反算的方法，求出洞内待定点和洞外控制点（包括进洞点）之间的距离和夹角关系，由此按极坐标方法或其他方法指示进洞的开挖方向，并测设洞内待定点的点位。

如图 11-60 为一曲线隧道的平面控制网，A、B、1、2、…、7 为洞外平面控制点，其中 A、B 为进洞点，C 为路线设计的转折点（交点），其坐标均为已知。为了求得掘进方向测设数据，进洞点 A、B 处的隧道掘进方向及距离，按第 9 章介绍的方法求出 β_1 和 D_{AC}，β_2 和 D_{BC}。

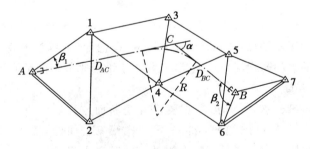

图 11-60 曲线隧道掘进方向

如图 11-61 中的直线隧道，可按以上方法计算出 β_1 和 β_2，在 A 点按 β_1 定出 AB 掘进方向，在 B 点按 β_2 定出 BA 掘进方向。

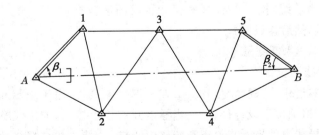

图 11-61 直线隧道掘进方向

得到掘进方向数据后,用测设已知角度的方法定出掘进方向,并埋设若干固定桩把掘进方向标示于地面上,如图 11-62 所示。

2) 开挖施工测量

(1) 隧道中线测设

根据图 11-62 中隧道洞口中心桩 A 和中线方向桩 1,2 或 3,4,在洞口开挖面上测设出开挖中线,再逐步往洞内引测隧道中心线。

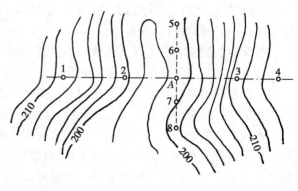

图 11-62 隧道洞口中心桩及中线方向桩

一般当隧道每掘进 20 m 左右时,要埋设一个中线桩,把中线向前延伸。中线桩可同时埋设在底部和顶部。

如遇到曲线隧道,在掘进中,由于洞内工作面狭小,常用本章 11.3 节中所述的延长弦线法测设中线桩。也可用逐点搬移测站的偏角法测设。

(2) 腰线测设

在隧道施工过程中,为了随时控制洞底的高程,以及进行断面放样,通常在隧道岩壁上沿中线方向每隔一段距离(5～10 m)标出比洞底设计地坪高出 1 m 的抄平线,称为腰线。由于隧道有一定的设计坡度,因此腰线也按此坡度变化,它和隧道底设计地坪高程线是平行的。腰线标定后,对于隧道断面的放样或指导断面的开挖都十分方便。

由于洞内工作面狭小,且光线暗淡,在隧道工程施工中,广泛应用自动导向系统或激光指向仪来指示掘进方向。

高程由洞口水准点引入,当隧道向前延伸时,每隔 10 m 应在岩壁上设置一个临时水准点。每隔 50 m 设置一个固定水准点,以保证隧道顶部和底部按设计纵坡开挖,并保证永久性衬砌的正确放样。所有水准点的高程均应往返观测。利用水准点来放样隧道底部的高程。

(3) 开挖断面的放样

隧道施工中,每爆破一次后,都必须把隧道开挖断面放样到开挖面上,以供开挖工人安排炮眼,准备下一次爆破。如图 11-63,开挖断面的放样是在中垂线 AB 和腰线 CD 基础上进行的,它包括两边侧墙和拱顶两部分的放样工作。在设计图纸上一般都给出断面的宽度、拱脚和拱顶的标高、拱曲线半径等数据。侧墙的放样是以中垂线 AB 为准,向两边量取开挖宽度的一半,用红漆或白灰标出,即是侧墙线。拱形部分可根据计算或图解数据放出圆周 $1'$、$2'$、$3'$ 等点,然后连成圆弧。

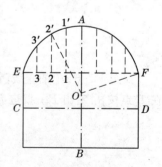

图 11-63 开挖断面放样

3) 洞内施工导线和水准测量

(1) 洞内施工导线测量

如前所述,测设隧道中线,通常每隔 20 m 左右埋一中线桩,由于观测和定线误差的影响,所有中线桩不可能严格地位于设计位置上。当隧道开挖长度较长,或中线有转折时,必须进行洞内导线测量,根据导线点的坐标来检查和调整中线桩位,使中线桩严格地位于设计中线上。随着隧道的掘进,当开挖到一定距离后,导线测量必须及时跟上,以确保贯通精度。

洞内导线的角度观测可采用 DJ$_2$ 级经纬仪,距离观测采用光电测距仪。在观测短边夹角时,应尽可能减少仪器对中误差及目标偏心误差的影响。如直线隧道长度在 2.5 km 以内时,导线量距精度应达到 $\frac{1}{5\,000}$,测角中误差应不大于 $\pm 4''$。

(2) 洞内水准测量

在隧道腰线测设中,已介绍了洞内水准点的布设。每建立一个新的固定水准点,要求从洞外水准点开始至新点往返观测求其高程,以保证隧道的高程贯通。通常情况下,可利用导线点位作为水准点,也可将水准点埋设在洞顶、洞底或洞壁上,但都应力求稳固和便于观测。由于洞内通视条件差,前视或后视不宜大于 50 m。施测时,尺面、望远镜的十字丝及水准器均需采用照明措施。如前所述,洞内水准路线均属支水准路线,除需往返观测外,还需经常检测。

4) 竖井联系测量

在隧道工程施工中,为了增加掘进工作面,加快工程进度,要在适当地点开凿竖井,将整个隧道分成若干段,实行分段对向开挖。

首先根据地面上已有的控制点把竖井的设计位置放样到地面上。开挖过程中,竖井的垂直度靠悬挂重锤的铅垂线来控制,其深度用长钢尺丈量。当竖井开挖到设计深度,并根据概略掘进的中线方向向左右两翼掘进约 10 m 后,就必须把掘进方向、坐标和地面高程精确地传到井下,以便获得隧道延伸掘进的中线方向、坐标和高程。

如上所述,方向传递的正确与否,直接关系到隧道能否精确贯通,传递掘进方向的同时也就把坐标传递到井下。传递的方法很多,常用的有方向线法、联系三角形法、导线测量法以及铅垂仪配合陀螺经纬仪联合定向法等。有关竖井联系测量的内容读者可参阅参考文献[7]。

竖井高程传递如图 11-64 所示,其任务是根据地面上水准点 A 的高程,求出井下水准点 B 的高程。在 A、B 点上立水准尺,竖井中悬挂钢丝。水准仪在水准尺上读数为 a_1、a_2,在钢丝上只能做记号 b_1、a_2。则 B 点的高程为

$$H_B = H_A + a_1 - (b_1 - a_2) - b_2 \tag{11-50}$$

为了求出 $(b_1 - a_2)$ 的长度,一般在地面上先量出 m、n 两桩间长度,当用绞车绕起细钢丝时,就可用 m、n 两桩来量度 b_1 和 a_2 两个记号间的长度,余长用钢尺量出,即可求得 $(b_1 - a_2)$ 的值。

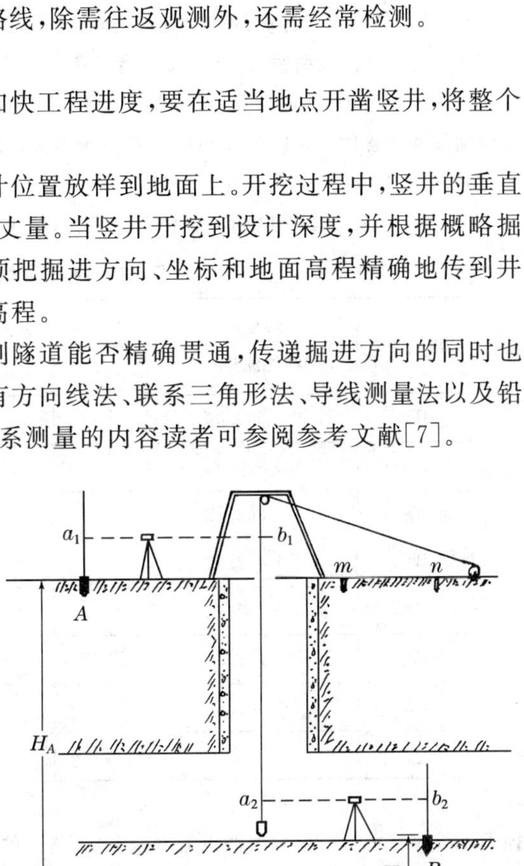

当竖井深度较浅时,也可用悬挂钢尺代替

图 11-64 竖井高程传递

钢丝,要求钢尺刻划的零端处悬挂重锤,b_1 和 a_2 分别表示安置于地面和井下的水准仪在钢尺上的读数。

5) 隧道竣工测量

隧道竣工后,应在直线地段每 50 m、曲线地段每 20 m 或需要加测断面处测绘隧道的实际净空。测量时均以线路中线为准,包括测量隧道的拱顶高程、起拱线宽度、轨面水平宽度、铺底或仰拱高程,如图 11-65 所示。

在竣工测量后,应对隧道的永久性中线点用混凝土包埋金属标志。在采用地下导线测量的隧道内,可利用原有中线点或根据调整后的线路中心点埋设。直线上的永久性中线点,每 200 m 至 250 m 埋设一个,曲线上应在缓和曲线的起终点各埋设一个,在曲线中部,可根据通视条件适当增加。在隧道边墙上要画出永久性中线点的标志。洞内水准点应每 1 km 埋设一个,并在边墙上画出标志。

图 11-65　隧道横断面

习题与研讨题 11

11-1　单圆曲线计算:设路线自 A 经 B 至 C,B 处右偏角 $\alpha_右$ 为 $28°28'00''$,JD 桩号为 $K4+332.76$,欲设置半径为 200 m 的圆曲线,计算圆曲线诸元素 T,L,E,D,并计算圆曲线各主点的桩号。

11-2　缓和曲线的计算:路线自 A 经 B 至 C,B 处偏角 $\alpha_右$ 为 $19°28'00''$,拟设置半径为 300 m 之圆曲线,在圆曲线两端各用一长度为 60 m 的缓和曲线连接,求 $\beta_0,x_0,y_0,p,q,T_H,L_H,E_H,D_H$;并计算缓和曲线各主点的桩号。(JD 里程桩号为 $K3+737.55$)

11-3　根据表 11-14 所列各转角桩号、偏角和圆曲线半径,整理直线、曲线与转角一览表,$\alpha_{01}=84°15'$。

表 11-14　直线、曲线与转角一览表

转角点	转角点里程桩桩号	偏角 $\alpha_左$	偏角 $\alpha_右$	曲线元素 /m R	T	L	E	D
JD$_0$	0+000.00							
JD$_1$	0+316.04		16°50′	500				
JD$_2$	0+662.12		5°18′	800				
JD$_3$	1+442.32		10°49′	1 200				
JD$_4$	1+792.93		14°07′	1 000				
JD$_5$	2+131.80	26°41′		300				
JD$_6$	2+346.82							
Σ								

11-4　某凹形竖曲线,$i_1=-3\%$,$i_2=2\%$,变坡点桩号为 $3+340$,其设计高程为 100.00 m,竖曲线半径 $R=1\,000$ m,试求竖曲线测设元素以及起、终点的桩号和高程,曲线上每 10 m 间距整桩的设计高程。

11-5　(研讨题)为什么要进行竖井联系测量?竖井联系测量有哪几种方法?请分析比较各种方法的优缺点。

11-6　(研讨题)什么是隧道贯通误差?简述测绘技术在控制隧道贯通误差中的作用。

12 测绘新技术简介

随着电子技术的迅速发展及计算机技术的广泛应用,20世纪90年代以来,以GPS定位技术为中心的测绘新科技迅速崛起,为测绘行业提供了新仪器、新技术和新方法,使测量工程的仪器和技术向精密化、自动化、智能化、信息化的方向发展。本章介绍的电子数字水准仪、电子经纬仪、全站仪、激光铅垂仪、机助成图系统以及GPS全球定位系统等,代表了当代测绘技术的新发展、新水平,读者可从中了解到测绘科技当今和未来的发展前景和应用价值,从而在自己的工作实践中更好地予以发挥和应用。

12.1 电子数字水准仪

为了实现水准仪读数的数字化,人们进行了近30年的尝试,1990年WILD厂首先研制出电子数字水准仪NA2000。

电子数字水准仪是集电子光学、图像处理、计算机技术于一体的当代最先进的水准测量仪器。它具有速度快、精度高、使用方便、作业员劳动强度低、便于用电子手簿记录、实现内外业一体化等优点,代表了当代水准仪的发展方向,具有光学水准仪无可比拟的优越性。本节仅以日本拓普康DL-101C电子数字水准仪(图12-1)为例,对仪器的构造、功能及其使用作一简要介绍(详细内容可参阅该仪器说明书和使用手册)。

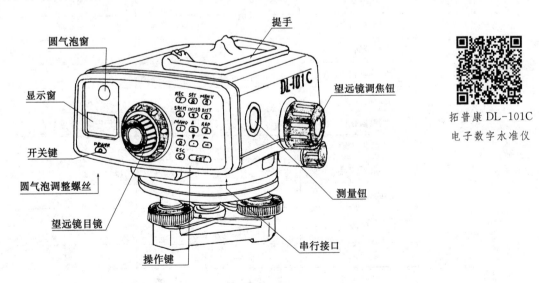

图12-1 拓普康DL-101C电子数字水准仪

12.1.1 拓普康 DL-101C 电子数字水准仪概况

1) 仪器主要部件及其技术参数

图 12-1 所示为拓普康 DL-101C 电子数字水准仪外貌图，主要部件如图上所注。拓普康 DL-101C 主要技术参数见表 12-1。

表 12-1 主要技术参数

内 容		参 数	备 注
望远镜	放大倍数	32	
	物镜孔径	45 mm	
	视场角	1°20′	
	分辨率	3″	
补偿器	工作范围	±12′	
	补偿精度	0.3″	
高程测量	精 度	±0.4 mm/km	电子读数,用钢瓦尺
		±1.0 mm/km	光学读数
	读数最小显示	0.01 mm	
距离测量	测距最小显示	1 cm	
	精 度	±1～±5 cm	用[MEAS]
数据卡	PCMCIA 卡	容量 64～256 kB	
标 尺	钢瓦尺	3 m	条形码标尺(见图 12-2)
	铝合金尺	5 m	
其 他	测量范围	2～60 m	用钢瓦尺
	测量时间(一次)	4 s	
	圆水准器分划值	8′/2 mm	
	显示窗	2 行 8 字符	点阵液晶显示器
	数据存储	内存 51 kB	约 1 000 个点数据
	数据传输	RS-232C 接口	
	水平度盘	360° 或 400 gon	$1gon = 5 \times 10^{-3} \pi rad$
	电池工作时间	10 h	
	电源	内接可充电电池 (镍镉电池 7.2V)	
	工作温度	−20～+50 ℃	
	仪器尺寸	237 mm×196 mm×141 mm	
	仪器重量	2.8 kg	含内接电池

2) 基本原理

电子数字水准仪所使用的条形码标尺采用三种独立互相嵌套在一起的编码尺,如图12-2所示。这三种独立信息为参考码 R 和信息码 A 与信息码 B。参考码 R 为三道等宽的黑色码条,以中间码条的中线为准,每隔3 cm就有一组R码。信息码A与信息码B位于R码的上、下两边,下边 10 mm 处为B码,上边 10 mm 处为A码。A码与B码宽度按正弦规律改变,其信号波长分别为 33 cm 和 30 cm,最窄的码条宽度不到 1 mm,上述三种信号的频率和相位可以通过快速傅里叶变换(FFT)获得。当标尺影像通过望远镜成像在十字丝平面上,经过处理器译释、对比、数字化后,在显示屏上显示中丝在标尺上读数或视距。

电子数字水准仪的操作方法十分方便,只要将望远镜瞄准标尺并调焦后,按测量键〈MEAS〉,4 s后即显示中丝读数;再按测距键〈DIST〉,马上显示视距;按存储键可把数据存入内存储器,仪器自动进行检核和高差计算。观测时,不需要精确夹准标尺分划,也不用在测微器上读数,可直接由电子手簿(PCMCIA 卡)记录。

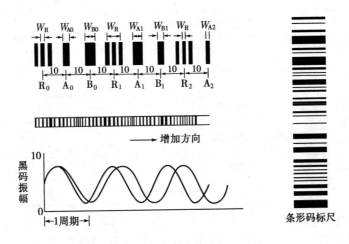

图 12-2 条形码标尺及其原理图

3) 仪器主要特点

拓普康 DL-101C 造型美观,内置功能强,菜单丰富,并有各种信息提示,具有以下特点:

(1) 利用图像比对进行自动读数(用条形码标尺),比人工法读数精度高,且无读数误差影响。必要时也可用人工读数(条形码标尺反面为普通标尺刻划)。

(2) 能有多次测量、自动求平均值、统计测量误差的功能。

(3) 具有高程放样和测量水准支点的功能。

(4) 有三种路线水准测量模式:后前前后、后后前前、后前;当给定测量限差值,仪器可自动判别测量误差是否超限,超限时会提示重测,能自动计算线路闭合差等。

(5) 有三种记录模式:RAM方式、RS-232C方式、OFF方式。

(6) 在字母状态下,可输入数字、大小写字母及常用标点符号等。

(7) 当测量键不起作用(如光线太暗、遮挡太多时),可输入人工测量高程和平距读数,以使线路水准测量程序能继续进行。

(8) 显示窗较小,但保存在仪器内部的测量结果可在仪器上用〈SRCH〉键进行查阅。

(9) 若水准标尺倾斜,读数显示窗将不显示读数,这就可以避免因标尺没有扶正导致倾斜而引起的系统误差。

（10）DL-101C 安有 128 kB 的内存器，用于电子手簿记录，测量数据通过接口直接输入到微机磁盘或打印机上，为内外业信息一体化提供了基础。

（11）有倒置标尺功能，适合于天花板、地下水准测量。

（12）可用来概略测定水平角，精确到 1° 或 1 gon。

（13）可测量水平距离，测距精度为 $\pm(10\sim50)$ mm。

（14）可按仪器内置程序进行 i 角检验与校正；对检验步骤仪器均有提示，检验后的 i 角值及校正之正确读数均直接显示在屏幕上，整个检校工作十分方便。

4) 仪器的操作键及其功能

拓普康 DL-101C 的操作键及其功能见表 12-2。

表 12-2　DL-101C 的操作键及其功能

键符	键名	功能
REC	记录键	记录测量数据或在仪器中输入显示的数据
SET	设置键	进入设置模式，设置模式是用来设置测量模式、记录模式和其他参数
MENU	菜单键	进入菜单模式，菜单模式有下列选择项：标准测量、水准测量模式、清内存和校正模式
SRCH	查询键	用来查询和显示记录的数据
IN/SO	中间点/放样模式键	在连续水准测量时，测中间点或放样
DIST	测距键	测量并显示距离
MANU	手工输入键	当不能用〈MEAS〉键进行测量时，可从键盘手工输入数据
▲▼	选择键	用来翻阅菜单屏幕或数据显示屏幕
◀▶	数字移动键	当显示值超出屏幕范围时，可用来左右移动查看整个数据
REP	重复测量键	在连续水准测量时，可用来重测已测过的后视或前视
ESC/C	退出/清除键	用来退出菜单模式或任一设置模式，也可用作输入数据时的后退清除键
0~9	数字键	用来输入数字
·(▼)	数字、字母、字符输入键	在字母模式时可用来改变为数字、字母或字符输入模式
−[▶]	标尺倒置模式	用来进行倒置标尺输入，并在设置模式之前，将倒置标尺模式设置为"USE"
ENT	输入键	用来确认模式参数或输入显示的数据
MEAS	测量键	用来进行测量
POWER	电源开关键	仪器开机与关机

5) 仪器的显示符

DL-101C 的显示符见表 12-3。

表 12-3 DL-101C 的显示符

显示符	含义	显示符	含义
REC	表明记录模式有效	▫	还有另页或可以[▲][▼]键翻阅菜单
⟵	电池电压指示	So	放样模式
↕	按[▲][▼]键显示下一菜单	Inst Ht	仪器高
BM	基准点	CP	改变点
Bk	后视	GH	地面高
Fr	前视	Int	中间点测量,独立点

12.1.2 DL-101C 电子数字水准仪的应用

电子数字水准仪开辟了水准测量应用的新领域。目前世界上只有少数厂家能生产电子数字水准仪,但自 1990 年第一代电子数字水准仪 NA2000(瑞士 Leica 公司,精度为 ±1.5 mm/km)及其后第二代电子数字水准仪 DL-101C(日本 TOPCON 公司,精度为 ±0.4 mm/km)等仪器相继问世以来,就立即显示出广阔的应用前景,大体上有以下几方面:

(1) 快速水准测量(用铟瓦尺可进行二等精密水准测量),其工作效率可提高 30%～50%;

(2) 自动沉降监测,如用微型马达驱动器附在电子水准仪上,能快速自动地检测建(构)筑物的沉降,配以应用软件可实现内外业信息一体化;

(3) 用于机器、转台及地基轴颈等的精密工业测量;

(4) 仪器与计算机相连,可实现实时、自动的连续高程测量;

(5) 用于标准测量(MENU MEAS)、地形测量、线路测量及施工放样等。

例如,东南大学测绘工程系将电子数字水准仪用于高层建筑物的沉降观测,取得较好效果,并开发出沉降观测内外业一体化软件(For Windows),软件主要功能包括:读取仪器 PCMCIA 卡原始数据,自动进行数据格式转换和平差计算;自动生成沉降观测成果电子表格;绘制沉降曲线图等。

12.2 电子经纬仪

电子经纬仪的出现为测量工作自动化创造了有利条件。电子经纬仪在结构与外观上和光学经纬仪相类似,其主要区别在于它用微机控制的电子测角系统代替光学读数系统。它的特点是:

(1) 使用电子测角系统,能自动显示测量成果,实现读数的自动化和数字化;

(2) 采用积木式结构,便于与光电测距仪及数字记录器组合成全站型电子速测仪,若配以适当的接口,可把野外采集的数据直接输入计算机进行计算和绘图。

现就威特 T2000 电子经纬仪作一简单介绍。

12.2.1 威特 T2000 电子经纬仪简介

图 12-3 所示为威特 T2000 电子经纬仪外貌图。仪器上的光学对中器、圆水准器和管水准器均设在照准部上,当竖轴倾斜时,仪器可自动测出并显示其数值,借此可精确整平仪器,置平

精度达 $1''$。制动、微动螺旋同轴，微动螺旋有两种转速，分别适用于快速瞄准和精确瞄准。电位器是用来调节十字丝照明的亮度。仪器可实现竖盘自动归零，补偿器工作范围为 $\pm 10'$，精度为 $\pm 0.1''$。

该仪器用于精密测角，其水平角、竖直角一测回的测角中误差约为 $\pm 0.5''$。

12.2.2 T2000 电子经纬仪测角原理

目前，电子经纬仪的光电读数装置有下列三种系统：编码度盘测角系统、光栅度盘测角系统和动态测角系统，其测角原理各异。T2000 电子经纬仪采用动态测角系统，现简述其测角原理。

该仪器的度盘为玻璃圆环，度盘分成 1 024 个分划，每一分划由一对黑白条纹组成，白的透光，黑的不透光，如图 12-4 所示。测角时，由微型马达带动度盘旋转。

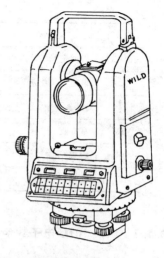

图 12-3 T2000 电子经纬仪

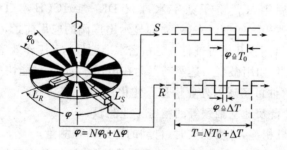

图 12-4 T2000 电子经纬仪测角原理

光阑 L_S 固定在基座上，称为固定光阑，相当于光学度盘的零分划，光阑 L_R 在度盘的内侧，随照准部转动，称为活动光阑，相当于光学度盘的指标。这两种光阑距度盘中心远近不同，互不影响。为了消除度盘偏心差，同名光阑按对径位置设置，共两对(4 个)，图 12-4 仅绘出一对(2 个)。竖直度盘的固定光阑是指向天顶方向。光阑上装有发光二极管和光电二极管，分别处于度盘上、下侧。发光二极管发射红外光线，通过光阑孔隙照到度盘上。当微型马达带动度盘旋转时，因度盘上明暗条纹而形成透光量的不断变化，这些光信号被设置在度盘另一侧的光电二极管接收，转换成正弦波的电信号输出，用以测角。测角就是要测出各方向的方向值，而方向值表现为 L_R 与 L_S 间的夹角 φ（相当于光学经纬仪的度盘读数）。设一对明暗条纹（每一分划）相应的角值为 φ_0，即

$$\varphi_0 = 360°/1\,024 = 21'05''.625$$

则

$$\varphi = N \cdot \varphi_0 + \Delta\varphi$$

式中，N 为 φ 中包含的整分划数目；$\Delta\varphi$ 为不足一整分划的余数。

通过仪器的粗测可以确定 N，从而得到 $N \cdot \varphi_0$；通过仪器的精测求得 $\Delta\varphi$，度盘转一周可测得 1 024 个 $\Delta\varphi$，取其平均值作为最后的 $\Delta\varphi$。将粗测和精测数据由角度处理器进行衔接处理后即得完整的 φ 角值，送中央处理器，由液晶显示器显示或记录至数据终端。这与第 4 章 4.3 节

所述光电测距原理相类似。

12.3 全站仪

全站型电子速测仪(简称全站仪)是指在测站上一经观测,必要的观测数据如斜距、天顶距(竖直角)、水平角等均能自动显示,而且几乎是在同一瞬间内得到平距、高差和点的坐标。如通过传输接口把全站型速测仪野外采集的数据终端与计算机、绘图机连接起来,配以数据处理软件和绘图软件,即可实现测图的自动化。

全站仪由电子经纬仪、光电测距仪和数据记录装置组成。近30年来,由于引用微电子技术,使新一代的全站仪不论在外形、结构、体积和重量等方面,还是在功能、效率方面,都出现惊人的进步。目前,这类先进的测量仪器在我国的建筑业和测绘业中均已得到了广泛的使用。

12.3.1 全站仪的分类

从仪器结构上来分,全站仪可分为"组合式"和"整体式"两种类型。"组合式"全站仪是将电子经纬仪、光电测距仪和微处理机通过一定的连接器构成一组合体,其优点是既可组合在一起,又可分开使用,也易于维修等。"整体式"全站仪是在一个仪器外壳内包含有电子经纬仪、光电测距仪和微处理机,电子经纬仪和光电测距仪使用共同的光学望远镜,方向和距离测量只需一次瞄准,使用十分方便。目前,工程中几乎都采用"整体式"全站仪。

全站仪一般依据其测角精度(一测回水平方向中误差)来划分等级。表12-4为各等级全站仪的技术参数及其主要用途。

表12-4 全站仪系列技术参数及其主要用途

仪器等级		1″级	2″级	3″级	5″级
测角部分	测角精度	±1″	±2″	±3″	±5″
	最小显示	0.5″/1″		1″/5″	
测距部分	测程 免棱镜	白色面:<500 m;灰色面:<250 m			
	反射片	<500 m			
	单棱镜	按通视条件:<3 000 m ~ <5 000 m			
	三棱镜	按通视条件:<6 000 m ~ <10 000 m			
	测距精度 免棱镜	$\pm(5+10\times10^{-6}\cdot D)$mm			
	反射片	$\pm(3+2\times10^{-6}\cdot D)$mm			
	一般棱镜	$\pm(2+2\times10^{-6}\cdot D)$mm			
	精密棱镜	$\pm(1+2\times10^{-6}\cdot D)$mm		—	
水准器灵敏度	管水准器	20″/2mm		30″/2mm	
	圆水准器	10′/2mm		10′/2mm	
仪器用途		控制测量及精密工程测量		地形测量及一般工程测量	

12.3.2 索佳 POWER SET 2000 型全站仪简介

全站仪的种类很多,各种仪器的使用方法由仪器自身的程序设计而定。使用任何一种全站仪前,必须认真阅读仪器使用说明书,了解仪器各部件功能和操作要点及注意事项。

本节仅简单介绍日本索佳(SOKKIA)公司生产的 SET 2000 型全站仪。

(1) 仪器特点

SET 2000 型全站仪具有超现代的硬件造型设计和配备功能强大的应用软件,是融光、机、电、磁现代科技最新成就于一身,集小型、简便、快捷、高精度和多用性等特点为一体的、跨世纪的新一代全站型电子速测仪,图 12-5 为 SET 2000 的外貌图。

SET 2000 型全站仪具有以下特点:
① 超小型的望远镜;
② 轻巧的主机;
③ 独特的光电系统;
④ 双轴倾斜补偿装置;
⑤ 双侧大屏幕液晶显示器;
⑥ 功能强大的应用软件。

索佳 SET2000

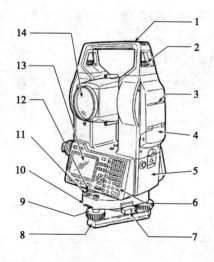
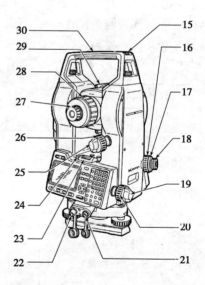

图 12-5 索佳 SET 2000 型全站仪

1—提柄;2—提柄固定螺丝;3—仪器高标志;4—存储卡护盖;5—电池;6—键盘;7—三角基座制动控制杆;8—底板;9—脚螺旋;10—圆水准器校正螺丝;11—圆水准器;12—水平度盘设置旋钮护盖;13—显示窗;14—物镜;15—管状罗盘插口;16—光学对中器调焦环;17—光学对中器分划板护盖;18—光学对中器目镜;19—水平制动钮;20—水平微动手轮;21—数据输出插口;22—外接电源插口;23—照准部水准器;24—照准部水准器校正螺丝;25—垂直制动钮;26—垂直微动手轮;27—望远镜目镜;28—望远镜调焦环;29—粗照准器;30—仪器中心标志

(2) 仪器的主要技术指标(见表 12-5)

表 12-5 SET 2000 主要技术指标

内容		参数	备注
望远镜	物镜孔径	45 mm	
	放大倍数	30	
	视场角	1°30′	
	最短视距	1.0 m	
测角部	最小显示	1″,0.5″ 可选	水平角,天顶距
	标准差	±2″	水平角,天顶距
	测角时间	0.5 s 以内	
	双轴自动补偿	要、否 可选	
测距部	最大测距	2 700 m	一块棱镜
		3 500 m	三块棱镜
		4 200 m	九块棱镜
	最小显示	1 mm,0.1 mm 可选	精测
	标准差	$\pm(2\text{ mm}+2\times10^{-6}\times D)$	精测
	测距时间	2.1 s(初次 4.2 s)	精测
电源	内部电池 BDC 35	7 h	可测约 500 点
	外部电池 BDC 12	23 h	可测约 1 600 点

(3) 显示符

P.C.mm：   棱镜常数
H.obs：   右水平角
HAL：   左水平角
V.obs：   天顶距(天顶为 0)
VA：   竖直角(水平为 0)
S.Dist：   斜距
H.Dist：   平距
V.Dist：   高差
N：   数字输入
A：   字母输入
⊥⁺：   进行倾角补偿

电池电量

▇ 3：90%～100%

▆ 2：50%～90%

▄ 1：10%～50%

▁ 0：0%～10%

(4) 操作键盘

SET 2000 的键盘(图 12-6)由 43 个按键组成,包括电源开关键 1 个,照明键 1 个,软键 4 个,操作键 11 个和字母数字键 26 个。

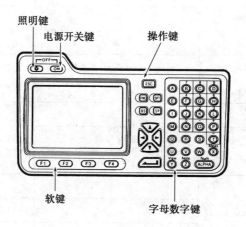

图 12-6　SET2000 操作面板

(5) 菜单结构

在 MEAS mode(测量工作模式)下,仪器有 8 个主菜单,即:〈READ〉(距离测量)、〈PPM〉(气象改正设置)、〈CNFG〉(仪器参数设置)、〈REC〉(转至记录模式)、〈0SET〉(水平读数置 0)、〈HANG〉(水平角设置)、〈AIM〉(返回信号测试)和〈TILT〉(倾角显示)。

在 REC mode(记录工作模式)下,仪器又有 5 个主菜单,各主菜单之下分别有若干个子菜单,以便进行各种工程测量。5 个主菜单分别为〈FUNC〉(功能菜单)、〈SURV〉(测量菜单)、〈COGO〉(计算放样菜单)、〈ROAD〉(道路测量菜单)和〈SYS〉(系统菜单)。

(6) 测量前的准备工作

① 电池的安装

进行测量之前应使电池充足电。安装电池时将电池底部定位导块插入仪器上的电池导孔内,按电池顶部至听到喀嚓响声。从仪器上取下电池时必须先关闭电源,然后按住圆形按钮①(图 12-7)后向下按下解锁钮②,便可取出电池。

② 电源开/关

打开电源按〈ON〉(见图 12-6),仪器将进行自检,自检完成后显示如下:

图 12-7　电池的安装与取下

H	0 SET
V	0 SET

等待进行水平度盘和竖直度盘指标的设置。若要关闭电源,则应先按住〈ON〉,再按〈☀〉。

③ 水平度盘和竖直度盘指标的设置

如图 12-8a,松开水平制动钮,旋转照准部 360°至仪器发出一声鸣响,则水平度盘指标设置完毕。如图 12-8b,松开竖直制动钮,纵转望远镜一周至仪器发出一声鸣响,则竖直度盘指标设置完毕。两度盘指标设置完毕后,显示屏应显示出水平度盘读数和竖直度盘读数。如果出现错误信息,则表明仪器尚未整平好,此时应重新整平仪器。

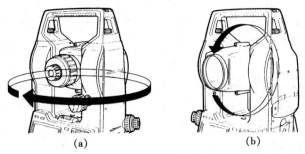

图 12-8 度盘指标的设置

④ 仪器参数设置

仪器共有 12 个参数须按测量需要进行设置(见表 12-6),特别是参数 No.4,No.5 和 No.7 必须设置正确。在测量工作模式下,选择〈CNFG〉菜单便可进行仪器参数修改。

表 12-6 仪器参数设置选项

No.	参 数	选 择 项
1	距离模式	斜距*
		平距
		高差
2	水平角格式	右角*
		左角
3	竖直角格式	天顶 0*
		水平 0
4	距离测量模式	精测*
		粗测
		跟踪测
5	距离测量模式	多次*
		单次
6	反射镜类型	棱镜*
		反射片
7	棱镜常数	—30 mm*(—99～+99 mm)
8	倾角改正	水平和竖直角改正*
		不改正
		竖直角改正
9	视准差改正	改正*
		不改正
10	水平度盘指标设置	旋转照准部*
		开机置零
11	竖直度盘指标设置	纵转望远镜*
		盘左盘右照准
12	分划板照明	亮*
		暗

注:* 表示厂家设置。

12.3.3 全站仪地形测量

在记录工作模式下,从〈SURV〉主菜单中选取"Topography"(地形测量)选项,此时屏幕会提示设立测站点和观测后视点,此时需要向 SET 2000 输入有关测站点的坐标和后视点的有关信息:

(1) Stn(测站点号):该字段用于输入测站点名,如果 SET 2000 内已有该点的坐标,坐标值将被自动填入坐标字段中,否则,坐标字段的值显示为"Null"(空),等待输入数值。

(2) North、East、Elev(坐标值,相当于 x、y、H):这三个字段表示测站点的坐标,可以通过数字键输入测站点的坐标值。

(3) Theo Ht(仪器高):该字段为仪器横轴中心点至测站点的距离。

(4) ppm(气象改正值):该字段为当前气象改正值。

(5) Cd(代码):该字段仅用于说明目的,长度为 16 个字符,可留为空(Null)。

输入测站信息后,按〈OK〉键,屏幕显示如下左图,等待输入后视点名;在"BS pt"字段处输入后视点名,如果该点为未知点,屏幕显示如下右图菜单:

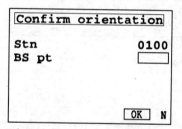 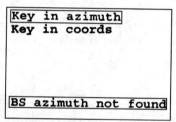

此时,可以选择"Key in azimuth",输入测站点至后视点的方位角,也可以选择"Key in coords",输入后视点的坐标。后视点数据输入完毕后,屏幕显示等待读取后视点观测值(即定向,见下左图):

此时,按〈READ〉(测距,需人工输入棱镜高)或〈ANGLE〉(不测距)对后视点进行测量,完成后按〈OK〉结束。

然后照准地形观测点的棱镜,按〈READ〉开始观测读数,屏幕显示如上右图。

"Code"为观测点的地物代码,该字段可用 16 个字符来表示,需要手工输入,可留为空。若将预先定义的地物代码表输入 SET 2000,则可从"Code list"菜单中直接选取,这是一种快速、有效的方法。

"Pt"(点名),该字段用于表示观测点的点名,其缺省值由 SET 2000 自动指定。

"Target ht"(目标高),第一个目标点该字段的值需由手工输入,仪器不接受〈Null〉(空)值。从第二个目标点开始,其缺省值为前一个目标的目标高。因此,在野外观测时,目标高尽量固定为一常数。

"H.obs"、"V.obs"和"S.dist"分别为水平角、竖直角和斜距观测值。

此时,按〈OK〉将观测值存入仪器内存中,仪器将显示"Input accepted"并返回"Take reading"(读取读数),等候观测下一个目标点。另一种更为便捷的方法是按〈READ〉来存储观测值并立即对下一个目标点进行观测。

当该测站工作结束,则按〈ESC〉键即可。保存在仪器内存中的所有观测点的信息都能以坐标值形式或以观测值形式输出。

测站点和后视点常常是测量控制点,其坐标值在测站设置中经常要用到,而每次测站设置要输入大量数据,这在野外测量中显然很费时。SET 2000 可以利用建立控制工作文件的方法来解决这个问题。首先将控制点的点名和坐标值通过键盘输入存放在某一工作文件中,然后再将该文件设置为控制工作文件。这样,在测站设置中只需输入测站点点名和后视点点名,SET2000 会自动到控制工作文件中去查找,如果找到了该点,该点的有关数据将自动被拷贝过来,并显示在屏幕上,以供使用,具体操作详见仪器说明书。

12.3.4 全站仪悬高测量

当棱镜无法放置于待测点上,但可以放置于其正上方或正下方的某个位置上时,便可用悬高测量程序来测出待测点的坐标。待测点正上方或正下方放置棱镜的点称为基点,测量时,首先测出基点的坐标,而后测出待测点的竖直角便可计算出待测点的坐标。

在记录工作模式下,从〈SURV〉主菜单中选取"Remote elevation"(悬高测量)选项。根据 SET 2000 的提示,确认并设立测站点和后视点(同地形测量),测站设置完成之后,屏幕显示读取基点读数(下左图):

```
Take base reading
Stn              0121
BS pt            0123
Remote elevation
H.obs        2°14'43"
V.obs       89°58'30"
[1] READ ANGLE CNFG    N
```

```
Remote elevation
Cd              setup
Pt               1020
H.obs      116°32'22"
V.obs       84°00'00"
Height         24.175
Elev          -18.420
STORE              A
```

此时,照准基点上的棱镜,按〈READ〉读取数据(棱镜高需人工输入)。然后再照准待测点,按〈ANGLE〉读取竖直度盘读数。SET 2000 自动计算出棱镜标杆底点(基点)与待测点间的高差,显示如上右图。

"Height"字段的值(24.175)即为棱镜标杆底点与待测点间的高差(图12-9中h)。

按〈STORE〉将测量结果存入仪器内存中。必要时,重复上述过程继续测量,最后按〈ESC〉结束并返回〈SURV〉菜单。

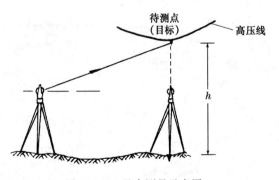

图 12-9 悬高测量示意图

12.3.5 全站仪按设计坐标放样点位

在记录工作模式下,从〈COGO〉主菜单中选取"Set out coords"(坐标放样)选项。与地形测量类似,此时屏幕会提示设立测站点和观测后视点,按前述方法进行测站设置工作。

在完成上述工作后,SET 2000 将对当前工作文件进行查找,看是否存在现有的放样数据表。如果有,则将放样点及其代码显示在屏幕上,此时,可对所显示的点名进行修改、删除,也可输入或添加新的放样点名和数据。放样点名表显示如下:

```
       Setting out      ↑
  Pt               1202
  Pt               1203
  Pt               1204
  Pt               1205
  Pt               1206
  Pt                   
  1  INS DEL DELAL OK  N
```

点的放样步骤如下:

(1) 从放样点名表中选取待放样点。选取时,将光标移至待放样点名上后(如下左图),再按〈ENTER〉键。

屏幕上将显示出待放样点的所有信息,包括放样时所需的水平角、竖直角、斜距、平距、高差和方位角(下右图)。

```
     Setting out       ↑              Aim horiz circle
Pt               1202           Aim H         60°00'06"
Pt               1203           Aim V         80°01'12"
Pt               1204           S.dist           328.084
Pt               1205           H.obs         45°20'00"
Pt               1206           V.obs         90°01'00"
Pt               1207↓          dH.obs        14°40'06"→
1  INS DEL DELAL OK  N             READ ANGLE CNFG  OK
```

(2) 按"Aim H"字段所显示的水平角值转动望远镜,直至使"dH.obs"字段的值为零,然后指挥棱镜移至该方向上。

(3) 照准棱镜按〈READ〉进行读数,待显示后按〈OK〉,有关放样点的平面位置信息显示如下:

```
        Right             0.525
        Out               0.078
        Aim H         60°00'06"
        Aim V         90°00'00"
        H.obs         47°02'23"
        V.obs         89°56'55"
        S.dist          141.000
        1  READ ANGLE CNFG OK
```

其中,第一字段"Left"或者"Right"的值,表示棱镜应"向左方"或者"向右方"移动的距离。第二字段"In"或者"Out"的值,表示棱镜应"向靠近仪器方向"或者"远离仪器方向"移动的距离。第三、四字段"Aim H"和"Aim V"的值,表示棱镜位于放样位置上时所需的水平角和竖直角。

(4) 根据所需按〈READ〉进行读数,每次读数后都将显示出当前棱镜位置相对于放样位置应移动的方向和距离。

(5) 在使头两个字段的值为零,即放样点的平面位置确定后,按〈OK〉继续高程放样。

(6) 放样点的位置确定后,按〈STORE〉可以快捷地存储放样结果,并返回放样点选取屏幕状态。

(7) 按〈TARGET〉进行另一次读数,并输入新的目标高。

高程放样的屏幕显示如右下图所示。

① 第一个字段以"Fill"或"Cut"来表示当前棱镜标杆底部与设计点间的高差,也就是填挖数量。

② 第二字段"Cut o/s"一般情况下为零。但当设计点低于或高于地面时,为了在地面上精确地设置标桩,可以向该字段输入一值,以正值或负值分别表示挖或填数量。例如,当点低于地面时输入值 1.000,则"V.obs"字段所显示的竖直角值将变为观测新点所需的角度值,按此角度值观测竖直角,则第一字段中的实际挖量变为 1.000。

③ "Aim V"字段显示出为取得设计高程加上挖量而应观测的竖直角值。

(8) 在高程放样过程中,由于不小心而使棱镜标杆位置发生偏移时,按〈ESC〉可返回平面放样操作状态。

(9) 此时,您可按〈TARGET〉改变目标高;按〈STORE〉存储当前的放样点位置;按〈OK〉结束该点的高程放样。SET 使用缺省点名和代码将放样结果显示如右图。

(10) 如果需要,可以对"Pt"(点名)和"Cd"(代码)字段的值进行修改,缺省代码中含有反映放样点的信息。完成上述工作后按〈OK〉,SET 中将产生一坐标记录,以及一反映设计点位与实际放样点位间差值的注记记录,按〈ESC〉返回点放样屏幕状态。坐标记录产生后,SET 返回放样点名表下(见下图),以便选取另一放样点。当放样点名表为空时,它将给出添加放样点名的提示。

(11) 放样完成后按〈ESC〉退出。

12.4 激光铅垂仪

12.4.1 激光铅垂仪简介

激光铅垂仪是一种专用的铅直定位仪器,适用于高层建筑、深竖井及高烟囱或高塔架的铅直定位测量。这类仪器尽管型号有多种,但组成部分基本相同,它主要有氦氖激光管、精密竖轴、发射望远镜、水准器、基座、激光电源及接收屏等部分组成,如图 12-10 所示为国产激光铅垂仪的全貌,各主要部分构造的名称在图中注明。在图 12-10 中,氦氖激光管输出功率为 1.5 mW,横向单模,波长为 $\lambda = 0.6328\ \mu m$ 的红色可见光。激光管装在套筒内,通过精密竖轴与望远镜连成一体。由激光管输出的激光束直接进入望远镜目镜,再由物镜发射而形成一个红色小光斑成像。

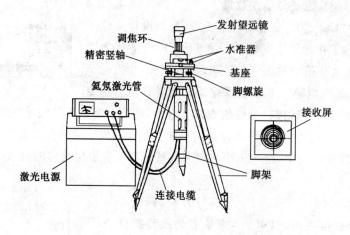

图 12-10　激光铅垂仪

接收屏安置在需要铅垂线的位置处,中央设计成一块有同心圆环或格网分划的有机玻璃片,借此可直接目估读出激光光斑中心的坐标值。

12.4.2 激光铅垂仪的应用

1) 高层建筑物施工测量中轴线投测

高层建筑施工测量中的主要问题是控制竖向偏差,即各楼层轴线如何精确地向上(或向下)引测的问题。使用激光铅垂仪可以方便准确地进行轴线投测。

图 12-11 为激光铅垂仪投测示意图。投测时,先将激光铅垂仪安置于底层埋设标志点 A 上,严格对中和整平,接通激光电源,开启激光器,即可发射出铅直激光基准线,在楼板的预留洞孔 B 处接收屏上显示激光光斑中心,即为地面底层埋设点的铅垂投影位置。

2) 高烟囱中心线的垂准测量

在高烟囱滑模施工中,每支架一层模板都必须仔细定出中心线,为此在基坑中心点上浇筑混凝土观测墩,准确设置仪器中心固定支架,把经检校后的激光铅垂仪长久地安置在固定观测墩支架上。宜设置仪器防护罩,罩顶开有小孔,既便于测量又防止杂物掉下损坏仪器。接收屏安置在烟囱施工平台上,其中心与施工平台中心基本一致。

当进行烟囱中心线垂准测量时,首先仔细安置仪器,精确对中和整平,调节望远镜焦距使激光斑在接收屏上聚焦,另一位测量人员在接收屏处,标定光斑中心并指挥司仪人员每隔120°转动仪器,定出三个光斑中心位置,取误差三角形中心作为烟囱底层中心 O 点沿铅垂方向的投影点,如图12-12所示。

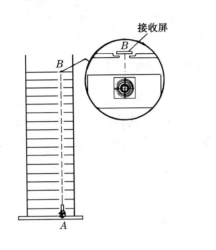

图12-11 激光铅垂仪投测示意图　　图12-12 高烟囱垂准测量

这种方法操作简单,速度快,精度高,垂直度可达到每100 m只相差2～3 mm。

12.5 大比例尺数字测图系统

传统的地形测量是用仪器在野外测量角度、距离、高差,作记录(称外业),在室内作数据处理、绘制地形图(称内业)等。由于地形测量的主要成果——地形图是由测绘人员利用量角器和比例尺等工具模拟测量数据,按图式符号展绘到绘图纸上,所以又俗称模拟法测图。

随着科学技术的进步和电子计算机硬件、软件的迅速发展以及全站型电子速测仪的广泛应用,地形图测绘已逐步朝自动化方向发展,地形测量从模拟法测图变革为数字测图,测量的成果不仅是绘制在纸上的地形图,更重要的是提交可供传输、处理、共享的数字地形信息。

传统测图方式主要是手工作业,外业测量人工记录,人工绘制地形图,为用图人员提供蓝晒图纸,在图上人工量、算所需要的坐标、尺寸和面积等等。数字测图则使野外测量自动记录,自动解算处理,自动成图,并向用图者提供可处理的数字地图软盘。数字测图实质是一种全解析、机助测图的方法。数字测图自动化的效率高,劳动强度小,错误概率小,绘得的地形图精确、美观、规范。与模拟测图相比,数字测图具有显而易见的优势和广阔的发展前景,是地形测绘发展的技术前沿。

12.5.1 数字测图系统的概念

数字测图(Digital Surveying and Mapping,简称 DSM)系统是以计算机为核心,在外连输入输出设备硬、软件的支持下,对地形空间数据进行采集、输入、成图、绘图、输出、管理的测绘系统(见图 12-13)。

图 12-13 数字测图系统概念框图

采集地形数据输入计算机,由成图软件进行处理、成图、显示,经过编辑修改,生成符合国标的地形图,并控制数控绘图仪出图。在实际工作中,大比例尺数字测图一般是指地面数字测图,也称全野外数字测图,并根据其采用方法的不同,分别称之为航测数字测图、数字化仪数字化图或扫描数字化图等。

12.5.2 地形数据的采集

数字测图系统,由于空间数据的来源不同,采用的仪器和方法也不相同,目前有如下几种方法:

1) 全站仪野外数据采集

用全站仪进行实地测量,将野外采集的数据自动传输到电子手簿或磁卡,并在现场绘制地形(草)图,到室内将数据自动传输到计算机,人机交互编辑后,由计算机自动生成数字地图,并控制绘图仪自动绘制地形图。这种方法是从野外实地采集数据的,又称地面数字测图。

由于测绘仪器测量精度高,而电子记录又如实地记录和处理,所以地面数字测图是几种数字测图方法中精度最高的一种,也是城市地区大比例尺(尤其是 1∶500 的)测图中最主要的测图方法。现在,各类建设使城市面貌日新月异,在已建(或将建)的城市测绘信息系统中,多采用野外数字测图作为测量与更新系统。

2) 原图(底图)数据采集

在已进行过测绘工作的测区,有存档的纸介质地形图,即原图,也称底图。将原图数字化的方法一般有两种:数字化仪数字化和扫描仪数字化。

3) 航空相片数据采集

这种方法是以航空摄影获取的航空相片作数据源,即利用测区的航空摄影测量获得的立体图像,在解析测图仪上或在经过改装的立体量测仪上采集地形特征点,自动传输到计算机内,经过软件处理,自动生成数字地形图,并控制绘图仪绘制地形图。

12.5.3 大比例尺数字测图

大比例尺地面数字测图,是 20 世纪 70 年代在轻小型、自动化、多功能的电子速测仪问世后发展起来的。20 世纪 80 年代全站型电子速测仪的迅猛发展,加速了数字测图的研究与应用。在 80 年代后期国际上有较优秀的用全站仪采集、电子手簿记录、成图的测图系统,国内一些单位也引进了国外部分优秀软件(如 Geo Comp)试用。

我国从1983年开始,北京市测绘院、武汉大学测绘学院和清华大学等数十个单位相继都开展了数字测图的研究工作。综观国际、国内地面数字测图技术,其发展的进程大体如下:

1) 数字测记模式

野外测记,室内成图。用全站仪测量,电子手簿记录,同时配画标注测点点号的人工草图,到室内将测量数据直接由记录器传输到计算机,再由人工按草图编辑图形文件,并键入计算机自动成图,经人机交互编辑修改,最终生成数字图,由绘图仪绘制地形图。

这是数字测图发展的初级阶段,它达到了由野外测量直接测制数字地形图和绘制图解地形图的目标,人们看到了数字测图自动成图的美好前景。

2) 电子平板测绘模式

包括内外业一体化,所显即所测,实时成图。模拟法测图虽然缺点较多,但也有优点,即现场成图,能发现错误,及时修正,从而保证测量成果的正确性。便携机的出现给发展数字测图提供了机遇。1993年底,清华大学及清华山维新技术开发公司在杨德麟教授主持下首创了电子平板测绘模式:全站仪、便携机和相应测图软件,实施外业测图的模式,并将安装了平板测图软件的便携机命名为电子平板。电子平板测图软件既有与全站仪通信和数据记录的功能,又在测量方法、解算建模、现场实时成图和图形编辑、修正等方面超越了传统平板测图的功能,从硬件意义上讲,完全替代了图板、图纸、铅笔、橡皮、三角板、比例尺等绘图工具。数字测图真正实现了内外业一体化,外业工作完成,图也出来了。测量出现的错误,现场可以方便、及时地纠正,从而使数字测图的质量和效率全面超过了模拟法测图。它直接提供的高精度数字地形空间信息,则是传统测图方法所不可及的,是理想的数字测图模式。

1995年英国的Pen map、瑞士的徕卡、日本的杰科都推出了类似的地面数字测图系统,电子平板已成为数字测图发展的国际潮流。

12.6　全球定位系统(GPS)简介

全球定位系统GPS(Global Positioning System),于1973年由美国组织研制,1993年全部建成。全球定位系统GPS最初的主要目的是为海陆空三军提供实时、全天候和全球性的导航服务。GPS定位技术的高度自动化及所达到的高精度和巨大的应用潜力,引起了广大测绘科技界的极大兴趣,现已应用于民用导航、测速、时间比对和大地测量、工程勘测、地壳监测、航空与卫星遥感、地籍测量等众多领域。它的问世导致了测绘行业的一场深刻的技术革命,并使测量科学进入一个崭新的时代。

在我国,GPS的应用起步较晚,但发展速度很快,广大测绘工作者在GPS应用基础研究和实用软件开发等方面取得了大量的成果,全国许多省市都利用GPS定位技术建立了GPS控制网,并在大地测量(西沙群岛的大地基准联测)、南极长城站精确定位和西北地区的石油勘探等方面显示出GPS定位技术的无比优越性和应用前景。

12.6.1　GPS的组成

GPS主要由三部分组成:由GPS卫星组成的空间部分,由若干地面站组成的控制部分和以接收机为主体的广大用户部分。三者既有独立的功能和作用,但又是有机地配合而缺一不可的整体系统。图12-14为GPS的三个组成部分及其配合的情况。

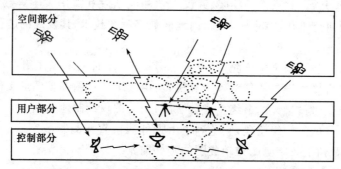

图 12-14 GPS 的空间、控制和用户部分示意图

1) 空间部分

空间部分由 24 颗(21+3)GPS 卫星组成,均匀分布在倾角为 55°的 6 个轨道上,覆盖全球上空,保证在地球各处能时时观测到高度角 15°以上的 4 颗卫星。

2) 控制部分

控制部分负责监控全球定位系统的工作,它包括主控站(1 个)、监控站(5 个)和注入站(3 个)。

3) 用户部分

用户部分包括 GPS 接收机硬件、数据处理软件和微处理机及其终端设备等。

GPS 接收机是用户部分的核心,一般由主机、天线和电源三部分组成。其主要功能是跟踪接收 GPS 卫星发射的信号并进行变换、放大和处理,以便测量出 GPS 卫星信号从卫星到接收机天线的传播时间;解释导航电文,实时地计算出测站的三维位置,甚至三维速度和时间。GPS 接收机的基本类型分导航型和大地型。大地型接收机的类型分单频(L_1)型和双频(L_1、L_2)型,而双频型接收机又有 C/A 码相关和 C/A 码、P 码相关两种。

在精密定位测量工作中,一般采用大地型双频接收机或单频接收机。单频接收机适用于 10 km 左右或更短距离的精密定位测量,其相对精度能达到 $\pm(5\text{ mm}+1\times10^{-6}\times D)$,$D$ 为基线长度。而双频接收机由于能同时接收卫星发射的两种频率(L_1、L_2)的载波信号,故可进行长距离的精密定位测量,其相对精度可优于 $\pm(5\text{ mm}+1\times10^{-6}\times D)$。

12.6.2 GPS 的应用特点

综观多年来的 GPS 应用实践,GPS 定位技术的应用特点可归纳为以下几点:

1) 用途广泛

用 GPS 信号可以进行海空导航、车辆引行、导弹制导、精密定位、动态观测、设备安装、传递时间、速度测量等,现将在测绘工程中的应用列于表 12-7。

2) 自动化程度高

GPS 定位技术大大减少野外作业时间和劳动强度。用 GPS 接收机进行测量时,只要将天线准确安置在测站上,主机可放在测站不远处(亦可放在室内),通过专用通信线与天线连结,接通电源,启动接收机,仪器即自动开始工作。结束测量时,仅需关闭电源,取下接收机,便完成野外数据采集任务。通过数据通信方式,将所采集的 GPS 定位数据传递到数据处理中心,实现全自动化的 GPS 测量与计算。

表 12 - 7　GPS 定位技术应用一览表

全球性 ↓ GPS ↑ 全天候 (24 h)	1. 地籍测量 2. 大地网加密 3. 高精度飞机定位 4. 无地面控制的摄影测量 5. 变形监测 6. 海道、水文测量 7. GPS 全站仪测量和主动控制站 8. 全球或区域性高精度三维网 9. 地面高精度测量 10. 海陆空导航

3）观测速度快

用 GPS 接收机作静态相对定位(边长小于 15 km)时,采集数据的时间可缩短到 1 h 左右,即可获得基线向量,精度为 $\pm(5\ mm + 1 \times 10^{-6} \times D)$；如果采用快速定位软件,对于双频接收机,仅需采集 5 min 左右时间；对于单频接收机,只要能观测到 5 颗卫星,也仅需 15 min 左右时间,便可达到上述同样的精度。作业速度快,一般能比常规手段建立控制网(包括造标)快 2～5 倍。

4）定位精度高

大量实践和试验表明,GPS 卫星相对定位测量精度高,定位计算的内符合与外符合精度均符合 $\pm(5\ mm + 1 \times 10^{-6} \times D)$ 的标称精度,二维平面位置都相当好,仅高差方面稍逊一些。据多年来国内外众多试验与研究表明：GPS 相对定位,若方法合适,软件精良,则短距离(15 km 以内)精度可达厘米级或以下,中、长距离(几十千米至几千千米)相对精度可达到 10^{-7}～10^{-8},表明定位精度很高。

5）经费节省和效益高

用 GPS 定位技术建立大地控制网,要比常规大地测量技术节省 70%～80% 的外业费用,这主要由于 GPS 卫星定位不要求站间通视,不用建造测站标志,节省大量经费。同时,由于作业速度快,使工期大大缩短,所以经济效益显著。

12.6.3　GPS 坐标系统

任何一项测量工作都需要一个特定的坐标系统(基准)。由于 GPS 是全球性的定位导航系统,其坐标系也必须是全球性的,根据国际协议确定,称为协议地球坐标系(Coventional Terrestrial System-CTS)。目前,GPS 测量中使用的协议地球坐标系称为 1984 年世界大地坐标系(WGS-84)。

WGS-84 是 GPS 卫星广播星历和精密星历的参考系,它是由美国国防部制图局所建立并公布的。从理论上讲,它是以地球质心为坐标原点的地固坐标系,其坐标系的定向与 BIH1984.0 所定义的方向一致。它是目前最高水平的全球大地测量参考系统之一。

现在,我国已建立 1980 年国家大地坐标系(简称 C80)。它与 WGS-84 世界大地坐标系之间可以互相转换,其方法读者可参阅参考文献[5]。

12.6.4　GPS 定位基本原理

GPS 进行定位的方法,根据用户接收机天线在测量中所处的状态来分,可分为静态定位和动态定位;若按定位的结果进行分类,则可分为绝对定位和相对定位;各种定位的方法还可有不同的组合,如静态相对定位、动态绝对定位、静态绝对定位或动态相对定位等。在测绘工程中,静态定位方法是常用的方法。

所谓静态定位,指的是将接收机静置于测站上数分钟至 1 h 或更长的时间进行观测,以确定一个点在 WGS-84 坐标系中的三维坐标(绝对定位),或两个点之间的相对位置(相对定位)。由此可见,GPS 定位的基本原理是以 GPS 卫星和用户接收机天线之间距离(或距离差)的观测量为基础的,显然其关键在于如何测定 GPS 卫星至用户接收机天线之间的距离。GPS 静态定位方法有伪距法、载波相位测量法和射电干涉测量法等,此处仅简介伪距法基本定位原理。

1) 伪距概念及伪距测量

由 GPS 卫星发射的测距信号,经过传播时间 Δt 后,到达测站接收机天线,则上述信号传播时间 Δt 乘以光速 C,即为卫星至接收机天线的空间几何距离 ρ,即

$$\rho = \Delta t \cdot C$$

实际上,由于传播时间 Δt 中包含有卫星钟差和接收机钟差,以及测距码在大气传播的延迟误差等等,由此求得的距离值 ρ 并非真正的卫星至测站间的几何距离,习惯称为"伪距",用 ρ' 表示,与之相对应的定位方法称为伪距法。

为了测定 GPS 卫星信号的传播时间,需要在用户接收机内复制测距码信号,并通过接收机内的可调延时器进行相移,使得复制的信号码与接收到的相应信号码达到最大相关。为此,所调整的相移量便是卫星发射的测距信号到达接收机天线的传播时间,即时间延迟 τ。

假设在某一标准时刻 T_a 卫星发出一个信号,该瞬间卫星钟的时刻为 t_a;该信号在标准时刻 T_b 到达接收机天线,此时相应接收机时钟的读数为 t_b,则传播时间 $\tau = t_b - t_a$,伪距 ρ' 为

$$\rho' = \tau \cdot C = (t_b - t_a) \cdot C \tag{12-1}$$

由于卫星钟和接收机时钟与标准时间存在着误差,设信号发射和接收时刻的卫星和接收机钟差改正数分别为 V_a 和 V_b,则有

$$\left. \begin{array}{l} t_a + V_a = T_a \\ t_b + V_b = T_b \end{array} \right\} \tag{12-2}$$

将(12-2)式代入(12-1)式,可得

$$\rho' = (T_b - T_a) \cdot C + (V_a - V_b) \cdot C \tag{12-3}$$

式中,$(T_b - T_a)$ 为测距码从卫星到接收机天线的实际传播时间 ΔT。可见在 ΔT 中已对钟差进行了改正,但由 $\Delta T \cdot C$ 所求得的距离中,仍包含有测距码在大气中传播的延迟误差,必须加以改正。设定位测量时,大气中电离层折射改正数为 $\delta_{\rho I}$,对流层折射改正数为 $\delta_{\rho T}$,则所求 GPS 卫星至接收机天线的真正空间几何距离 ρ 应为

$$\rho = \Delta T \cdot C + \delta_{\rho I} + \delta_{\rho T} \tag{12-4}$$

将(12-3)式代入(12-4)式,就得到实际距离 ρ 与伪距 ρ' 之间的关系式:

$$\rho = \rho' + \delta_{\rho I} + \delta_{\rho T} - C \cdot V_a + C \cdot V_b \tag{12-5}$$

(12-5)式为伪距定位测量的基本观测方程。

伪距定位测量的精度与测距码的波长及其与接收机复制码的对齐精度有关。目前,上述伪

距测量的精度不高,对 P 码而言测量精度约为 30 cm,对 C/A 码而言则为 3 m 左右,难以满足高精度测量定位工作的要求。这只有采用载波相位测量相对定位的方法进行定位测量,就可得到很高的定位精度(厘米级或以下),读者可参阅有关书籍。

2) 单点定位

单点定位又称 GPS 绝对定位,它仅用一台接收机即可独立确定待求点(测站)的绝对坐标,观测方便,速度快,数据处理简单,但精度较低,只能达到米级的定位精度。

在伪距测量的基本观测方程中,若 V_a、V_b 已知,同时 $\delta_{\rho I}$ 和 $\delta_{\rho T}$ 也能精确求得,那么测定伪距 ρ' 就等于测定了站星之间的真正几何距离 ρ,而 ρ 与卫星坐标(x_s、y_s、z_s)和接收机天线相位中心坐标(x、y、z)之间有如下关系:

$$\rho = \sqrt{(x_s - x)^2 + (y_s - y)^2 + (z_s - z)^2} \qquad (12-6)$$

卫星瞬时坐标(x_s、y_s、z_s)可根据接收到的卫星导航电文求得,故(12-6)式中仅有三个未知数 x、y、z,如果接收机同时对三颗卫星进行伪距测量,从理论上讲,就能从列出三个观测方程中联合解出接收机天线相位中心的位置(x、y、z)。因此,GPS 伪距法单点定位的实质,就是空间距离后方交会。实际上,在伪距测量观测方程中,用户接收机仅配有一般的石英钟,在接收信号的瞬间,接收机的钟差改正数 V_b 不可能预先精确求得。因此,在伪距法定位中,把 V_b 也当作一个未知数,与待定点(测站)坐标一起进行数据处理,这样在实际伪距法单点定位工作中,至少需要四个同步伪距观测值,即至少必须同时观测四颗卫星,从而在一个测站上实时求解四个未知数 x、y、z 和 V_b。

综合(12-5)式和(12-6)式,可得伪距法单点定位原理的数学模型:

$$\sqrt{(x_{s_i} - x)^2 + (y_{s_i} - y)^2 + (z_{s_i} - z)^2} - C \cdot V_b = \rho'_i + (\delta_{\rho I})_i + (\delta_{\rho T})_i - C \cdot V_{a_i}$$

式中,$i = 1, 2, 3, 4, \cdots$。

12.6.5 GPS 定位测量的实施

GPS 定位测量的实施包括外业工作、成果整理和内业平差计算。

1) 外业工作

主要是利用 GPS 接收机获取 GPS 卫星信号。其工作内容包括天线设置、接收机操作和测站记录等。

2) 成果整理

此项工作包括 GPS 基线向量(一般用厂家提供的商用软件进行),计算同步观测环闭合差、异步多边形闭合差及重复边的较差等,检查它们是否满足规定的要求。

3) 内业平差计算

由外业成果整理得到构成基线向量的三维坐标差 Δx_{ij}、Δy_{ij}、Δz_{ij} 和它们的协方差阵,这些也是 GPS 网平差计算的观测值,在 WGS-84 坐标系中进行 GPS 网的单独平差,得到 WGS-84 坐标系中的坐标值。根据 WGS-84 坐标系与我国 80 坐标系(C80)之间互相换算关系,应用相应的软件计算,即能求得国家 80 坐标系(C80)中相应坐标值。目前已有不少单位研制出 GPS 网内业平差计算的实用软件,并在生产、科研及教学中得到应用。

12.6.6 GPS 精密高程测量

GPS 以其精度高、速度快、经济方便等优点,在布设各种形式的控制网、变形监测网及精密工程测量等诸多方面都得到迅速、广泛的应用。国内外大量实践证明,GPS 平面相对定位精度已达到了 1×10^{-7},甚至更高,这是常规地面测量技术难以比拟的。即使是较大尺度的 GPS 网,借助于精密星历和高精度相对定位软件,很容易获得水平方向重复性优于 1×10^{-8} 的相对定位结果。但是 GPS 高程测量的精度还不够高,影响了 GPS 三维控制网和垂直形变监测网的应用,在某种程度上讲,GPS 可以提供三维坐标的优越性未能得到充分发挥。近十年来,国内外测绘界已做了大量试验,并进行了深入细致的研究,发现影响 GPS 高程测量精度的主要因素有两个:(1) 电离层和对流层对 GPS 信号的折射严重影响 GPS 测量定位的垂直分量的精度;(2) 受区域性似大地水准面精度影响,GPS 测量的大地高在向正常高转换过程中,精度受到较大损失。因此,要提高 GPS 高程测量精度,一定要解决好上述两方面的问题。目前众多学者在研究这两方面的问题,也取得了不少突破性进展。

1) 大气对流层折射概述

大气对 GPS 信号的折射是影响高精度 GPS 平面相对定位及垂直方向重复性的重要因素之一,其中电离层折射的影响对 GPS 相对定位的影响已很小,其原因是电离层折射的影响可通过改正模型进行改正,以及利用双频接收机进行双频改正,而且通过双差观测值也可得到有效消除。而对流层折射影响对 GPS 相对定位的影响较大,一方面其改正模型的精度不高,另一方面对流层折射影响在双差观测值中不能得到有效消除。因此,近几年来,提高 GPS 网精度(尤其是 GPS 高程测量精度)的主要研究工作便集中到对流层的改正方法上。

由于对流层中的物质分布在时间和空间上具有较大的随机性,因而使得对流层折射延迟亦具有较大的随机性。实际上,对流层折射影响是由干燥气体和水蒸气产生的影响共同组成的,即

$$\Delta D_{trop} = (\rho_d + \rho_w) m(ei) \tag{12-7}$$

式中,ΔD_{trop} 为对流层折射对 GPS 信号所产生的等效路径延迟;ρ_d、ρ_w 分别为干、湿气体所产生的误差分量;$m(ei)$ 为与传播路径高度角 ei 有关的投影函数。

众多研究表明,干燥气体引起的误差,约占整个延迟量的 80%,干分量折射比较稳定,天顶方向的折射量随时间和空间的变化率比较稳定(约为 20 cm/h),这一部分影响量可通过模型改正(如 Hopfield 模型)得到较好的消除,经改正后误差仅为 1%。水蒸气引起的误差约占总延迟量的 20%,湿分量折射却很不稳定,其天顶方向的折射量随时间和空间的变化率可能达到 6~8 cm/h,是干分量变化率的 3~4 倍,湿气延迟很复杂,影响因素较多,且利用改正模型进行改正的精度只能达到 10%~20%。因此,如何采用更精确有效的方法对湿分量 ρ_w 来模拟计算,就成为提高 GPS 高程测量精度的关键。

目前,对流层折射改正模型普遍采用 Hopfield 模型和 Saastamoinen 模型,这些模型都只考虑了测站的大气压、湿气压、温度、测站高以及测站纬度等因素,由于测站气象元素并不能很好地表征传播路径上的气象条件,因此,改正模型并不能很好地模拟实际的对流层折射影响,尤其是其中的湿分量的影响。为了提高对流层折射模拟精度,利用水蒸气辐射仪直接观测湿分量折射量数据是一种有效的方法,但水蒸气辐射仪比较笨重,价格又很昂贵,且使用不方便。因

此,模拟对流层折射影响的最有效办法是在平差过程中采用附加未知参数的方法。目前设置附加未知参数有以下四种:单参数方法、多参数方法、随机过程方法和分段线性方法。众多研究论文表明,在模拟对流层折射影响方面,随机过程方法和分段线性方法效果较好。

2) GPS高程转换方法概述

由GPS相对定位的基线向量,可以得到高精度的大地高差。GPS测量是在WGS-84地心坐标系中进行的,所提供的高程为相对于WGS-84椭球的大地高,记为H_{GPS}。我国在实际工程应用中,采用以似大地水准面为基准的正常高(normal height)高程系统,记为H_{Nor}。两者的关系为

$$\zeta = H_{GPS} - H_{Nor} \tag{12-8}$$

式中,ζ表示该点的高程异常。

由(12-8)式可很清楚地看出,如果知道某点的高程异常值ζ,则可很方便地将该点的GPS高程(大地高)转化为正常高高程。目前,GPS高程转换方法一般有以下几种:

(1) 用地球重力场模型直接求ζ

高程异常是地球重力场的参数,利用地球重力场模型,根据点位信息,直接可求得该点的高程异常值。由于我国缺乏精确的重力资料,用此法求得的地面点的高程异常ζ精度较低,不能满足工程的精度要求。

(2) 数学模型拟合法

该法的主要思路是将部分GPS点布设在高程已知的水准点上,或通过水准联测求得部分GPS点的正常高高程,使得这些点同时具有H_{GPS}和H_{Nor}。在某一区域内,如果有一定数量的已知点(正常高和GPS大地高均已知),则已知点的高程异常值就可根据(12-8)式计算得到。然后,再用一个函数来模拟该区域的似大地水准面的高度,这样就可以用数学内插的方法求解区域内任一点的高程异常ζ值。此时,如果在区域内某点上通过GPS测量得到了H_{GPS},我们可以用模拟好的数学模型求解该点的ζ,进而求得该点的正常高。根据数学模型的不同,又有加权平均法、多面函数法、曲面拟合法等方法。目前,广泛采用二次曲面拟合法来转换GPS高程,其数学模型为

$$\zeta(x,y) = a_0 + a_1 x + a_2 y + a_3 x^2 + a_4 xy + a_5 y^2 \tag{12-9}$$

式中,x、y为点位坐标。已知点个数不得少于6个。

在平原地区,似大地水准面的变化是非常平缓的。在15 km²范围内,一般只有0.1~0.2 m的起伏。如果同时具有H_{GPS}和H_{Nor}的点能保证4~6 km一点的密度,则用二次曲面法拟合的高程异常精度一般可达到毫米级。

(3) 神经网络方法

人工神经网络是一门新兴交叉科学,它是生物神经系统的一种高度简化后的近似。从20世纪80年代以来,许多领域(包括工程界)的科学家掀起了研究人工神经元网络的新高潮,现已取得了不少突破性进展。

基于神经网络转换GPS高程是一种自适应的映射方法,没作假设,能减少模型误差。目前,测绘界已有不少学者在研究采用神经网络方法进行GPS高程转换,已取得了一些有益的结论。

12.7　北斗卫星导航系统简介

1)"北斗一号"双星定位系统及其局限性

为了满足我国国民经济和国防建设的需要并结合我国国情,1983年,陈芳允院士提出了建设双星卫星导航系统的构想。经过十多年的论证,我国于1994年开始研发具有自主知识产权的卫星导航系统——"北斗一号"卫星导航试验系统。从2000年10月至2003年5月,我国的长征火箭分别将3颗"北斗一号"导航系统的试验卫星送入太空。2003年第三颗北斗卫星的发射升空,标志着我国成为继美国全球卫星定位系统(GPS)和前苏联(俄罗斯)的全球导航卫星系统(GLONASS)后,在世界上第三个建立了完善卫星导航系统的国家。

"北斗一号"卫星定位系统是利用地球同步卫星为用户提供全天候、区域性的卫星定位系统。与其他卫星导航系统一样,"北斗"双星定位系统也是由空间、地面和用户三部分组成。"北斗一号"卫星系统具有定位、授时和短报文通信三大功能。"北斗一号"卫星导航系统在2008年的汶川地震抗震救灾中发挥了重要作用。地震发生后,中国卫星导航应用管理中心为救援部队紧急配备了1 000多台"北斗一号"终端机,实现了各点位之间、点位与北京之间的直线联络。救灾部队携带的"北斗一号"终端机不断从前线发回各类灾情报告,为指挥部指挥抗震救灾提供了重要的信息支援。

"北斗一号"是我国自主研发的、具有完全独立自主性的区域卫星导航系统,它的研制成功标志着我国打破了美、俄在此领域的垄断地位,解决了中国自主卫星导航系统的有无问题,但与GPS和GLONASS相比还有如下一些局限性:(1)区域系统:"北斗一号"是区域卫星导航系统,覆盖的仅是我国及周边地区,不能实现全球定位;(2)有源工作:用户设备必须包含发射机,造成接收机笨重,造价高;(3)实时性差:"北斗一号"导航系统完成一次定位的时间较长,实时性差;(4)用户容量受限;(5)定位精度较低。

2)"北斗二号"—COMPASS卫星导航系统

鉴于"北斗一号"所固有的局限性,为了使卫星导航定位系统的性能有实质性的提高,我国已决定研制组建第二代北斗卫星导航定位系统(Beidou-2)或Compass-M1系统。"北斗二号"将由5颗静止轨道卫星和30颗非静止轨道卫星组成,它将克服"北斗一号"系统存在的缺点,提供海、陆、空全方位的全球导航定位服务。"北斗二号"将在导航体制、测距方法、卫星星座、信号结构及接收机等方面进行全面改进,采用与GPS、CLONASS和Galileo一样的导航模式,同属于GNSS(Global Navigation Satellite System)。

"北斗二号"全球卫星导航计划已于2004年9月正式启动。2007年4月14日,第一颗北斗导航卫星(M1)从西昌卫星发射中心被"长征三号甲"运载火箭送入太空。2012年4月30日,中国在西昌卫星发射中心成功发射"一箭双星",用"长征三号乙"运载火箭将中国第12颗、第13颗北斗导航系统组网卫星顺利送入太空预定转移轨道。2015年9月30日,西昌卫星发射中心用"长征三号乙"运载火箭,成功发射第4颗新一代北斗导航卫星,该星首次搭载了氢原子钟;该星是我国发射的第20颗北斗导航卫星。2016年2月1日,我国在西昌卫星发射中心用"长征三号丙"运载火箭(及"远征一号"上面级),成功将第5颗新一代北斗导航卫星送入预定轨道,该星是我国发射的第21颗北斗导航卫星。根据计划,北斗卫星导航系统2018年可为"一带一路"沿线国家提供基本服务。预计2020年左右,我国将建成由35颗卫星组成的北斗卫星导航系统,提供覆盖全球的定位、导航和授时服务。

"北斗二号"将提供两种类型的服务,限公开服务(OS,Open Service)和授权服务(AS, Authorized Service)。公开服务是在服务区免费提供定位、测速和授时服务,定位精度为厘米级,授时精度为 50 ns,测速精度 0.2 m/s;授权服务将在一个更高安全级别的网络上提供更高的定位精度,授权服务的主要对象是付费用户及军事部门用户。"北斗二号"具有三大功能:

(1) 快速定位,为服务区域内的用户提供全天候、实时定位服务,定位精度与 GPS 民用定位精度相当;

(2) 短报文通信,一次可传送多达 120 个汉字的信息;

(3) 精密授时,精度达 20 ns。

12.8 CORS 技术简介

12.8.1 CORS 的概念

连续运行参考站系统(Continuous Operational Reference System,简称 CORS)是基于现代 GNSS 技术、计算机网络技术、网络化实时定位服务技术、现代移动通信技术基础之上的大型定位与导航综合服务网络。CORS 可以实时地向不同类型、不同需求、不同层次的用户自动地提供经过检验的不同类型的 GPS 观测值(载波相位或伪距)、各种改正数、状态信息以及其他有关 GPS 服务项目。

CORS 很好地解决了长距离、大规模的厘米级高精度实时定位的问题,CORS 在测量中扩大了覆盖范围,降低了作业成本,提高了定位精度,减少了用户定位的初始化时间。CORS 的出现将为测绘行业带来深刻变革,而且也将为现代社会带来新的位置、时间信息的服务模式,可以满足各类不同行业用户对精密定位,快速和实时定位、导航的要求。该系统的出现可满足城市规划、国土测绘、地籍管理、城乡建设、环境监测、防灾减灾、船舶、车辆导航、交通监控等多种现代信息化管理的社会需求。

12.8.2 CORS 的构成

CORS 主要由以下几个子系统构成:控制中心、固定参考站、数据通信和用户部分。

(1) 控制中心。控制中心是整个系统的核心,既是通信控制中心,也是数据处理中心。它通过通信线(光缆,ISDN,电话线等)与所有的固定参考站通信;通过无线网络(GSM、CDMA、GPRS 等)与移动用户通信。由计算机实时系统控制整个系统的运行,所以控制中心的软件既是数据处理软件,也是系统管理软件。

(2) 固定参考站。固定参考站是固定的 GPS 接收系统,分布在整个网络中,一个 CORS 网络可包括无数个站,但最少要 3 个站,站与站之间的距离一般为 20~60 km。固定站与控制中心之间有通信线相连,数据实时地传送到控制中心。

(3) 数据通信部分。CORS 的数据通信包括固定参考站到控制中心的通信,控制中心到用户的通信。参考站的控制中心的通信网络负责将参考站的数据实时地传输给控制中心,控制中心和用户之间的通信网络负责将网络校正数据从控制中心传送给用户。

(4) 用户部分。用户部分就是用户的接收机,加上无线通信的调制解调器及相关设备。

CORS 的工作原理图如图 12-15 所示。

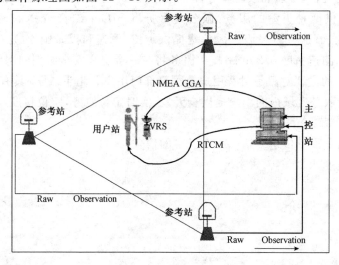

图 12-15 CORS 的工作原理图

12.8.3 CORS 的技术优势

CORS 的技术优势和重要性体现在以下几个方面：

（1）可以大大提高测绘精度、速度与效率。采用 CORS 技术可以降低测绘劳动强度和成本，省去测量标志保护与修复的费用，节省各项测绘工程实施过程中约 30% 的控制测量费用。由于城市建设速度加快，对 C、D、E 级 GPS 控制点破坏较大，一般在 5～8 年需重新布设，造成了人力、物力、财力的大量浪费。而 CORS 能够全年 365 天，每天 24 小时连续不间断地运行，全面取代常规大地测量控制网，全天候地支持各种类型的 GNSS 测量。用户只需一台 GNSS 接收机即可进行毫米级/厘米级/分米级的实时/准实时的快速定位或事后定位，其经济效益显著。

（2）可以对工程建设进行实时、有效、长期的变形监测，对灾害进行快速预报。CORS 项目完成将为城市诸多领域如气象、车船导航定位、物体跟踪、公安消防、测绘、GIS 应用等提供精度达厘米级的动态实时 GPS 定位服务，将极大地加快该城市基础地理信息的建设。

（3）CORS 将是城市信息化的重要组成部分，并由此建立起城市空间基础设施的三维、动态、地心坐标参考框架，从而从实时的空间位置信息面上实现城市真正的数字化。能使更多的部门和更多的人使用 GPS 高精度服务，必将在城市经济建设中发挥重要作用，带来巨大的社会效益和经济效益。

习题与研讨题 12

12-1　电子数字水准仪有哪些优点？

12-2　试述电子经纬仪的主要特点，它与光学经纬仪的根本区别是什么？

12-3　什么是全站型电子速测仪（全站仪）？它由几部分组成？从结构上分为哪两大类？

12-4　试述激光铅垂仪在高层建筑施工测量中的应用。

12-5　数字测图系统，对于地形数据的采集有哪三种方法？

12-6 大比例尺数字测图有哪两种模式？试分别简述之。

12-7 GPS 全球定位系统由几部分组成？

12-8 （研讨题）什么是静态定位？GPS 单点定位时为什么要至少同时观测四颗卫星？

12-9 （研讨题）影响 GPS 高程测量精度的主要因素有哪两个？提高 GPS 高程测量精度有何现实意义？

12-10 （研讨题）简述全站仪在工程建设中的应用。

12-11 （研讨题）简述我国建设北斗第二代卫星导航系统的背景和意义。

12-12 （研讨题）简述 CORS 的技术优势及其应用展望。

参 考 文 献

[1] 顾孝烈,鲍峰,程效军.测量学[M].4版.上海:同济大学出版社,2011.
[2] 邹永廉.土木工程测量[M].北京:高等教育出版社,2004.
[3] 武汉测绘科技大学《测量学》编写组.测量学[M].北京:测绘出版社,1996.
[4] 李青岳,陈永奇.工程测量学[M].3版.北京:测绘出版社,2008.
[5] 高成发,胡伍生.卫星导航定位原理与应用[M].北京:人民交通出版社,2011.
[6] 杨德麟.大比例尺数字测图的原理方法与应用[M].北京:清华大学出版社,1998.
[7] 胡伍生,潘庆林,黄腾.土木工程施工测量手册[M].2版.北京:人民交通出版社,2011.
[8] 潘正风,杨正尧,程效军,等.数字测图原理与方法[M].2版.武汉:武汉大学出版社,2009.
[9] 中华人民共和国行业标准.城市测量规范(CJJ/T 8—2011)[S].北京:中国建筑工业出版社,2012.
[10] 中华人民共和国国家标准.工程测量规范(GB 50026—2007)[S].北京:中国计划出版社,2008.
[11] 中华人民共和国行业标准.建筑变形测量规程(JGJ/T 8—2007)[S].北京:中国建筑工业出版社,2007.
[12] 中华人民共和国国家标准.国家基本比例尺地形图图式第1部分:1∶500 1∶1000 1∶2000 地形图图式(GB/T 20257.1—2007)[S].北京:中国标准出版社,2007.
[13] 胡伍生,朱小华,丁育民.基坑支护工程变形监测[J].东南大学学报,2001,31(3A):150-153.
[14] 潘庆林.高层建筑内控法竖向投测的精度研究[J].工程勘察,2001(3):63-65.
[15] 李岭,胡伍生,马矗.电子数字水准仪及其在沉降观测中的应用[J].现代测绘,1999(1):22-25.
[16] 潘琦,潘庆林.场地平整土方量优化计算的研究与实现[J].工程勘察,2006(8):42-43.
[17] 胡伍生,华锡生,张志伟.平坦地区转换GPS高程的混合转换方法[J].测绘学报,2002,31(2):128-133.
[18] 潘庆林.全站仪实测坐标的单一导线测量数据处理方法的研究[J].工程勘察,2005(6):40-42.
[19] 胡伍生,朱小华.测量实习指导书[M].南京:东南大学出版社,2004.
[20] 中华人民共和国国家标准.国家基本比例尺地形图分幅和编号(GB/T 13989—2012)[S].北京:中国标准出版社,2012.
[21] 中华人民共和国行业标准.高层建筑混凝土结构技术规程(JGJ 3—2010)[S].北京:中国建筑工业出版社,2010.